Das Rechnungswesen der Unternehmung

Lösungen

Jürg Leimgruber
Urs Prochinig

Das Rechnungswesen der Unternehmung

Lösungen

VERLAG:SKV

Dr. Jürg Leimgruber
und
Dr. Urs Prochinig

schlossen ihre Studien an der Universität Zürich mit dem Doktorat ab. Sie verfügen über Abschlüsse als MBA (Master of Business Administration) und MASSHE (Master of Advanced Studies in Secondary and Higher Education). Nebst ihrer wissenschaftlichen Tätigkeit arbeiten sie als Unternehmensberater und als Dozenten in der Erwachsenenbildung. Sie sind Mitglieder verschiedener eidg. Prüfungsgremien.

4. Auflage 2014

ISBN 978-3-286-33824-1

www.verlagskv.ch

Umschlag: Brandl & Schärer AG
Titelbild: Intellekt und Intuition von Benno Schulthess, Widen

Inhaltsverzeichnis

1. Teil Die Grundlagen des Rechnungswesens

Vermögen, Fremd- und Eigenkapital

11.01

a)

Vermögen	Bargeld	Fr.	1 100.–		
	Guthaben Bankkonto	Fr.	9 200.–		
	Kleider und Schuhe	Fr.	3 800.–		
	Auto Toyota	Fr.	24 000.–		
	Wohnungseinrichtung	Fr.	12 000.–		
	Audio- und TV-Anlage	Fr.	2 500.–		
	Küchen- und Kochutensilien	Fr.	1 100.–	Fr.	53 700.–
./. Schulden				Fr.	2 300.–
= Reinvermögen				Fr.	51 400.–

b)

Vermögen Fr. 53 700.–	Schulden Fr. 2 300.–
	Reinvermögen Fr. 51 400.–

11.02

Vermögen		**Fremdkapital**	
Kassabestand	3 700.–	Offene Lieferantenrechnungen	10 000.–
Postguthaben	9 300.–		
Offene Kundenrechnungen	6 800.–	**Eigenkapital** (Reinvermögen)	
Vorräte an Compactdiscs	11 800.–	Eigenkapital	34 000.–
Vorräte an DVDs	5 550.–		
Ladeneinrichtung	6 800.–		
	44 000.–		

11.03

a)

Vermögen		Fremdkapital	
Kassabestand	2 100.–	Offene Lieferantenrechnungen	11 100.–
Postguthaben	9 400.–	Bankschulden	2 900.–
Offene Kundenrechnungen	4 500.–	Darlehensschuld Raiffeisenkasse	20 000.–
Vorräte Schuhe	5 250.–		
Vorräte Bordhosen	11 100.–		
Vorräte Rettungswesten	2 750.–	**Eigenkapital**	
Vorräte Badehosen	6 000.–	Eigenkapital	20 000.–
Sammelposten	5 800.–		
Ladeneinrichtung	7 100.–		
	54 000.–		

b) Zur Deckung der so genannten Gemeinaufwendungen (Löhne, Ladenmiete, Abschreibungen, Zinsen etc.) und zur Erzielung eines angemessenen Gewinnes werden etwa 50 % auf den Einkaufswert der Waren dazugeschlagen. Somit betragen die Verkaufspreise beim Sportshop etwa das Anderthalbfache der Einkaufspreise.

c) Die Ladeneinrichtungen verlieren durch den Gebrauch und das Alter an Wert. Dieser Wertverminderung wird durch die Abschreibungen Rechnung getragen. Je älter die Ladeneinrichtung, desto grösser die erfolgten Abschreibungen und desto kleiner der Inventarwert.

11.04

Allgemeine Umschreibung	Fachausdruck
Bargeld (Münzen und Noten in der Kasse)	Kasse
Guthaben bei der Post	Post
Guthaben bei der Bank	Bank
Forderungen aus Lieferungen und Leistungen, offene Kundenrechnungen	Debitoren
Handelswaren zum Verkauf	Warenvorrat
Fertig erstellte Erzeugnisse zum Verkauf	Fertigfabrikate, Vorräte an fertigen Erzeugnissen
Rohstoffe zur Verarbeitung	Vorräte Rohstoffe
Begonnene Arbeiten an einem Auftrag (Bauarbeiten, Dienstleistungen)	Angefangene Arbeiten, nicht fakturierte Dienstleistungen
Laden- und Büroeinrichtungen (Pulte, Stühle, Schränke, Regale), EDV-Anlagen, Maschinen	Mobilien
Geschäfts- und Wohngebäude, Grundstücke	Liegenschaften, Immobilien
Verbindlichkeiten aus Lieferungen und Leistungen, offene Lieferantenrechnungen	Kreditoren
Personenwagen, Liefer- und Lastwagen	Fahrzeuge
Darlehen gegen Verpfändung einer Liegenschaft	Hypotheken

Die Bilanz

12.01

a)

Bilanz vom 31. Dezember 20_2

Aktiven | Passiven

Aktiven			Passiven	
Umlaufvermögen			**Fremdkapital**	
Kasse	3 700.–		Kreditoren	10 000.–
Post	9 300.–			
Debitoren	6 850.–			
Vorräte	17 350.–	37 200.–		
Anlagevermögen			**Eigenkapital**	
Ladeneinrichtung		6 800.–	Eigenkapital	34 000.–
		44 000.–		44 000.–

b) Im Begriff Bilanz steckt das italienische Wort *bilancia* (Waage) womit ausgedrückt werden soll, dass die Summe der Aktiven mit der Summe der Passiven im Gleichgewicht steht.

c) 10 000 : 44 000 · 100 % = **22,7 %**

d) Die Aktivseite zeigt, wie das verfügbare Kapital angelegt (investiert) wurde.

Die Passivseite zeigt, wie das Kapital beschafft wurde. Kapitalbeschaffung = Finanzierung.

12.02

a) Unter Aktiven versteht man das für die Unternehmungstätigkeit zur Verfügung stehende Vermögen.

b) Die Passiven zeigen, wer der Unternehmung Kapital zur Verfügung gestellt hat, bzw. wer Ansprüche auf das Vermögen der Unternehmung hat.

c) Für die Gliederung der Aktiven ist die zeitliche Bindung des Vermögens der Unternehmung massgebend:

- Zum Umlaufvermögen gehören das Geld und die Vermögensteile, welche innerhalb eines Jahres zur Umwandlung in Geld bestimmt sind.
- Das Anlagevermögen umfasst alle Vermögensteile, die der Unternehmung für lange Zeit zur Nutzung bereitstehen.

d) Das Fremdkapital wird nach der Fälligkeit der Rückzahlung geordnet: kurzfristiges Fremdkapital wird innerhalb eines Jahres zurückbezahlt, langfristiges Fremdkapital steht mehr als ein Jahr zur Verfügung.

e) Bei hohem Fremdkapitalanteil besteht eine grössere Abhängigkeit von den Geldgebern, es resultieren höhere Zinszahlungen und Rückzahlungsverpflichtungen sowie eine geringere Bonität (Kreditwürdigkeit und -fähigkeit).

12.03

Bilanz vom 31.12.20_3

Aktiven			Passiven		
Umlaufvermögen			**Fremdkapital**		
Kasse	2 100.–		Kreditoren	11 100.–	
Post	9 400.–		Bank	2 900.–	
Debitoren	4 500.–		Darlehen	20 000.–	34 000.–
Vorräte	30 900.–	46 900.–			
Anlagevermögen			**Eigenkapital**		
Mobilien		7 100.–	Eigenkapital		20 000.–
		54 000.–			54 000.–

12.04

a) und b)

Bilanz vom 31.12.20_1

Aktiven	Passiven
Umlaufvermögen	**Fremdkapital**
Kasse	Kreditoren
Post	Bank
Wertschriften	Darlehen
Debitoren	Hypotheken
Rohmaterial	
Fertigfabrikate	
Anlagevermögen	**Eigenkapital**
Maschinen	Eigenkapital
Mobiliar	
Fahrzeuge	
Immobilien	

c) Die Bilanzpositionen Rohmaterial, Fertigfabrikate und Maschinen sind typisch für einen Fabrikationsbetrieb.

d) Die Bilanz hält – wie eine Fotografie – einen ganz bestimmten Zeitpunkt fest. Durch den Geschäftsgang verändern sich die Bilanzpositionen laufend, deshalb muss genau festgehalten werden, für welchen Zeitpunkt die erstellte Bilanz gilt.

12.05

a)

Wirtschaftssektoren

Primärer Wirtschaftssektor (Urproduktion)

Beispiele:
- ▶ Landwirtschaft
- ▶ Bergbau
- ▶ Kraftwerk
- ▶ Forstwirtschaft
- ▶ Fischerei

Sekundärer Wirtschaftssektor (Verarbeitung)

Beispiele:
- ▶ Pharmaindustrie
- ▶ Bäckerei, Metzgerei
- ▶ Gewerbebetriebe wie Schlosserei, Spenglerei, Schreinerei
- ▶ Industriebetriebe wie Maschinenbau, Textil, Uhren, Nahrungsmittel

Tertiärer Wirtschaftssektor (Dienstleistungen)

Beispiele:
- ▶ Handel
- ▶ Versicherungen
- ▶ Banken
- ▶ Verkehrsbetriebe
- ▶ Treuhandunternehmungen
- ▶ Hotellerie, Gastronomie
- ▶ Schulen
- ▶ Theater, Kino, Dancing

b)

Bilanz 31.12.20_1

Aktiven		Passiven	
Umlaufvermögen		**Fremdkapital**	
Flüssige Mittel	2	Kreditoren	10
Debitoren	3	Hypothek	40
Setzlinge	35		
Dünger	10		
Anlagevermögen		**Eigenkapital**	
Mobilien	4	Eigenkapital	650
Maschinen	46		
Immobilien	600		
	700		700

Gärtnerei

Bilanz 31.12.20_1

Aktiven		Passiven	
Umlaufvermögen		**Fremdkapital**	
Flüssige Mittel	5	Kreditoren	50
Debitoren	45	Darlehen	100
Stoffvorräte	100		
Kleider	450		
Anlagevermögen		**Eigenkapital**	
Mobilien	15	Stammkapital	500
Maschinen	50	Reserven	45
Fahrzeug	35	Gewinnvortrag	5
	700		700

Kleiderfabrikation

Bilanz 31.12.20_1

Aktiven		Passiven	
Umlaufvermögen		**Fremdkapital**	
Flüssige Mittel	5	Kreditoren	30
Debitoren	15	Darlehen	20
		Hypotheken	200
Anlagevermögen		**Eigenkapital**	
Mobilien	10	Aktienkapital	250
Fahrzeuge	270	Reserven	190
Immobilien	400	Gewinnvortrag	10
	700		700

Transportunternehmung

c)

Einzelunternehmung | **GmbH** | **Aktiengesellschaft**

12.06

a) **Schreinerei H. Bättig**

Bilanz vom 31. 12. 20_1

Aktiven			Passiven		
Umlaufvermögen			**Fremdkapital**		
Kasse	2		Kreditoren	2	
Bankguthaben	48		Darlehensschuld	50	52
Debitoren	21				
Holzvorräte	14	85			
Anlagevermögen			**Eigenkapital**		
Maschinen	19		Eigenkapital		78
Mobiliar	7				
Fahrzeuge	13				
Werkzeuge	6	45			
		130			130

b) **Landwirtschaftsbetrieb R. Pfeiffer**

Bilanz vom 31. 12. 20_1

Aktiven			Passiven		
Umlaufvermögen			**Fremdkapital**		
Kasse	8		Kreditoren	6	
Post	4		Darlehensschuld	25	
Debitoren	2		Hypotheken	300	331
Futtervorräte	7				
Mastkälber[1]	5	26			
Anlagevermögen			**Eigenkapital**		
Milchkühe[1]	100		Eigenkapital		719
Mobiliar	14				
Fahrzeuge	70				
Boden	140				
Haus mit Scheune	700	1 024			
		1 050			1 050

[1] Mastkälber zählen zum Umlaufvermögen, da sie mit der Absicht aufgezogen werden, sie zu verkaufen, sobald ein bestimmtes Gewicht erreicht ist. Milchkühe dagegen werden zum Anlagevermögen gezählt, da sie über mehrere Jahre zur Milchproduktion gehalten werden.

c) **Treuhandbüro R. Fluck**

Bilanz vom 31.12.20_1

Aktiven			Passiven		
Umlaufvermögen			**Fremdkapital**		
Kasse	5		Kreditoren	2	
Post	13		Bankschuld	40	
Debitoren	42	60	Hypotheken	300	342
Anlagevermögen			**Eigenkapital**		
Mobiliar	20		Eigenkapital		298
EDV-Anlagen	25				
Fahrzeuge	35				
Immobilien	500	580			
		640			640

d) **Fussballclub Furioso**

Bilanz vom 31.12.20_1

Aktiven			Passiven		
Umlaufvermögen			**Fremdkapital**		
Flüssige Mittel	45		Kreditoren	20	
Debitoren	12		Hypotheken	100	120
Vorräte	3	60			
Anlagevermögen			**Eigenkapital**		
Mobiliar	17		Eigenkapital		325
Maschinen	18				
Fahrzeuge	30				
Fussballplatz, Bauten	150				
Spielerverträge[1]	170	385			
		445			445

[1] Die Spielerverträge beinhalten die für die Fussballspieler bezahlten Transfersummen. Sie werden über die Dauer der einzelnen Spielerverträge abgeschrieben.

12.07

a)

Bilanz 31.12.20_2

Aktiven			Passiven		
Umlaufvermögen			**Fremdkapital**		
Kassa	20		Kreditoren	200	
Post	70		Darlehen von A	150	
Bank	50		Hypotheken	800	1 150
Debitoren	110				
Warenvorräte	1 250	1 500			
Anlagevermögen			**Eigenkapital**		
Mobilien	100		Aktienkapital	1 000	
Immobilien	1 200	1 300	Reserven	440	
			Gewinnvortrag	210	1 650
		2 800			2 800

b) Die grossen Warenvorräte lassen auf einen Warenhandelsbetrieb schliessen. Handelsbetriebe gehören zum tertiären Wirtschaftssektor.

c) Es handelt sich um eine Aktiengesellschaft, da sich das Eigenkapital aus Aktienkapital, Reserven und Gewinnvortrag zusammensetzt.

d) Der Gewinnvortrag ist der nicht ausgeschüttete Gewinn, der auf die nächste Rechnung übertragen wird. Er gehört zum Eigenkapital.

12.08

Nr.	Bilanzposition	Umlauf-vermögen	Anlage-vermögen	Fremd-kapital	Eigen-kapital
1	Post	X			
2	Hypothekarverbindlichkeiten			X	
3	Vorräte Handelswaren	X			
4	Maschinen und Apparate		X		
5	Verbindlichkeiten aus Lieferungen und Leistungen (Kreditoren)			X	
6	EDV-Anlagen		X		
7	Bankguthaben	X			
8	Reserven				X
9	Geschäftsliegenschaften		X		
10	Darlehensschulden			X	
11	Fertige Erzeugnisse	X			
12	Mobiliar und Einrichtungen		X		
13	Beteiligungen		X		
14	Aktienkapital				X
15	Kasse	X			
16	Wertschriften	X			
17	Rohstoffe	X			
18	Patente		X		
19	Gewinnvortrag				X
20	Forderungen aus Lieferungen und Leistungen (Debitoren)	X			

12.09

Nr.	Begriff	Beschreibung
1	Kassa	Bargeld in der Kasse.
2	Post	Guthaben bei der Post.
3	Debitoren	Offene Kundenrechnungen, das sind Guthaben gegenüber Kunden. Vom OR als Forderungen aus Lieferungen und Leistungen bezeichnet.
4	Kreditoren	Offene Lieferantenrechnungen, das sind Schulden gegenüber Lieferanten. Vom OR als Verbindlichkeiten aus Lieferungen und Leistungen bezeichnet.
5	Mobilien	Oberbegriff für Maschinen, Mobiliar, EDV-Anlagen, Büromaschinen und Fahrzeuge.
6	Immobilien	Geschäfts- und Wohnliegenschaften, Grundstücke.
7	Hypotheken	Darlehen gegen Verpfändung einer Liegenschaft.
8	Fremdkapital	Verbindlichkeiten gegenüber Dritten oder Schulden.
9	Eigenkapital	Reinvermögen oder Überschuss des Vermögens (Aktiven) über die Schulden (Fremdkapital).
10	Aktiven	Vermögen
11	Passiven	Kapital, zusammengesetzt aus Fremd- und Eigenkapital.
12	Bilanz	Gegenüberstellung von Aktiven und Passiven in einem bestimmten Zeitpunkt.
13	Inventar	Detailliertes Verzeichnis aller Vermögens- und Schuldenteile.
14	Wertpapiere	Zur Anlage von Liquidität geeignete Wertschriften wie Aktien und Obligationen.
15	Reserven	Zurückbehaltener, nicht ausgeschütteter Gewinn.
16	Gewinnvortrag	Nicht ausgeschütteter Gewinn aus dem Vorjahr.

Veränderungen der Bilanz durch Geschäftsfälle

13.01

a) und b)

Geschäftsfälle	Bilanzen	Auswirkungen in der Bilanz
1. 3. Eröffnung durch Einzahlung von Fr. 40 000.–	**Bilanz vom 1.3.20_1** Aktiven / Passiven Bank 40 000 | Eigenkapital 40 000	+ Aktiven + Passiven Die Bilanzsumme X wird grösser ☐ wird kleiner ☐ bleibt gleich
2. 3. Kauf eines Taxis für Fr. 50 000.– gegen Rechnung	**Bilanz vom 2.3.20_1** Aktiven / Passiven Bank 40 000 | Kreditoren 50 000 Mobilien (Fahrzeug) 50 000 | Eigenkapital 40 000 90 000 | 90 000	+ Aktiven + Passiven Die Bilanzsumme X wird grösser ☐ wird kleiner ☐ bleibt gleich
4. 3. Bankzahlung an den Fahrzeugverkäufer Fr. 35 000.–	**Bilanz vom 4.3.20_1** Aktiven / Passiven Bank 5 000 | Kreditoren 15 000 Mobilien 50 000 | Eigenkapital 40 000 55 000 | 55 000	– Aktiven – Passiven Die Bilanzsumme ☐ wird grösser X wird kleiner ☐ bleibt gleich
5. 3. Barbezug ab dem Bankkonto Fr. 3 000.–	**Bilanz vom 5.3.20_1** Aktiven / Passiven Kasse 3 000 | Kreditoren 15 000 Bank 2 000 | Eigenkapital 40 000 Mobilien 50 000 | 55 000 | 55 000	+ Aktiven – Aktiven Die Bilanzsumme ☐ wird grösser ☐ wird kleiner X bleibt gleich (Aktivtausch)
8. 3. Der Fahrzeugverkäufer ist bereit, Fr. 10 000.– seines Restguthabens in ein langfristiges Darlehen umzuwandeln.	**Bilanz vom 8.3.20_1** Aktiven / Passiven Kasse 3 000 | Kreditoren 5 000 Bank 2 000 | Darlehen 10 000 Mobilien 50 000 | Eigenkapital 40 000 55 000 | 55 000	+ Passiven – Passiven Die Bilanzsumme ☐ wird grösser ☐ wird kleiner X bleibt gleich (Passivtausch)

c) Bei all diesen Geschäftsfällen bleibt die Bilanzgleichung (Summe der Aktiven = Summe der Passiven) erhalten, da durch einen Geschäftsfall zugleich zwei Bilanzpositionen verändert werden.

13.02

a)

Gründungsbilanz vom 1.6.20_5

Aktiven			Passiven
Post	40 000	Eigenkapital	40 000

b)

Bilanz vom 2.6.20_5

Aktiven			Passiven
Post	40 000	Kreditoren	25 000
Mobilien	25 000	Eigenkapital	40 000
	65 000		65 000

c)

Bilanz vom 10.6.20_5

Aktiven			Passiven
Post	30 000	Kreditoren	15 000
Mobilien	25 000	Eigenkapital	40 000
	55 000		55 000

d)

Bilanz vom 12.6.20_5

Aktiven			Passiven
Kasse	2 000	Kreditoren	15 000
Post	28 000	Eigenkapital	40 000
Mobilien	25 000		
	55 000		55 000

e)

Bilanz vom 19.6.20_5

Aktiven			Passiven
Kasse	2 000	Kreditoren	5 000
Post	28 000	Darlehen	10 000
Mobilien	25 000	Eigenkapital	40 000
	55 000		55 000

f)

Geschäftsfall		Bilanzsumme steigt	Bilanzsumme sinkt	Bilanzsumme bleibt
1.6.	Kapitaleinlage	X		
2.6.	Kauf von Mobiliar auf Kredit	X		
10.6.	Postüberweisung		X	
12.6.	Barbezug ab Postomat			X
19.6.	Kreditor gewährt Darlehen			X

g) Jeder Geschäftsfall verändert jeweils zwei Bilanzpositionen (deshalb doppelte Buchhaltung).

h) ► Kauf eines Fahrzeuges, finanziert durch Erhöhung der Bankschuld.
   ► Kauf von Immobilien, mit Hypotheken finanziert.

i) ► Rückzahlung eines Darlehens durch Postüberweisung.
   ► Kapitalrückzahlung an Eigentümer durch Verminderung des Bankguthabens.

k) Wenn der Geschäftsfall entweder zwei Aktivpositionen (Aktivtausch) oder zwei Passivpositionen (Passivtausch) verändert.

13.03

Bilanz vom 15. 1. 20_1

Aktiven			Passiven		
Umlaufvermögen			**Fremdkapital**		
Kasse	9		Kreditoren	110	
Post	37		Hypotheken	300	410
Bank	16				
Debitoren	13				
Treibstoffvorrat	37	112			
Anlagevermögen			**Eigenkapital**		
Mobiliar	16		Eigenkapital		500
Fahrzeuge	182				
Immobilien	600	798			
		910			910

13.04

Nr.	Geschäftsfall	+/–	Bilanzpositionen
1	Barbezug am Bankomaten	+ –	Kasse Bank
2	Barkauf eines neuen PCs	+ –	EDV-Anlagen oder Mobilien Kasse
3	Postüberweisung an einen Lieferanten	– –	Kreditoren Post
4	Aufnahme eines Darlehens. Die Gutschrift des Darlehensbetrages erfolgt auf dem Postkonto.	+ +	Post Darlehensschuld
5	Kauf einer Liegenschaft. Die Finanzierung erfolgt durch Aufnahme einer Hypothek.	+ +	Immobilien Hypotheken
6	Verkauf von altem Mobiliar gegen bar.	+ –	Kasse Mobiliar
7	Die Geschäftsinhaberin erhöht die Kapitaleinlage durch eine Überweisung auf das Bankkonto.	+ +	Bank Eigenkapital
8	Gewährung eines Darlehens an einen Geschäftsfreund durch Postüberweisung.	+ –	Darlehensforderung Post
9	Umwandlung einer Lieferantenschuld in ein fünfjähriges Darlehen.	– +	Kreditoren Darlehensschuld
10	Bareinzahlung auf das Bankkonto	+ –	Bank Kasse
11	Ein Kunde zahlt auf das Postkonto ein.	+ –	Post Debitoren
12	Verkauf von Wertschriften. Bankgutschrift des Verkaufserlöses.	+ –	Bank Wertschriften

Das Konto

14.01

a) Der Kassabestand beträgt am 1. März Fr. 1500.–, was bedeutet, dass sich in der Kasse laut Buchhaltung Fr. 1500.– befinden. Dieser Bestand wird aus der Vorperiode (Februar) auf die neue Periode (März) übertragen. In der Buchhaltung wird der Bestand am Ende der Vorperiode **Saldo** und der Übertragungsprozess **vortragen** genannt, woraus sich für den neuen Monat der Ausdruck **Saldovortrag** ergibt.

b), d), e)

Kassabuch

Datum	Text (Geschäftsverkehr)	Soll	Haben
1.3.	Anfangsbestand (Saldovortrag)	1 500	
5.3.	Kauf von Büromaterial		180
9.3.	Kauf von Malutensilien		720
11.3.	Barspende für Rotes Kreuz		100
15.3.	Barbezug am Bancomaten	1 000	
20.3.	Blumenkauf für Büro		50
22.3.	Reparatur am Lieferwagen bar bezahlt		650
31.3.	Schlussbestand (Saldo)		**800**
		2 500	2 500
1.4.	Saldovortrag	800	

c) Beim Kassensturz wird das Geld in der Kasse physisch gezählt (ursprünglich wurde der Kasseninhalt auf den Tisch ausgeleert, d. h., die Kasse wurde gestürzt, damit das Geld zum Zählen auf den Tisch fiel). Am 21. März müssten sich Fr. 1450.– in der Kasse befinden, andernfalls stimmt die Buchhaltung nicht. Ziel des Kassensturzes ist es, die korrekte Kassenführung zu kontrollieren.

f) Der Anfangsbestand sowie alle Zunahmen des Kassabestandes werden im Soll eingetragen, die Abnahmen sowie der Schlussbestand im Haben.

g), h)

Aktivkonto

Soll	Haben
Anfangsbestand	**Abnahmen** –
Zunahmen +	**Schlussbestand (Saldo)**

Passivkonto

Soll	Haben
Abnahmen –	**Anfangsbestand**
Schlussbestand (Saldo)	**Zunahmen** +

i) Eine Abnahme auf dem Fahrzeugkonto im Haben könnte durch den Verkauf eines alten Fahrzeugs oder durch die Abschreibung (Wertverminderung infolge Gebrauchs) resultieren.

k) Eine Abnahme der Hypothekarschuld im Soll wäre durch Rückzahlung (Amortisation) eines Teilbetrages des Hypothekardarlehens möglich.

14.02

a)

Postkonto

Datum	Geschäftsverkehr	Soll	Haben	Saldo
1.6.	Anfangsbestand (Saldovortrag)	12 780		12 780
3.6.	Überweisung an Kreditor Zentrallabor		1 260	11 520
10.6.	Zahlungsgutschrift von diversen Patientendebitoren	6 480		18 000
11.6.	Spende für Alzheimervereinigung		100	17 900
15.6.	Barbezug am Postomaten		400	17 500
20.6.	Gutschrift von Patientin M. Hauser	395		17 895
28.6.	Belastung der Swisscom für Telefon und Internet		245	17 650
30.6.	Belastung für die Zahlung von Versicherungsprämien		2 670	14 980
30.6.	Belastung Praxismiete		4 020	10 960
30.6.	Schlussbestand (Saldo)		**10 960**	
		19 655	19 655	
1.7.	Anfangsbestand (Saldovortrag)	10 960		10 960

b) Die Post, d.h. das Verarbeitungszentrum der Postfinance, schickt periodisch einen Kontoauszug mit folgenden Angaben: Datum, Text, Gutschrift bzw. Lastschrift, Valuta[1] und Salden.

c) Mit der Saldospalte wird der Kontostand (hier das Guthaben gegenüber der Post) jederzeit sichtbar.

d) Es handelt sich beim Schlussbestand um einen Sollsaldo, der jedoch zum Ausgleich der beiden Spalten im Haben eingetragen wird. Die Solleintragungen sind insgesamt grösser als die Habeneintragungen, also resultiert ein Soll-Überschuss, d.h. ein Sollsaldo.

[1] Valuta ist ein Fachausdruck für das Datum, welches für die Zinsberechnung massgeblich ist (Ende Jahr erhält Dr. Brunner auf seinem Postguthaben eine Zinsgutschrift). Die Zinsberechnung wird im Kapitel 19 erläutert.

14.03

a)

Debitorenkonto

Datum	Geschäftsverkehr	Soll	Haben	Saldo
1.9.	Anfangsbestand (Saldovortrag)	11 630		11 630
4.9.	Rechnung an P. Kuhn	1 310		12 940
9.9.	Bankzahlung von CasaNova SA		4 175	8 765
12.9.	Rechnung an Meyer AG	3 300		12 065
15.9.	Rabattgutschrift an Meyer AG		330	11 735
22.9.	Bankzahlung der Meyer AG		2 970	8 765
25.9.	Faktura an A. Kleiner	790		9 555
29.9.	Teilzahlung von P. Kuhn		500	9 055
30.9.	Bankzahlung von R. Hofer		2 465	6 590
30.9.	Schlussbestand (Saldo)		**6 590**	
		17 030	17 030	
1.10.	Anfangsbestand (Saldovortrag)	6 590		6 590

b) Gründe für die Rabattgewährung sind:

- Mengenrabatt
- Rabatt wegen mangelhafter Lieferung
- Treue- oder Aktionsrabatt

c)
- [x] An Debitoren versandte Rechnungen
- [ ] Zahlungen an Kreditoren
- [ ] Erhaltene Gutschriften für zurückgeschickte Waren
- [ ] Von Kreditoren erhaltene Rechnungen
- [x] Rabatte an Kunden
- [x] Zahlungen von Debitoren auf das Bankkonto
- [x] Umwandlung eines Debitorenguthabens in ein kurzfristiges Darlehen
- [x] Anfangsbestand vom 1. Januar

14.04

a)

Kreditorenkonto

Datum	Geschäftsverkehr	Soll	Haben	Saldo
1.10.	Anfangsbestand (Saldovortrag)		25 970	25 970
5.10.	Rechnung von Pirelli SA		4 800	30 770
8.10.	Bankzahlung an Firestone AG	6 350		24 420
13.10.	Rechnung von Goodyear SA		2 530	26 950
14.10.	Rabattgutschrift von Pirelli SA, 10 % auf Rechnung vom 5.10.	480		26 470
21.10.	Bankzahlung an Pirelli SA (Rest)	4 320		22 150
23.10.	Faktura von Michelin SA		8 500	30 650
29.10.	Postzahlung an Semperit AG	3 470		27 180
30.10.	Skonto auf Rechnung von Michelin SA (2 %)	170		27 010
30.10.	Bankzahlung an Michelin SA (Rest)	8 330		18 680
31.10.	Teilzahlung durch Post an Kreditor Bau AG für erfolgten Umbau	10 000		8 680
31.10.	Schlussbestand (Saldo)	**8 680**		
		41 800	41 800	
1.11.	Anfangsbestand (Saldovortrag)		8 680	8 680

b) Andere kurzfristige Verbindlichkeiten wie Kreditor MWST, Kreditor VSt oder Kreditor Sozialversicherungen

14.05

Kreditorenkonto

Datum	Geschäftsverkehr	Soll	Haben	Saldo
1.3.	Anfangsbestand (Saldovortrag)		12 745	12 745
4.3.	Bankzahlung an P. Gerber, Dietikon	3 150		9 595
6.3.	Rechnung von Hauenstein AG, Rafz		6 850	16 445
7.3.	Rechnung von T. Van Oordt		4 295	20 740
10.3.	Postüberweisung an R. Kurattli, Trogen	1 380		19 360
13.3.	Skonto 2 % auf Rechnung Hauenstein AG, Rafz	137		19 223
13.3.	Bankzahlung an Hauenstein AG , Rafz	6 713		12 510
18.3.	Rechnung von Rutishauser AG, Fällanden		5 200	17 710
21.3.	Postzahlung an E. Meier, Rüti	2 430		15 280
22.3.	Faktura von Blumenbörse, Zürich		5 140	20 420
25.3.	Rabatt 10 % auf Rechnung Rutishauser AG	520		19 900
31.3.	Rechnung von Garage H. Huber, Zürich		950	20 850
31.3	Schlussbestand (Saldo)	**20 850**		
		35 180	35 180	
1.4	Anfangsbestand (Saldovortrag)		20 850	20 850

14.06

a)

Bankguthaben

Soll	Haben
Anfangsbestand	**Abnahmen** (des Bankguthabens)
Zunahmen (des Bankguthabens)	**Schlussbestand (Saldo)**

Bankschuld

Soll	Haben
Abnahmen (der Bankschuld)	**Anfangsbestand**
Schlussbestand (Saldo)	**Zunahmen** (der Bankschuld)

b)

Bank

Datum	Geschäftsverkehr	Soll	Haben	Saldo
1. 1.	Anfangsbestand (Saldovortrag)	9 200		9 200
6. 1.	Studenten überweisen Schulgelder	21 600		30 800
9. 1.	Barbezug		1 000	29 800
11. 1.	Zahlung an Verlag SKV für Schulbücher		3 120	26 680
13. 1.	Zahlung an Computer Shop		15 450	11 230
17. 1.	Überweisung von Schulgeldern	7 200		18 430
25. 1.	Zahlung der Dozentenlöhne		16 100	2 330
28. 1.	Überweisung der Monatsmiete für Schulräume		7 330	– 5 000
30. 1.	Barbezug am Bankomaten für die Lehrmittelkasse		1 500	– 6 500
31. 1.	Schlussbestand (Saldo)	**6 500**		
		44 500	44 500	
1. 2.	Anfangsbestand (Saldovortrag)		6 500	6 500

c) Es handelt sich um ein Bankkonto mit wechselndem Kreditverhältnis: Zu Beginn des Monats ist das Bankkonto aktiv, weshalb der Anfangsbestand im Soll gebucht wurde. Am 28. Januar wird das Bankkonto bis Ende des Monates passiv, so dass der Schlussbestand ebenfalls (zum Ausgleich der Soll- und Habenseite) ins Soll einzutragen ist. Der Saldovortrag am 1. 2. ist passiv und steht im Haben.

d) Ein Barbezug bewirkt entweder die Abnahme des Bankguthabens (siehe 9. 1.) oder aber eine Zunahme der Bankschuld (siehe 30. 1.), was in beiden Fällen eine Habenbuchung bewirkt.

e) Je nach Bedarf, jedoch sicher immer Ende Monat, schickt die Bank einen Kontoauszug. Die Schulleiterin gleicht diesen Auszug mit dem Bankkonto in der Schule ab.

14.07

a) Konto X = Kreditorenkonto
Konto Y = Bankkonto
Konto Z = Debitorenkonto

b), c)

Kreditoren

Datum	Text (Geschäftsverkehr)	Soll	Haben	Saldo
1.1.	Anfangsbestand (Saldovortrag)		6 000	6 000
5.1.	Lieferung ~~an Kunden~~ / von Lieferanten		2 000	8 000
9.1.	~~Seine~~ / Unsere Postzahlung	1 400		6 600
10.1.	Seine / ~~Unsere~~ Rabattgewährung	200		6 400
11.1.	~~Seine~~ / Unsere Zahlung	4 000		2 400
24.1.	~~Seine~~ / Unsere Rücksendung	500		1 900
31.1.	Schlussbestand (Saldo)	**1 900**		
		8 000	8 000	
1.2.	Anfangsbestand (Saldovortrag)		1 900	1 900

Bank(schuld)

Datum	Text (Geschäftsverkehr)	Soll	Haben	Saldo
1.1.	Anfangsbestand (Saldovortrag)		15 000	15 000
8.1.	Einlage / ~~Bezug~~ des Geschäftsinhabers	10 000		5 000
11.1.	Zahlungen von Kunden / ~~an Lieferanten~~	4 000		1 000
17.1.	Rückzahlung des ~~gewährten~~ / erhaltenen Darlehens		5 000	6 000
22.1.	Kauf / ~~Verkauf~~ von Mobiliar gegen Bankcheck		3 000	9 000
28.1.	~~Barbezug~~ / Bareinlage	2 000		7 000
31.1.	Schlussbestand (Saldo)	**7 000**		
		23 000	23 000	
1.2.	Anfangsbestand (Saldovortrag)		7 000	7 000

Debitoren

Datum	Text (Geschäftsverkehr)	Soll	Haben	Saldo
1.1.	Anfangsbestand (Saldovortrag)	8 200		8 200
9.1.	Rücksendung von / ~~an~~ A. Amrein		600	7 600
11.1.	Zahlungen ~~an Lieferanten~~ / von Kunden		4 000	3 600
14.1.	Unsere / ~~Seine~~ Lieferung	2 400		6 000
19.1.	Unsere / ~~Seine~~ Rabattgewährung		240	5 760
22.1.	Unser Kreditverkauf / ~~Krediteinkauf~~	2 000		7 760
29.1.	Sein / ~~Unser~~ Skontoabzug		60	7 700
29.1.	Seine / ~~Unsere~~ Postüberweisung		1 940	5 760
31.1.	Schlussbestand (Saldo)		**5 760**	
		12 600	12 600	
1.2.	Anfangsbestand (Saldovortrag)	5 760		5 760

d) Fr. 1900.–

e) Eine Schuld (von Fr. 7000.–)

f) Fr. 5760.–

Die Lösungen zu den Aufgaben

14.50

14.51

14.52

14.53

finden Sie unter der gleichen Aufgaben-Nummer (separate Mappe) auf EasyAccounting.

Journal und Hauptbuch

15.01

Beleg Nr. 1:
Gutschriftsanzeige der Bank
Debitor D. Fluder überweist Fr. 8700.–.

Soll-buchung	Haben-buchung	Betrag
Bank	Debitoren	8 700.–

Beleg Nr. 2:
Bancomatquittung
Barbezug von Fr. 1000.–

Soll-buchung	Haben-buchung	Betrag
Kasse	Bank	1 000.–

Beleg Nr. 3:
Kontoauszug der Post
Überweisung von Fr. 3300.– an Kreditor N. Brockhaus

Soll-buchung	Haben-buchung	Betrag
Kreditoren	Post	3 300.–

Beleg Nr. 4:
Quittung
Barkauf eines PCs im Media-Markt für Fr. 6100.–

Soll-buchung	Haben-buchung	Betrag
Mobilien	Kasse	6 100.–

Beleg Nr. 5:
Belastungsanzeige der Bank
Überweisung von Fr. 2400.– an Kreditor R. Schmied

Soll-buchung	Haben-buchung	Betrag
Kreditoren	Bank	2 400.–

15.02

Journal

Datum	Text (Geschäftsfall)	Buchung Soll	Buchung Haben	Betrag
4.1.	Barbezug am Bancomaten 1	Kasse	Bank	1
5.1.	Überweisung von 2 durch Debitor J. König auf das Postkonto	Post	Debitoren	2
10.1.	Teilrückzahlung des Darlehens durch Banküberweisung von 20	Darlehen	Bank	20
16.1.	Postzahlung an Kreditor M. Schäuble 12	Kreditoren	Post	12
18.1.	Bankgutschrift für die Zahlung von Debitor S. Haas, 4	Bank	Debitoren	4
21.1.	Mobiliarkauf auf Kredit 6	Mobiliar	Kreditoren	6
24.1.	Bankgutschrift für die Aufnahme einer Hypothek 100	Bank	Hypotheken	100
26.1.	Banküberweisung für den Kauf eines kleinen Lagerhauses 120	Immobilien	Bank	120
28.1.	Überweisung vom Postkonto auf das Bankkonto 10	Bank	Post	10
30.1.	Barverkauf eines alten Lieferwagens 9	Kasse	Fahrzeuge	9

15.03

a) und c) Die Lösung ist auf der nächsten Seite.

b)

Journal

Datum	Text (Geschäftsfall)	Buchung Soll	Buchung Haben	Betrag
5.1.	Debitor P. Stähli überweist Fr. 400.– auf das Postkonto.	Post	Debitoren	400
11.1.	Einzahlung in die Kasse ab Postomat, Fr. 1 000.–	Kasse	Post	1 000
15.1.	Kreditkauf von Mobiliar für Fr. 750.–	Mobiliar	Kreditoren	750
19.1.	Banküberweisung an Kreditor M. Muggli, Fr. 980.–	Kreditoren	Bank	980
22.1.	Bankzahlung von Debitor F. Lüthi, Fr. 120.–	Bank	Debitoren	120
27.1.	Barkauf eines Bildes für das Büro, Fr. 450.–	Mobiliar	Kasse	450
29.1.	Kreditverkauf eines alten PCs für Fr. 320.–	Debitoren	EDV-Anlagen	320
30.1.	Barkauf von Software für Fr. 390.–	EDV-Anlagen	Kasse	390

Hauptbuch

Kasse

A	100	27. 1.	450
11. 1.	1 000	30. 1.	390
		S	**260**
	1 100		1 100

EDV-Anlagen

A	3 600	29. 1.	320
30. 1.	390	**S**	**3 670**
	3 990		3 990

Post

A	1 400	11. 1.	1 000
5. 1.	400	**S**	**800**
	1 800		1 800

Kreditoren

19. 1.	980	A	1 250
S	**1 020**	15. 1.	750
	2 000		2 000

Bank

A	2 000	19. 1.	980
22. 1.	120	**S**	**1 140**
	2 120		2 120

Darlehen

S	**5 000**	A	5 000

Debitoren

A	600	5. 1.	400
29. 1.	320	22. 1.	120
		S	**400**
	920		920

Eigenkapital

S	**3 750**	A	3 750

Mobiliar

A	2 300		
15. 1.	750		
27. 1.	450	**S**	**3 500**
	3 500		3 500

Schlussbilanz vom 31. 1. 20_8

Aktiven			Passiven		
Umlaufvermögen			**Fremdkapital**		
Kasse	260		Kreditoren	1 020	
Post	800		Darlehen	5 000	6 020
Bank	1 140				
Debitoren	400	2 600			
Anlagevermögen			**Eigenkapital**		
Mobiliar	3 500		Eigenkapital		3 750
EDV-Anlagen	3 670	7 170			
		9 770			9 770

15.04

a)

Gründungsbilanz 1.4.20_1

Aktiven			Passiven
Bank	30 000	Eigenkapital	30 000

b)

Journal

Datum	Text (Geschäftsfall)	Buchungssatz Soll	Haben	Betrag
5.4.	Bareinlage in die Geschäftskasse durch Bezug von Fr. 1 000.– am Bancomaten	Kasse	Bank	1 000
7.4.	Kreditkauf von Mobiliar für Büro und Übungsraum, Fr. 7 200.–	Mobiliar	Kreditoren	7 200
9.4.	Barkauf von zwei 3/4-Geigen für Fr. 900.–	Musikinstrumente	Kasse	900
11.4.	Kreditkauf eines Übungsklaviers für Fr. 3 500.– bei Musik Schmied	Musikinstrumente	Kreditoren	3 500
16.4.	Banküberweisung auf ein neu eröffnetes Postkonto Fr. 3 000.–	Post	Bank	3 000
21.4.	Postüberweisung einer Teilzahlung an Musik Schmied (siehe 11.4.) von Fr. 1 500.–	Kreditoren	Post	1 500
24.4.	A. Hug gewährt an Musicworld ein dreijähriges Darlehen von Fr. 25 000.– durch Bankzahlung	Bank	Darlehen	25 000
27.4.	Banküberweisung für den Kauf eines Occasion-Konzertflügels, Fr. 50 000.–	Musikinstrumente	Bank	50 000
30.4.	Rabattgutschrift auf dem Mobiliarkauf (siehe 7.4.) von 5 %	Kreditoren	Mobiliar	360

c) und d)

Hauptbuch

Kasse

5.4.	1 000	9.4.	900
		S	**100**
	1 000		1 000

Kreditoren

21.4.	1 500	7.4.	7 200
30.4.	360	11.4.	3 500
S	**8 840**		
	10 700		10 700

Post

16.4.	3 000	21.4.	1 500
		S	**1 500**
	3 000		3 000

Darlehen

S	**25 000**	24.4.	25 000

Bank

A	30 000	5.4.	1 000
24.4.	25 000	16.4.	3 000
		27.4.	50 000
		S	**1 000**
	55 000		55 000

Eigenkapital

S	**30 000**	A	30 000

Musikinstrumente

9.4.	900		
11.4.	3 500		
27.4.	50 000	**S**	**54 400**
	54 400		54 400

Mobiliar

7.4.	7 200	30.4.	360
		S	**6 840**
	7 200		7 200

Schlussbilanz vom 30.4.20_1

Aktiven			Passiven		
Umlaufvermögen			**Fremdkapital**		
Kasse	100		Kreditoren	8 840	
Post	1 500		Darlehen	25 000	33 840
Bank	1 000	2 600			
Anlagevermögen			**Eigenkapital**		
Musikinstrumente	54 400		Eigenkapital		30 000
Mobiliar	6 840	61 240			
		63 840			63 840

15.05

a)

Journal

Datum (Nr.)	Text (Geschäftsfall)	Buchungssatz Soll	Buchungssatz Haben	Betrag
①	Gründung der Unternehmung durch Postüberweisung des Inhabers	Post	Eigenkapital	50 000.–
②	Kauf von Mobiliar auf Kredit	Mobiliar	Kreditoren	15 000.–
③	Barbezug am Postomaten	Kasse	Post	1 000.–
④	Kauf von Fahrzeugen auf Kredit	Fahrzeuge	Kreditoren	80 000.–
⑤	Kauf einer Liegenschaft per Bankzahlung	Immobilien	Bank	300 000.–
⑥	Aufnahme einer Hypothek (Gutschrift auf dem Bankkonto)	Bank	Hypotheken	150 000.–
⑦	Postüberweisung an Kreditoren	Kreditoren	Post	45 000.–
⑧	Eigenkapitalerhöhung durch Einzahlung auf das Bankkonto	Bank	Eigenkapital	50 000.–
⑨	Aufnahme eines Darlehens (Gutschrift auf dem Bankkonto)	Bank	Darlehen	30 000.–
⑩	Eigenkapitalerhöhung durch Überschreibung eines Privatfahrzeugs aufs Geschäft	Fahrzeuge	Eigenkapital	20 000.–

b)

Schlussbilanz vom 31. 12. 20_1

Aktiven			Passiven		
Umlaufvermögen			**Fremdkapital**		
Kasse	1 000		Kreditoren	50 000	
Post	4 000	5 000	Bank	70 000	
			Darlehen	30 000	
Anlagevermögen			Hypotheken	150 000	300 000
Mobiliar	15 500				
Fahrzeuge	100 000		**Eigenkapital**		
Immobilien	300 000	415 000	Eigenkapital		120 000
		420 000			420 000

Hauptbuch

Kasse

Soll		Haben	
③	1 000	**S**	**1 000**

Kreditoren

Soll		Haben	
⑦	45 000	②	15 000
S	**50 000**	④	80 000
	95 000		95 000

Post

Soll		Haben	
①	50 000	③	1 000
		⑦	45 000
		S	**4 000**
	50 000		50 000

Bank(schuld)

Soll		Haben	
⑥	150 000	⑤	300 000
⑧	50 000		
⑨	30 000		
S	**70 000**		
	300 000		300 000

Mobiliar

Soll		Haben	
②	15 000	**S**	**15 000**

Darlehen

Soll		Haben	
S	**30 000**	⑨	30 000

Fahrzeuge

Soll		Haben	
④	80 000	**S**	**100 000**
⑩	20 000		
	100 000		100 000

Hypotheken

Soll		Haben	
S	**150 000**	⑥	150 000

Immobilien

Soll		Haben	
⑤	300 000	**S**	**300 000**

Eigenkapital

Soll		Haben	
S	**120 000**	①	50 000
		⑧	50 000
		⑩	20 000
	120 000		120 000

15.06

Journal

Datum	Text (Geschäftsfall)	Buchungssatz Soll	Buchungssatz Haben	Betrag
1. 1.	Anfangsbestand Kasse (Eröffnung)	Kasse	Eröffnungsbilanz	2 000.–
1. 1.	Anfangsbestand Bank (Eröffnung)	Bank	Eröffnungsbilanz	28 000.–
1. 1.	Anfangsbestand Mobilien (Eröffnung)	Mobilien	Eröffnungsbilanz	40 000.–
1. 1.	Anfangsbestand Kreditoren (Eröffnung)	Eröffnungsbilanz	Kreditoren	8 000.–
1. 1.	Anfangsbestand Eigenkapital (Eröffnung)	Eröffnungsbilanz	Eigenkapital	62 000.–
8. 1.	Kauf von Mobiliar auf Kredit	Mobilien	Kreditoren	10 000.–
14. 1.	Bankzahlung an Kreditor P. Ellis	Kreditoren	Bank	5 000.–
22. 1.	Barbezug am Bancomaten	Kasse	Bank	1 000.–
31. 1.	Saldo Kasse (Abschluss)	Schlussbilanz	Kasse	3 000.–
31. 1.	Saldo Bank (Abschluss)	Schlussbilanz	Bank	22 000.–
31. 1.	Saldo Mobilien (Abschluss)	Schlussbilanz	Mobilien	50 000.–
31. 1.	Saldo Kreditoren (Abschluss)	Kreditoren	Schlussbilanz	13 000.–
31. 1.	Saldo Eigenkapital (Abschluss)	Eigenkapital	Schlussbilanz	62 000.–

Hauptbuch

Kasse

Soll		Haben	
A	2 000	**S**	**3 000**
22. 1.	1 000		
	3 000		3 000

Kreditoren

Soll		Haben	
14. 1.	5 000	A	8 000
S	**13 000**	8. 1.	10 000
	18 000		18 000

Bank

Soll		Haben	
A	28 000	14. 1.	5 000
		22. 1.	1 000
		S	22 000
	28 000		28 000

Eigenkapital

Soll		Haben	
S	**62 000**	A	62 000

Mobilien

Soll		Haben	
A	40 000	**S**	**50 000**
8. 1.	10 000		
	50 000		50 000

Schlussbilanz vom 31. 1. 20_1

Aktiven			Passiven	
Umlaufvermögen			**Fremdkapital**	
Kasse	3 000		Kreditoren	13 000
Bank	22 000	25 000		
Anlagevermögen			**Eigenkapital**	
Mobilien		50 000	Eigenkapital	62 000
		75 000		75 000

15.07

Journal

Datum	Text (Geschäftsfall)	Buchungssatz		Betrag
		Soll	Haben	
1.7.	Banküberweisung von Debitor O. Jansen	Bank	Debitoren	3
16.7.	Postzahlung an Kreditor P. Kunz	Kreditoren	Post	2
27.7.	Barkauf von Mobiliar	Mobiliar	Kasse	1
3.8.	Kauf eines neuen Fahrzeuges auf Kredit	Fahrzeuge	Kreditoren	45
11.8.	Rückzahlung einer Darlehensschuld durch Postüberweisung	Darlehen	Post	20
4.9.	Der Maurer AG wird eine Hypothek gewährt, der Betrag wird auf das Bankkonto einbezahlt.	Bank	Hypotheken	300
4.9.	Kauf einer Liegenschaft durch Bankbelastung	Immobilien	Bank	500
20.9.	Maschinenkauf auf Kredit	Maschinen	Kreditoren	12
30.9.	Bankzahlung der Aktionäre zur Aktienkapitalerhöhung	Bank	Aktienkapital	100
7.10.	Ein altes Fahrzeug wird auf Kredit verkauft.	Debitor	Fahrzeuge	8
11.11.	Rückzahlung des Darlehens an M. Minder durch die Bank	Darlehen	Bank	30
16.11.	Barverkauf alter Büroeinrichtungen	Kasse	Mobiliar	4
26.11.	Die Schuld bei Kreditor D. Meyer wird in ein langfristiges Darlehen umgewandelt.	Kreditoren	Darlehen	25
1.12.	Kreditor S. Käser nimmt eine alte Maschine an Zahlungs statt.	Kreditoren	Maschinen	5
15.12.	Liquidität aus der Kasse wird auf das Postkonto überwiesen.	Post	Kasse	6

15.08

Journal

Nr.	Text (Geschäftsfall)	Buchung Soll	Haben	Betrag
1	Kauf von Mobiliar auf Kredit (15)	Mobiliar	Kreditoren	15
2	Die neu angeschaffte EDV-Anlage wird bar bezahlt (7).	Informatik	Kasse	7
3	M. Arnold wird eine gebrauchte Produktionsanlage auf Kredit verkauft (20).	Debitoren	Maschinen	20
4	Kauf eines Lieferwagens auf Kredit (42)	Fahrzeuge	Kreditoren	42
5	Barbezug am Postomat (2)	Kasse	Post	2
6	Kauf von kotierten Wertschriften durch die Bank (37)	Wertschriften	Bank	37
7	Der Geschäftsinhaber erhöht seine Kapitaleinlage durch Überschreibung einer privaten Liegenschaft (300).	Immobilien	Eigenkapital	300
8	Einem Kreditor wird eine alte Maschine an Zahlung gegeben (6).	Kreditoren	Maschine	6
9	Debitoren zahlen auf das Bankkonto ein (23).	Bank	Debitoren	23
10	Kreditverkauf ausgedienter Büroeinrichtungen (4)	Debitoren	Mobiliar	4
11	Ein Debitor begleicht seine Schuld durch Lieferung von Hardware (3).	Informatik	Debitoren	3
12	Aufnahme einer Hypothek zur Finanzierung eines Anbaus an die unter Nr. 7 erworbene Liegenschaft (100)	Bank	Hypotheken	100
13	Bankzahlung für den fertiggestellten Liegenschaftsanbau (130)	Immobilien	Bank	130
14	Für Mängel am gekauften Mobiliar (Nr. 1) wird ein Rabatt von 20 % gewährt.	Kreditoren	Mobiliar	3
15	Bankgutschrift für verkaufte Beteiligungspapiere (40)	Bank	Beteiligungen	40
16	Für den neuen Lieferwagen (Nr. 4) wird eine erste Teilzahlung von 1/3 des Kaufspreises durch die Bank bezahlt.	Kreditoren	Bank	14
17	Restzahlung für das gekaufte Mobiliar (Nr. 1 und 14) durch die Post	Kreditoren	Post	12
18	Der Geschäftsinhaber reduziert seine Kapitaleinlage durch Entnahme von Wertschriften (20).	Eigenkapital	Wertschriften	20
19	An U. Dürr wird ein langfristiges Darlehen gewährt und durch die Post überwiesen (20).	Aktivadarlehen	Post	20
20	Bankgutschrift für die Zahlung von M. Arnold (Nr. 3), unter Abzug von 5 % Skonto	Maschinen Bank	Debitoren Debitoren	1 19

Die Erfolgsrechnung

16.01

a) Individuelle Antworten, die mit dem Gewinn von Antwort e) zu vergleichen sind.

b)

Journal

Nr.	Text	Buchung Soll	Buchung Haben	Betrag
1	Bankeinlage von W. Helbling	Bank	Eigenkapital	15 000.–
2	Kauf von Mobilien auf Kredit	Mobilien	Kreditoren	10 000.–
3	Bareinzahlung von W. Helbling	Kasse	Eigenkapital	5 000.–
4	Bankzahlung der Junilöhne	Lohnaufwand	Bank	8 000.–
5	Bankzahlung für Monatsmiete	Mietaufwand	Bank	2 000.–
6	Rechnungsversand für Schulgelder	Debitoren	Schulgeldertrag	12 000.–
7	Wertverlust auf Mobilien	Abschreibungen	Mobilien	100.–
8	Barzahlung für verschiedene Aufwendungen	Übriger Aufwand	Kasse	900.–

c) bis e)

Erfolgsrechnung für den Monat Juni

Aufwand		Ertrag	
Lohnaufwand	8 000	Schulgeldertrag	12 000
Mietaufwand	2 000		
Abschreibungen	100		
Übriger Aufwand	900		
Saldo = Gewinn	**1 000**		
	12 000		12 000

f) Die Erfolgsrechnung ist im Gegensatz zur Bilanz eine Zeitraumrechnung. In der Erfolgsrechnung werden die Aufwände für die Leistungserstellung den Erträgen aus dem Verkauf gegenübergestellt. Ein Ertragsüberschuss bedeutet Gewinn, ein Aufwandsüberschuss Verlust.

g)

Aufwand		Ertrag	
X	Ein Aufwand bewirkt eine Abnahme von Vermögen (man wird «ärmer»).	X	Ein Ertrag bewirkt eine Vermögenszunahme (man wird «reicher»).
	Aufwand kann mit Ausgaben (Barzahlung) gleichgesetzt werden.		Ertrag kann mit Einnahmen (Barentschädigung) gleichgesetzt werden.
X	Aufwand kann als Wertverlust definiert werden.	X	Ertrag kann als Wertzuwachs definiert werden.
X	Aufwände werden immer im Soll gebucht.	X	Erträge werden immer im Haben gebucht.
X	Aufwände können Schuldenzunahmen bewirken, z. B. Bankschulden.	X	Erträge können Schuldenabnahmen bewirken, z. B. Bankschulden.

16.02

Lösungshinweis: Für die Reihenfolge der Aufwands- und Ertragspositionen gibt es weniger klare Richtlinien als bei der Bilanzgliederung. Häufig werden sie nach ihrer Bedeutung eingereiht. In vielen Branchen werden die Erfolgsrechnungen nach einheitlichem Raster erstellt. Die folgenden Lösungen basieren auf dem Kontenrahmen KMU.

a) **Kleiderboutique**

Erfolgsrechnung für 20_1

Aufwand			Ertrag
Warenaufwand	720	Verkaufsertrag	1 000
Atelieraufwand	40	**Verlust**	**80**
Personalaufwand	130		
Raumaufwand	90		
Verwaltungsaufwand	15		
Werbeaufwand	50		
Zinsaufwand	20		
Abschreibungen	15		
	1 080		1 080

b) **Schreinerei**

Erfolgsrechnung für 20_1

Aufwand			Ertrag
Materialaufwand	100	Fabrikateertrag	270
Lohnaufwand	80	Zinsertrag	1
Sozialaufwand	18		
Mietaufwand	10		
Unterhalt und Reparaturen	5		
Fahrzeugaufwand	10		
Werbeaufwand	5		
Abschreibungen	13		
Gewinn	**30**		
	271		271

16.03

Warenhandelsbetrieb

Erfolgsrechnung

Aufwand		Ertrag	
Warenaufwand	670	Warenertrag	990
Personalaufwand	200	Zinsertrag	10
Mietaufwand	30		
Werbeaufwand	40		
Abschreibungen	10		
Übriger Aufwand	20		
Gewinn	**30**		
	1 000		1 000

Fabrikationsbetrieb

Erfolgsrechnung

Aufwand		Ertrag	
Rohmaterialaufwand	400	Fabrikateertrag	960
Personalaufwand	300		
Mietaufwand	40		
Energie	50		
Unterhalt	60		
Abschreibungen	100		
Übriger Aufwand	50		
		Verlust	**40**
	1 000		1 000

Versicherungsgesellschaft

Erfolgsrechnung

Aufwand		Ertrag	
Schadenaufwand	600	Prämienertrag	750
Personalaufwand	150	Kapitalerträge	250
Übriger Aufwand	120		
Gewinn	**130**		
	1 000		1 000

Bank

Erfolgsrechnung

Aufwand		Ertrag	
Zinsaufwand	550	Zinsertrag	750
Kommissionsaufwand	50	Kommissionserträge	200
Personalaufwand	200	Wertschriftenerträge	50
Raumaufwand	30		
Übriger Aufwand	70		
Gewinn	**100**		
	1 000		1 000

Schule

Erfolgsrechnung

Aufwand		Ertrag	
Personalaufwand	680	Schulgeldertrag	520
Materialaufwand	40	Subventionen	480
Mietaufwand	110		
Energieaufwand	20		
Abschreibungen	70		
Übriger Aufwand	50		
Gewinn	**30**		
	1 000		1 000

Fussballclub

Erfolgsrechnung

Aufwand		Ertrag	
Personalaufwand	540	Eintritte	430
Spielbetrieb	160	TV-Einnahmen	100
Warenaufwand	40	Warenertrag	60
Unterhalt Anlage	70	Sponsoringertrag	220
Abschreibungen	60		
Werbeaufwand	80		
Übriger Aufwand	50		
		Verlust	**190**
	1 000		1 000

16.04

Erfolgsrechnung für 20_1

Aufwand | Ertrag

Umschreibung	Kontenbezeichnung	Kontenbezeichnung	Umschreibung
Verbrauch von Handelswaren zum Verkauf	Warenaufwand	Warenertrag	Ertrag aus dem Verkauf von Handelswaren
Verbrauch von Rohmaterial für die Produktion	Rohmaterialaufwand	Fabrikateertrag (Produktionserlös)	Ertrag aus dem Verkauf von produzierten Fertigfabrikaten
Entschädigung an die Arbeitnehmer für geleistete Arbeit	Lohnaufwand (oder Personalaufwand)	Dienstleistungsertrag oder Honorarertrag	Ertrag aus dem Erbringen von Dienstleistungen für Kunden
Wertverminderungen auf dem Anlagevermögen	Abschreibungen	Prämienertrag	Ertrag aus der Übernahme von Risiken für Versicherte
Zahlungen für benutzte Räumlichkeiten	Mietaufwand	Mietertrag	Ertrag aus dem Überlassen von Sachen zum Gebrauch
Ausgaben für Instandhaltung von Mobilien und Immobilien	Unterhalt und Reparaturen	Wertschriftenertrag	Erhaltene Zinsen und Dividenden aus Wertpapieranlagen
Entschädigung für von Dritten beanspruchtes Kapital	Zinsaufwand	Zinsertrag	Ertrag aus Kapital, das Dritten zur Verfügung gestellt wird
Ausgaben für Treibstoff, Unterhalt, Versicherungen und Verkehrsabgaben für die Fahrzeuge	Fahrzeugaufwand		
Ausgaben für Inserate, Drucksachen, Reklame, Sponsoring usw.	Werbeaufwand		
Verbrauch von Strom und Heizöl	Energieaufwand		
Sammelkonto für diverse Betriebsaufwände wie Telefon, Büromaterial, Porti usw.	Sonstiger Aufwand		
Saldo zum Ausgleich des Ertragsüberschusses	Gewinn	Verlust	Saldo zum Ausgleich des Aufwandüberschusses

16.05

a) Handel AG

Erfolgsrechnung für 20_1

Aufwand		Ertrag	
Warenaufwand	1 465	Verkaufsertrag	2 420
Personalaufwand	580	Nebenerträge	52
Mietaufwand	36		
Übriger Aufwand	115		
Zinsaufwand	28		
Abschreibungen	53		
Gewinn	**195**		
	2 472		2 472

Bilanz vom 31. 12. 20_1

Aktiven			Passiven		
Umlaufvermögen			**Fremdkapital**		
Flüssige Mittel	68		Kreditoren	101	
Debitoren	129		Hypotheken	500	601
Warenvorräte	520	717			
Anlagevermögen			**Eigenkapital**		
Einrichtungen	70		Aktienkapital	800	
Fahrzeuge	64		Reserven	250	
Immobilien	1 000	1 134	Gewinnvortrag	200	1 250
		1 851			1 851

b) Fabrikation AG

Erfolgsrechnung für 20_1

Aufwand		Ertrag	
Materialaufwand	1 140	Fabrikateertrag	2 544
Lohnaufwand	705	Wertschriftenertrag	65
Sozialaufwand	140	Zinsertrag	16
Unterhalt und Reparaturen	103		
Fahrzeugaufwand	41		
Energieaufwand	54		
Übriger Betriebsaufwand	78		
Forschung und Entwicklung	94		
Zinsaufwand	42		
Abschreibungen	113		
Gewinn	**115**		
	2 625		2 625

Bilanz vom 31. 12. 20_1

Aktiven			Passiven		
Umlaufvermögen			**Fremdkapital**		
Flüssige Mittel	133		Kreditoren	579	
Wertschriften	270		Bankschulden	86	
Debitoren	424		Hypotheken	600	1 265
Vorräte Rohstoffe	97				
Vorräte Fabrikate	26	950			
Anlagevermögen			**Eigenkapital**		
Maschinen	170		Aktienkapital	1 000	
Einrichtungen	64		Reserven	135	1 135
EDV-Anlagen	89				
Fahrzeuge	91				
Werkzeuge	136				
Immobilien	900	1 450			
		2 400			2 400

c) **Sozialwerk CARE FOR YOU**

Erfolgsrechnung für 20_1

Aufwand		Ertrag	
Lohnaufwand	1 373	Beiträge Fürsorgebehörden	1 022
Sozialaufwand	237	Kantonale Betriebsbeiträge	517
Übriger Personalaufwand	39	Mietzinserträge	14
Lebensmittelaufwand	48	Erträge aus Job-Service	258
Unterhalt und Reparaturen	75	Spenden	342
Energieaufwand	36		
Verwaltungsaufwand	82		
Übriger Betriebsaufwand	106		
Zinsaufwand	41		
Abschreibungen	110		
Gewinn	**6**		
	2 153		2 153

Bilanz vom 31. 12. 20_1

Aktiven			Passiven		
Umlaufvermögen			**Fremdkapital**		
Flüssige Mittel	555		Kreditoren	95	
Debitoren	157		Darlehen	50	
Warenvorräte	10	722	Hypotheken	1 100	1 245
Anlagevermögen			**Eigenkapital**		
Mobilien	105		Eigenkapital		3 372
Immobilien	3 790	3 895			
		4 617			4 617

16.06

Nr.	Sachverhalte	Bilanzkonten		Erfolgskonten	
		Aktiven	Passiven	Aufwand	Ertrag
1	Bank(schulden)		X		
2	Reserven		X		
3	Werbung			X	
4	Verbindlichkeiten aus Lieferungen		X		
5	Fertigfabrikate	X			
6	Energieverbrauch			X	
7	Mietzinseinnahmen				X
8	Unterhalt und Reparaturen			X	
9	Gewinnvortrag		X		
10	Löhne			X	
11	Beteiligungen	X			
12	Abschreibungen			X	
13	Zinsen für an Dritte gewährte Darlehen				X
14	Sozialleistungen			X	
15	Forderungen aus Lieferungen	X			
16	Warenverkauf				X
17	Warenvorräte	X			
18	Büromaterialverbrauch			X	
19	EDV-Anlagen	X			
20	Erhaltenes Darlehen		X		

16.07

a)

Nr.	Geschäftsfälle	Reinvermögen bleibt unverändert	Reinvermögen nimmt zu	Reinvermögen nimmt ab
1	Barkauf einer neuen Föhnhaube	X		
2	Bareinzahlung auf das Postkonto	X		
3	Postüberweisung der Monatsmiete			X
4	Eine Kundin zahlt bar für Haarwaschen und -schneiden.		X	
5	Debitoren zahlen auf die Post	X		
6	Kreditkauf eines neuen Kundensessels	X		
7	Barverkauf des alten Mobiliars (zum Buchwert)	X		
8	Postbelastung für Telefonspesen			X
9	Banküberweisung an Kreditoren	X		
10	Bankbelastung für Versicherungsprämien			X
11	Rechnungsversand für Haarpflege an Kundinnen im Altersheim		X	

b) Erfolgwirksame Buchungen

16.08

a)

Aufwandsverbuchung

Geschäftsfälle	Bilanzkonto		Aufwandskonto		Auswirkungen
	Post		**Mietaufwand**		
	Soll	Haben	Soll	Haben	
1. Postüberweisung der Monatsmiete Fr. 1 500.–		1 500	1 500		+ Aufwand – Aktiven Das Reinvermögen ☐ wird grösser X wird kleiner ☐ bleibt gleich
	Bankschuld		**Lohnaufwand**		
	Soll	Haben	Soll	Haben	
2. Banküberweisung der Monatslöhne Fr. 5 000.–		5 000	5 000		+ Aufwand + Schulden Das Reinvermögen ☐ wird grösser X wird kleiner ☐ bleibt gleich

Ertragsverbuchung

Geschäftsfälle	Bilanzkonto		Ertragskonto		Auswirkungen
	Kasse		**Ertrag aus Coiffeurarbeiten**		
	Soll	Haben	Soll	Haben	
3. Barzahlungen von Kundinnen für Haarschneiden Fr. 2 000.–	2 000			2 000	+ Aktiven + Ertrag Das Reinvermögen X wird grösser ☐ wird kleiner ☐ bleibt gleich
	Bankschuld				
	Soll	Haben			
4. Kundinnen zahlen die ausgeführten Coiffeurarbeiten mit EC-Direct auf das Bankkonto Fr. 3 500.–	3 500			3 500	– Schulden + Ertrag Das Reinvermögen X wird grösser ☐ wird kleiner ☐ bleibt gleich

b)

Aufwandskonto

Soll	Haben
	Aufwandsminderungen –
Zunahmen +	**Saldo**

Ertragskonto

Soll	Haben
Ertragsminderungen –	
Saldo	Zunahmen +

c) Die Konten der Erfolgsrechnung beziehen sich auf eine Periode. Die Aufzeichnungen in den Erfolgskonten beginnen jede Periode wieder neu.

d)

Aufwandsminderungen
Erhaltene Rabatte
Erhaltene Skonti
Erhaltene Gutschriften (z. B. bei mangelhafter Ausführung)

Ertragsminderungen
Gewährte Rabatte
Gewährte Skonti
Verschickte Gutschriften (z. B. für Rücknahmen mangelhafter Ware)

e) In die Erfolgsrechnung

f) Weil jeder Eintrag in einem Erfolgskonto den Periodenerfolg beeinflusst.

g) Welche Erfolgskonten bewirken

- eine Zunahme des Reinvermögens? die Ertragskonten
- eine Abnahme des Reinvermögens? die Aufwandskonten

16.09

Nr.	Buchung Soll	Haben	Geschäftsfälle	erfolgs-wirksam	erfolgs-*un*wirksam
1	Kasse	Bank	Barbezug am Bankomaten		X
2	Post	Mietertrag[1]	Mieter zahlen Mietzins auf Postkonto	X	
3	Lohnaufwand	Bank	Auszahlung der Löhne durch die Bank	X	
4	Debitoren	Warenertrag	Warenverkauf auf Kredit	X	
5	Mobiliar	Kreditoren	Mobiliarkauf auf Kredit		X
6	Bank	Wertschriften	Wertschriftenverkauf durch die Bank		X
7	Immobilien	Eigenkapital	Der Eigentümer überschreibt seine private Liegenschaft auf das Geschäft.		X
8	Zinsaufwand	Bank	Bankbelastung für Zinsen	X	
9	Abschreibungen	Einrichtungen	Abschreibungen auf Einrichtungen	X	
10	Warenertrag	Debitoren	Warerücknahme, Skonti oder Rabattgewährung an Kunden	X	
11	Büromaterial	Kasse	Barkauf von Büromaterial	X	
12	Bank	Darlehen	Aufnahme eines Darlehens und Gutschrift auf Bankkonto		X
13	Eigenkapital	Fahrzeug	Kapitalrückzug des Geschäftsinhaber durch Übernahme des Geschäftsautos		X
14	Reparaturen	Kasse	Reparaturen werden bar bezahlt.	X	
15	Debitoren	Maschine	Kreditverkauf einer alten Maschine		X
16	Immobilien	Hypotheken	Finanzierung eines Immobilienkaufs durch Hypotheken		X
17	Werbung	Kreditoren	Erhalt einer Rechnung für Inserate	X	
18	Bank	Zinsertrag	Bankgutschrift für Zinsen	X	
19	Darlehen	Post	Darlehensrückzahlung durch Post		X
20	Sozialaufwand	Kreditoren	Abrechnung der Sozialversicherungsbeiträge	X	

[1] Könnte auch als Liegenschafts- oder Immobilienertrag verbucht werden.

16.10

a)

Journal

Nr.	Geschäftsfall	Buchung Soll	Buchung Haben	Auswirkungen Soll	Auswirkungen Haben
1	Barkauf von Mobiliar	Mobiliar	Kasse	+a	−a
2	Debitoren zahlen auf das Postkonto ein.	Post	Debitoren	+a	−a
3	Banküberweisung (Bankschuld) für die Miete der Geschäftsräume	Mietaufwand	Bank	+A	+p
4	Die Rechnung für ein Werbeinserat trifft ein.	Werbeaufwand	Kreditoren	+A	+p
5	Die Post belastet Telefon- und Internet-gebühren.	Verwaltungsaufwand	Post	+A	−a
6	Lohnzahlungen durch Postzahlung	Lohnaufwand	Post	+A	−a
7	Verkauf von Waren auf Kredit	Debitoren	Warenertrag	+a	+E
8	Debitoren zahlen auf das Bankkonto (Bankschuld) ein.	Bank	Debitoren	−p	−a
9	Die Bank belastet Zinsen (Bankschuld).	Zinsaufwand	Bank	+A	+p
10	Die EDV-Anlagen werden abgeschrieben.	Abschreibungen	EDV-Anlagen	+A	−a
11	Der Kauf eines Landstückes wird durch Hypotheken finanziert.	Immobilien	Hypotheken	+a	+p
12	Einem Debitoren wird auf der verkauften Ware ein Rabatt gewährt.	Warenertrag	Debitoren	−E	−a
13	Das Aktienkapital wird erhöht. Die Einzahlung des Gegenwertes erfolgt auf die Bank (Bankguthaben).	Bank	Aktienkapital	+a	+p
14	Rückzahlung eines Bankdarlehens mit Erlös aus Wertschriftenverkauf	Darlehensschuld	Wertschriften	−p	−a
15	Bankgutschrift (Bankguthaben) für Zinsen auf dem gewährten Darlehen an L. Hess	Bank	Zinsertrag	+a	+E
16	Für die auf Kredit gekaufte EDV-Anlage wird ein Sonderrabatt gewährt.	Kreditoren	EDV-Anlagen	−p	−a
17	Die Rechnung für Versicherungsprämien trifft ein.	Versicherungsaufwand	Kreditoren	+A	+p
18	Barverkauf von selbst erstellten Fabrikaten	Kasse	Fabrikateertrag	+a	+E
19	Postrückzahlung einer von uns irrtümlich doppelt einbezahlten Monatsmiete	Post	Mietaufwand	+a	−A
20	Monatsrechnung für Dieselbezug für den kleinen Transportwagen	Fahrzeugaufwand	Kreditoren	+A	+p

b)

	Zunahme	Abnahme	keine Wirkung
Buchung Nr. 1			X
Buchung Nr. 4		X	
Buchung Nr. 10		X	
Buchung Nr. 15	X		

16.11

Nr.	Geschäftsfall	Buchungssatz		Korrrekturbuchungen	
		Soll	Haben	Soll	Haben
1	Kreditkauf eines Fahrzeuges	Fahrzeuge	Debitoren	Debitoren	Kreditoren
2	Eine neue Liegenschaft wird mit Hypotheken finanziert.	Immobilien	Hypotheken	–	–
3	Die Bank schreibt Zinsen auf dem Kontokorrent gut.	Darlehen	Zinsertrag	Bank	Darlehen
4	Kreditverkauf von selbst hergestellten Fabrikaten	Kreditoren	Fabrikateertrag	Debitoren	Kreditoren
5	Der Eigentümer erhöht seine Kapitaleinlage durch eine Postüberweisung.	Post	Eigenkapital	–	–
6	Barkauf von Büromaterial wie Papier, Toner, Kugelschreiber usw.	Mobilien	Kasse	Büromaterial oder Übriger Aufwand	Mobilien
7	Durch Banküberweisung wird ein Teil der Hypotheken zurückbezahlt.	Hypotheken	Bank	–	–
8	Die Rechnung für die Autoreparatur ist eingetroffen.	Reparaturaufwand	Kasse	Kasse	Kreditoren
9	Für Mängel an den verkauften Produkten wird einem Kunden ein Rabatt gewährt (siehe Buchung 4).	Warenaufwand	Debitoren	Fabrikatertrag	Warenaufwand
10	Die Zinsen für eine Darlehensschuld werden durch die Bank überwiesen.	Darlehen	Bank	Zinsaufwand	Darlehen
11	Die Maschinen werden Ende Jahr abgeschrieben.	Abschreibungen	Maschinen	–	–
12	Bankgutschrift der Mietzinsen für vermietete Geschäftsräume	Mietaufwand	Bank	Bank	Mietaufwand
				Bank	Mietertrag[1]

[1] Für die Korrektur sind zwei Buchungen notwendig, da sowohl Soll als auch Haben bei dieser Buchung falsch sind. Zuerst muss die falsche Buchung **storniert,** d. h. rückgängig gemacht werden, und anschliessend die richtige Buchung eingesetzt werden. In der Praxis ist dieses Vorgehen (Stornobuchungen) auch bei den übrigen Fehlerkorrekturen üblich.

16.12

a)

Unterhalt und Reparaturen

Datum	Geschäftsverkehr	Soll	Haben	Saldo
4.1.	Rechnung der Mecano AG für Servicearbeiten an der Verpackungsmaschine	640		640
11.1.	Faktura von Göldi AG für Installationen	1 800		2 440
23.1.	Rechnung der Sanitär S.A. für Leitungsreparaturen	1 260		3 700
5.2.	10% Winterrabatt auf der Rechnung der Mecano AG vom 4.1.		64	3 636
19.2.	Bareinkauf von Verbrauchsmaterial	734		4 370
27.2.	Rechnung von R. Maler für Ausbesserungsarbeiten am Fabrikgebäude	2 480		6 850
14.3.	Barzahlung für diverse Schmiermittel	278		7 128
31.3.	Die in den obigen Rechnungen enthaltene Mehrwertsteuer (MWST) von 8% wird von der eidg. Steuerverwaltung als Vorsteuerabzug zurückgefordert		528	6 600
31.3.	**Saldo**		**6 600**	
		7 192	7 192	

b) Erfolgskonten werden periodenbezogen geführt. Jede neue Periode beginnt wieder bei Null.

c) Im Soll werden alle Zunahmen des Unterhalt- und Reparaturaufwandes gebucht (Rechnungen, Barzahlungen), im Haben die Aufwandsminderungen (Rabatte, Skonti, Vorsteuerabzug MWST).

16.13

a)

Fabrikateertrag

Datum	Geschäftsverkehr	Soll	Haben	Saldo
6.1.	Rechnung an Schneider AG		3 387	3 387
10.1.	Ladenverkäufe bar		1 210	4 597
17.1.	Rechnung an U. Schläpfer		2 360	6 957
10.2.	Gewährung eines Sonderrabattes von 10 % an U. Schläpfer	236		6 721
22.2.	Rechnung an Musterbau AG		4 580	11 301
27.2.	Barverkäufe an der Wintermesse		1 456	12 757
4.3.	Rücknahme mangelhafter Fabrikate	850		11 907
31.3.	Die in den obigen Verkäufen enthaltene Mehrwertsteuer (MWST) von 8 % wird der eidg. Steuerverwaltung gutgeschrieben.	882		11 025
31.3.	**Saldo**	**11 025**		
		12 993	12 993	

b) Im Haben sind alle Bar- und Kreditverkäufe gebucht, im Soll werden die Ertragsminderungen (Rabatte, Skonti, Rücknahmen und Mehrwertsteuerschulden) berücksichtigt.

c) Die Mehrwertsteuer wird auf dem Umsatz der verkauften Produkte errechnet. In der Schweiz wird die Mehrwertsteuer in den Verkaufspreis eingerechnet; dieser beträgt dann 108 %.

d) In der Schweiz sind vor allem noch folgenden Sätze häufig:

- 2,5 % für Güter und Dienstleistungen des täglichen Bedarfs
- 3,8 % für Beherbergungsleistungen (Übernachtungen und Frühstück)

Vergleiche dazu Kapitel 33 zur Mehrwertsteuer.

16.14

Journal

Datum	Text	Buchung Soll	Haben	Betrag
3.12.	Rechnung für Ersatzteile für den Kiestransporter	Fahrzeugaufwand	Kreditoren	3 280
6.12.	Debitor Spieler zahlt durch Postüberweisung.	Post	Debitoren	4 870
8.12.	Versand von Rechnungen für ausgeführte Transporte	Debitoren	Transportertrag	7 690
11.12.	Rechnung der Druckerei für Inseratewerbung in der Lokalzeitung	Werbeaufwand	Kreditoren	975
12.12.	Bareinnahme für einen Maschinentransport	Kasse	Transportertrag	745
13.12.	Bankgutschrift für die Zahlung eines Kunden	Bank	Debitoren	2 140
20.12.	Rechnung der Swisscom für Telefon- und Internetspesen	Übriger Aufwand	Kreditoren	630
21.12.	Begleichung offener Rechnungen durch Postüberweisung	Kreditoren	Post	3 720
22.12.	Barzahlung für Behebung eines Blechschadens an einem Kleintransporter	Fahrzeugaufwand	Kasse	1 410
22.12.	Postbelastung für die Miete	Mietaufwand	Post	4 150
23.12.	Bankbelastung für die Dezemberlöhne	Personalaufwand	Bank	17 360
23.12.	Rechnungen für Fahrzeugsteuern und -versicherungen	Fahrzeugaufwand	Kreditoren	2 960
29.12.	Bankbelastung für diverse Zahlungen an Kreditoren	Kreditoren	Bank	1 380
30.12.	Bankbelastung für Darlehenszinsen	Zinsaufwand	Bank	2 500
30.12.	Monatsrechnung der Migrol Tankstelle für Dieselbezug	Fahrzeugaufwand	Kreditoren	1 665
31.12.	Abschreibungen auf Mobiliar	Abschreibungen	Mobiliar	12 000
31.12.	Abschreibungen auf Fahrzeugen	Abschreibungen	Fahrzeuge	35 000
31.12.	Teilrückzahlung des Passivdarlehens durch die Bank	Darlehen	Bank	10 000

16.15

Datum	Text	Buchung Soll	Buchung Haben	Betrag
2.5.	Belastung des Postkontos für Telefon und Internet	Übriger Aufwand	Post	180
3.5.	Rechnungsversand an die Krankenkasse Concordia	Debitoren	Behandlungsertrag	5 800
6.5.	Barzahlung der Patientin A. Stähli für Massage und Fangopackung	Kasse	Behandlungsertrag	130
7.5.	Bankgutschrift für bezahlte Rechnungen der Krankenkasse KTP	Bank	Debitoren	3 270
10.5.	Barbezug vom Postomaten	Kasse	Post	500
11.5.	Barzahlung für Behandlungsmaterialen wie Massageöl, Essenzen, Lehm	Übriger Aufwand	Kasse	230
14.5.	Versand von Rechnungen an die Krankenkasse Progres	Debitoren	Behandlungsertrag	1 810
16.5.	Postzahlungen für Elektrisch und Heizung	Energieaufwand	Post	320
19.5.	Barzahlung von Blumenschmuck für die Therapieräume	Übriger Aufwand	Kasse	80
21.5.	Gutschriftanzeige der Post für bezahlte Rechnungen der Krankenkasse Concordia	Post	Debitoren	4 600
25.5.	Lohnzahlung durch Postüberweisung an die Angestellte M. Hinnen	Personalaufwand	Post	3 800
28.5.	Rechnung für Versicherungsprämien	Versicherungsaufwand	Kreditoren	590
29.5.	Bankbelastung für Mietzinszahlung	Mietaufwand	Bank	2 890
30.5.	Barkauf eines Holzregals für das Behandlungszimmer	Mobiliar	Kasse	760
31.5.	Barzahlung einer Privatpatientin für eine Akutbehandlung	Kasse	Behandlungsertrag	150

16.16

Journal

Datum	Text	Buchung Soll	Buchung Haben	Betrag
4.1.	A. Beyer erhöht Kapitaleinlage durch Bankzahlung	Bank	Eigenkapital	10 000
6.1.	Z. B. Bareinkauf von Büromaterial oder Geschäftsspesen	Verwaltungsaufwand	Kasse	180
9.1.	Rechnungsversand für verkaufte Geschenksartikel	Debitoren	Verkaufsertrag	1 450
12.1.	Rechnung für Versicherungsprämien	Versicherungsaufwand	Kreditoren	290
15.1.	Rücknahme verkaufter Ware oder Rabatt- und Skontoabzüge	Verkaufsertrag	Debitoren	60
15.1.	Debitorenzahlungen auf Bankkonto	Bank	Debitoren	750
18.1.	Postüberweisung an Lieferanten	Kreditoren	Post	830
21.1.	Rechnung für Energiebezug	Energieaufwand	Kreditoren	175
28.1.	Mietzinszahlung für Ladenlokal	Raumaufwand	Post	940

Doppelter Erfolgsnachweis

17.01

a)

Journal

Nr.	Geschäftsfall	Buchung Soll	Haben	Betrag
1	Versand von Honorarrechnungen	Debitoren	Honorarertrag	215
2	Zahlung von Mandanten (Debitoren) auf das Bankkonto	Bank	Debitoren	165
3	Lohnzahlungen an die Teilzeit arbeitende Sekretärin durch Banküberweisung	Personalaufwand	Bank	40
4	Werbeinserate und -aktionen bar bezahlt	Werbeaufwand	Kasse	2
5	Barbezüge ab Bank für die Geschäftskasse	Kasse	Bank	4
6	Barkauf eines Kopierers/Druckers	Mobilien	Kasse	1
7	Rechnungen für übrigen Aufwand (Zinsen, Energie, Büromaterial)	Übriger Aufwand	Kreditoren	9
8	Bankzahlungen für Miete	Mietaufwand	Bank	51
9	Barbezüge für Spesen	Übriger Aufwand	Kasse	2
10	Lohnbezüge der Inhaberin durch die Bank	Personalaufwand	Bank	78
11	Bankzahlungen an Kreditoren	Kreditoren	Bank	7
12	Abschreibungen auf Mobilien	Abschreibungen	Mobilien	3

b) und c)

Hauptbuch 20_9

Kasse

A	3		2
	4		1
			2
		S	**2**
	7		7

Debitoren

A	12		165
	215	**S**	**62**
	227		227

Mobilien

A	15		3
	1	**S**	**13**
	16		16

Kreditoren

	7	A	1
S	**3**		9
	10		10

Bank

	165	A	6
			40
			4
			51
			78
S	**21**		7
	186		186

Eigenkapital

S	**23**	A	23

Personalaufwand

	40		
	78	**S**	**118**
	118		118

Mietaufwand

	51	**S**	**51**

Werbeaufwand

	2	**S**	**2**

Übriger Aufwand

	9		
	2	**S**	**11**
	11		11

Abschreibungen

	3	**S**	**3**

Honorarertrag

S	**215**		215

Schlussbilanz vor Gewinnverbuchung 31. 12. 20_9

Kasse	2	Kreditoren	3
Debitoren	62	Bank	21
Mobilien	13	Eigenkapital	23
		Gewinn	**30**
	77		77

Erfolgsrechnung 20_9

Personalaufwand	118	Honorarertrag	215
Mietaufwand	51		
Werbeaufwand	2		
Übriger Aufwand	11		
Abschreibungen	3		
Gewinn	**30**		
	215		215

d)

	Lohnbezüge	78
+	Gewinn	30
=	Einkommen	108

e) Der Gewinn wäre um den höheren Lohnbezug gesunken, das Einkommen wäre jedoch gleich geblieben.

17.02

a)

Journal

Nr.	Geschäftsfall	Buchung Soll	Buchung Haben	Betrag
1	Rechnungen an Kunden für geleistete Beratungsaufträge und Installationen	Debitoren	Dienstleistungsertrag	685
2	Bankgutschriften für Kundenzahlungen	Bank	Debitoren	692
3	Belastungsanzeige der Bank für Lohnzahlungen und Sozialleistungen	Personalaufwand	Bank	531
4	Hard- und Softwarekäufe auf Kredit	EDV-Anlagen	Kreditoren	42
5	Banküberweisung an Lieferanten	Kreditoren	Bank	39
6	Bareinnahmen für Akutdienstleistungen	Kasse	Dienstleistungsertrag	8
7	Barzahlung von Büromaterial und Spesen	Übriger Aufwand	Kasse	7
8	Bankbelastung für Darlehenszinsen	Zinsaufwand	Bank	1
9	Rückzahlung Darlehen durch Bank	Darlehen	Bank	20
10	Abschreibungen auf Mobiliar	Abschreibungen	Mobiliar	8
11	Abschreibungen auf EDV-Anlagen	Abschreibungen	EDV-Anlagen	20
12	Belastungsanzeigen der Bank für übrigen Aufwand	Übriger Aufwand	Bank	43
13	Bankbelastung für Mietzinsen	Mietaufwand	Bank	41

b) und c) befinden sich auf der nächsten Seite

d) EK-Rendite = 42 · 100 % : 103 = **40,8 %**

b) und c)

Hauptbuch 20_5

Kasse

A	7		7
	8	S	**8**
	15		15

Debitoren

A	33		692
	685	S	**26**
	718		718

Mobiliar

A	35		8
		S	**27**
	35		35

EDV-Anlagen

A	65		**20**
	42	S	**87**
	107		107

Kreditoren

	39	A	9
S	**12**		42
	51		51

Bank

	692	A	8
			531
			39
			1
			20
			43
			41
		S	**9**
	692		692

Darlehen

	20	A	20
S	**0**		
	20		20

Stammkapital

S	**100**	A	100

Reserven

S	**3**	A	3

Personalaufwand

	531	S	**531**

Mietaufwand

	41	S	**41**

Übriger Aufwand

	7		
	43	S	**50**
	50		50

Zinsaufwand

	1	S	**1**

Abschreibungen

	8		
	20	S	**28**
	28		28

Dienstleistungsertrag

			685
S	**693**		8
	693		693

Schlussbilanz vor Gewinnverbuchung 31. 12. 20_5

Kasse	8	Kreditoren	12
Bank	9		
Debitoren	26	Stammkapital	100
Mobiliar	27	Reserven	3
EDV-Anlagen	87	**Gewinn**	**42**
	157		157

Erfolgsrechnung 20_5

Personalaufwand	531	Dienstleistungsertrag	693
Mietaufwand	41		
Übriger Aufwand	50		
Zinsaufwand	1		
Abschreibungen	28		
Gewinn	**42**		
	693		693

17.03

Aufgabe	Aktiven	Passiven	Aufwand	Ertrag	Erfolg	
a)	50	45	75	80	Gewinn	5
b)	8	9	14	13	Verlust	1
c)	230	200	470	500	Gewinn	30
d)	34	30	50	54	Gewinn	4
e)	80	100	300	280	Verlust	20
f)	300	380	780	700	Verlust	80

17.04

Aufgabe	Aktiven	Passiven	Aufwand	Ertrag	Erfolg	
a)	15	13	43	45	Gewinn	2
b)	60	69	195	186	Verlust	9
c)	245	200	375	420	Gewinn	45
d)	115	140	290	265	Verlust	25
e)	270	330	950	890	Verlust	60
f)	800	660	2 310	2 450	Gewinn	140
g)	600	670	1 420	1 350	Verlust	70
h)	46	37	62	71	Gewinn	9
i)	327	350	1 468	1 445	Verlust	23
k)	89	78	263	274	Gewinn	11

17.05

Journal

Datum	Geschäftsfall	Buchung Soll	Buchung Haben	Betrag
1.10.	Erhöhung Kapitaleinlage über Bank	Bank	Eigenkapital	20 000
3.10.	Kreditkauf eines EDV-Systems	EDV-Anlagen	Kreditoren	12 500
7.10.	Bankzahlung der Quartalsmiete	Mietaufwand	Bank	11 100
10.10.	Rechnungsversand für Beratungen und Gestaltungsvorschläge	Debitoren	Dienstleistungsertrag	94 600
21.10.	Rabattgewährung an P. Natale	Dienstleistungsertrag	Debitoren	1 200
29.10	Skontoabzug auf EDV-Kauf	Kreditoren	EDV-Anlagen	250
29.10.	Bankzahlung an Kreditor EDV-Lieferant	Kreditoren	Bank	12 250
2.11.	Bankgutschrift für Kundenzahlungen	Bank	Debitoren	76 950
4.11.	Barvergütung Repräsentationsspesen	Werbeaufwand	Kasse	970
7.11.	Bankbelastung für diversen Aufwand	Übriger Betriebsaufwand	Bank	3 760
19.11.	Postzahlungen von Kunden	Post	Debitoren	7 420
21.11.	Rechnung für Autoreparatur	Fahrzeugaufwand	Kreditoren	845
11.12.	Banküberweisung an Möbellieferant	Kreditoren	Bank	6 270
13.12.	Barzahlung Jahresabschlussessen	Übriger Betriebsaufwand	Kasse	780
20.12.	Bankbelastungen für Lohnzahlungen und Sozialleistungen	Personalaufwand	Bank	39 280
31.12.	Abschreibungen auf Mobiliar und Einrichtungen	Abschreibungen	Mobiliar und Einrichtungen	5 000
31.12.	Abschreibungen auf EDV Hard- und Software	Abschreibungen	EDV-Anlagen	6 000
31.12.	Abschreibungen auf Fahrzeug	Abschreibungen	Fahrzeuge	7 200

17.06

a)

Journal

Nr.	Geschäftsfall	Buchung Soll	Haben	Betrag
1	Kunden zahlen Ihre Rechnungen auf das Bankkonto ein.	Bank	Debitoren	434
2	Rechnungsversand für abgeschlossene Planungs-, Leitungs- und Realisationsaufgaben	Debitoren	Dienstleistungsertrag	412
3	Barzahlung von Inseraten im Lokalblatt, Werbegeschenken und Flyers	Übriger Aufwand	Kasse	8
4	Barbezüge ab Bancomat	Kasse	Bank	15
5	Banküberweisungen für Mieten	Mietaufwand	Bank	51
6	Bankzahlungen für Autoversicherungsprämie und -steuern	Fahrzeugaufwand	Bank	2
7	Rechnungen für Büromaterialeinkäufe	Übriger Aufwand	Kreditoren	1
8	Bankbelastung für Darlehenszinsen	Zinsaufwand	Bank	3
9	Rechnungen für Energie, Wasser und Entsorgung	Übriger Aufwand	Kreditoren	4
10	Barzahlung von Service- und Treibstoffaufwand für Geschäftswagen	Fahrzeugaufwand	Kasse	7
11	Barkauf von Software	Mobilien	Kasse	4
12	Bankbelastungen für Lohnbezüge und Sozialaufwand	Personalaufwand	Bank	297
13	Bankzahlungen an Kreditoren	Kreditoren	Bank	9
14	Abschreibung auf Mobilien, 25 % vom Buchwert	Abschreibungen	Mobilien	40
15	Abschreibungen Fahrzeug	Abschreibungen	Fahrzeug	10

b) und c) siehe nächste Seite

d) Die Sozialversicherungsbeiträge umfassen die Beiträge an die AHV, IV, EO, ALV, UV und PK (siehe dazu Kapitel 36).

e) Ein Zins von 3 auf einem Darlehensbetrag von 50 entspricht einem Zinsfuss von **6 %.**

b) und c)

Hauptbuch 20_6

Kasse

A	7		8
	15		7
			4
		S	**3**
	22		22

Debitoren

A	30		434
	412	S	**8**
	442		442

Mobilien

A	156		40
	4	S	**120**
	160		160

Fahrzeug

A	27		10
		S	**17**
	27		27

Kreditoren

	9	A	8
			1
S	**4**		4
	13		13

Bank

	434	A	16
			15
			51
			2
			3
			297
			9
		S	**41**
	434		434

Darlehen

S	**50**	A	50

Aktienkapital

S	**100**	A	100

Reserven

S	**46**	A	46

Personalaufwand

297	S	**297**

Mietaufwand

51	S	**51**

Fahrzeugaufwand

2		
7	S	**9**
9		9

Übriger Aufwand

8		
1		
4	S	**13**
13		13

Zinsaufwand

3	S	**3**

Abschreibungen

40		
10	S	**50**
50		**50**

Dienstleistungsertrag

S	**412**	412

Schlussbilanz vor Gewinnverbuchung 31. 12. 20_6

Kasse	3	Kreditoren	4
Debitoren	8	Darlehen	50
Bank	41	Aktienkapital	100
Mobilien	120	Reserven	46
Fahrzeug	17		
Verlust	**11**		
	200		200

Erfolgsrechnung 20_6

Personalaufwand	297	Dienstleistungsertrag	412
Mietaufwand	51		
Fahrzeugaufwand	9		
Übriger Aufwand	13		
Zinsaufwand	3		
Abschreibungen	50	**Verlust**	**11**
	423		423

17.50

Bilanz 31. 12. 20_2

Aktiven			
Umlaufvermögen			
Kasse	8 570.00		
Post	7 451.00		
Debitoren	4 650.00	20 671.00	
Anlagevermögen			
Einrichtung Büro	2 600.00		
Einrichtung Theoriesaal	4 630.00		
Fahrzeug	29 000.00	36 230.00	56 901.00
Passiven			
Fremdkapital			
Kreditoren	1 275.00		
Darlehen	20 000.00	21 275.00	
Eigenkapital			
Eigenkapital		30 651.00	51 926.00
Gewinn			**4 975.00**

Erfolgsrechnung 20_2

Ertrag			
Fahrschulertrag	71 040.00		
Theorieertrag	8 300.00		
Werbeertrag	1 540.00	80 880.00	
Aufwand			
Lohnaufwand	36 000.00		
Mietaufwand	6 000.00		
Unterhalt und Reparaturen	7 430.00		
Benzinaufwand	6 814.00		
Versicherungen und Fahrzeugsteuern	2 840.00		
Werbeaufwand	1 800.00		
Übriger Aufwand	3 721.00		
Abschreibung Büro	800.00		
Abschreibung Theoriesaal	500.00		
Abschreibung Fahrzeug	10 000.00	75 905.00	
Gewinn			**4 975.00**

Journal 20_2

Datum	Text	Beleg Nr.	Soll	Haben	Betrag
0	Eröffnung Kasse		1000	9100	840.00
0	Eröffnung Post		1010	9100	4 132.00
0	Eröffnung Debitoren		1100	9100	2 340.00
0	Eröffnung Einrichtung Büro		1510	9100	3 400.00
0	Eröffnung Einrichtung Theoriesaal		1511	9100	1 900.00
0	Eröffnung Fahrzeug		1530	9100	39 000.00
0	Eröffnung Kreditoren		9100	2000	961.00
0	Eröffnung Darlehen		9100	2400	20 000.00
0	Eröffnung Eigenkapital		9100	2800	30 651.00
1	Kauf Fernseher		1511	2000	3 230.00
2	Bareinnahmen Fahrschule		1000	3400	43 430.00
3	Rechnungen Fahrschule		1100	3400	27 610.00
4	Bareinnahmen Theorieunterricht		1000	3500	8 300.00
5	Bareinzahlung auf Postkonto		1010	1000	44 000.00
6	Postzahlung Miete Theorielokal		6000	1010	6 000.00
7	Kundenzahlungen auf Postkonto		1010	1100	26 840.00
8	Postzahlungen Lohn		5000	1010	36 000.00
9	Benzinrechnungen		6200	2000	6 814.00
10	Postzahlungen für Versicherungen		6300	1010	2 840.00
11	Rechnungen Kinoreklame		6600	2000	1 800.00
12	Rechnung Autoreklame		1100	3600	1 540.00
13	Rechnungen Unterhalt und Reparaturen		6100	2000	7 430.00
14	Postzahlungen an Lieferanten		2000	1010	18 960.00
15	Abschreibung Auto		6830	1530	10 000.00
16	Abschreibung Einrichtungen		6811	1511	500.00
17	Abschreibung Büro		6810	1510	800.00
18	Postzahlungen übriger Aufwand		6700	1010	3 721.00

17.51

Bilanz 31.12.20_1

Aktiven			
Umlaufvermögen			
Kasse	32 000.00		
Bank	19 500.00		
Debitoren	6 700.00	58 200.00	
Anlagevermögen			
Einrichtungen	143 500.00		
Gebäude	2 370 000.00	2 513 500.00	2 571 700.00

Passiven			
Fremdkapital			
Kreditoren	6 700.00		
Hypothek	1 640 000.00	1 646 700.00	
Eigenkapital			
Aktienkapital	945 000.00		
Reserven	32 000.00	977 000.00	2 623 700.00
Verlust			**– 52 000.00**

Erfolgsrechnung 20_1

Ertrag			
Mitgliederbeiträge	180 000.00		
Ertrag Gastspieler	24 200.00		
Ertrag aus Eisvermietung	65 600.00		
Pachtertrag	30 000.00		
Werbeertrag	32 000.00		
Übriger Ertrag	9 400.00	341 200.00	

Aufwand			
Lohnaufwand	48 000.00		
Baurechtszins	54 000.00		
Energieaufwand	41 500.00		
Übriger Aufwand	37 200.00		
Abgaben an den SCV	18 000.00		
Abschreibungen Einrichtungen	12 500.00		
Abschreibungen Gebäude	80 000.00		
Hypothekarzins	102 000.00	393 200.00	
Verlust			**– 52 000.00**

Journal 20_1

Datum	Text	Beleg Nr.	Soll	Haben	Betrag
0	Eröffnung Kasse		1000	9100	7 800.00
0	Eröffnung Bank		1020	9100	22 700.00
0	Eröffnung Debitoren		1100	9100	4 100.00
0	Eröffnung Einrichtungen		1510	9100	156 000.00
0	Eröffnung Gebäude		1600	9100	2 450 000.00
0	Eröffnung Kreditoren		9100	2000	8 600.00
0	Eröffnung Hypotheken		9100	2451	1 700 000.00
0	Eröffnung Aktienkapital		9100	2800	900 000.00
0	Eröffnung Reserven		9100	2900	32 000.00
1	Bankgutschriften Mitgliederbeiträge		1020	3300	180 000.00
2	Bareinnahmen Gastspieler		1000	3400	24 200.00
3	Rechnungen Eisvermietungen		1100	3410	65 600.00
4	Bankgutschriften Pacht		1020	3500	30 000.00
5	Rechnungen Werbeflächen		1100	3600	32 000.00
6	Bankgutschriften ¸brige Erträge		1020	3700	9 400.00
7	Rechnungen Energieverbrauch und Eisaufbereitung		6400	2000	41 500.00
8	Bankzahlung Abgaben SCV		6750	1020	18 000.00
9	Bankzahlungen Löhne		5000	1020	48 000.00
10	Bankzahlung Baurechtzins		6000	1020	54 000.00
11	Bankzahlungen Hypothekarzinsen		6900	1020	102 000.00
12	Bankzahlungen Debitoren		1020	1100	95 000.00
13	Amortisation Hypothek		2451	1020	60 000.00
14	Bankzahlungen ¸briger Aufwand		6700	1020	37 200.00
15	Bankzahlungen Kreditoren		2000	1020	43 400.00
16	Abschreibung Gebäude		6890	1600	80 000.00
17	Abschreibung Einrichtungen		6810	1510	12 500.00
18	Erhöhung Aktienkapital		1020	2800	45 000.00

17.52

Bilanz 31.12.20_1

Aktiven			
Umlaufvermögen			
Kasse	750.00		
Post	18 390.00		
Debitoren	24 300.00	43 440.00	
Anlagevermögen			
Apparate	126 500.00		
Mobiliar	11 560.00	138 060.00	181 500.00
Passiven			
Fremdkapital			
Kreditoren	3 000.00		
Bank	38 000.00		
Darlehen	100 000.00	141 000.00	
Eigenkapital			
Eigenkapital		50 000.00	191 000.00
Verlust			**– 9 500.00**

Erfolgsrechnung 20_1

Ertrag			
Honorarertrag	24 300.00	24 300.00	
Aufwand			
Lohnaufwand	13 500.00		
Mietaufwand	12 000.00		
Versicherungsaufwand	2 100.00		
Übriger Aufwand	4 000.00		
Abschreibungen	1 700.00		
Zinsaufwand	500.00	33 800.00	
Verlust			**– 9 500.00**

Journal 20_1

Datum	Text	Beleg Nr.	Soll	Haben	Betrag
1.12.	Kapitaleinlage auf Postkonto	1	1010	2800	50 000.00
1.12.	Mobiliarkauf auf Kredit	2	1510	2000	12 000.00
2.12.	Rechnungen für Kauf medizinischer Apparate	3	1500	2000	130 000.00
4.12.	Barbezug von der Post	4	1000	1010	4 000.00
6.12.	Skontoabzug auf Rechnungen vom 1. 12.	5	2000	1510	240.00
6.12.	Postzahlung der Rechnungen vom 1. 12.	5	2000	1010	11 760.00
7.12.	Barzahlung für verschiedene Aufwendungen	6	6700	1000	2 300.00
10.12.	Bankzahlung der Miete	7	6000	2100	12 000.00
15.12.	Aufnahme eines Bankdarlehens	8	2100	2400	100 000.00
16.12.	Barzahlung für Praxisreinigung	9	6700	1000	300.00
18.12.	Postbelastung für Telefontaxen und -gebühren	10	6700	1010	750.00
19.12.	Bankzahlung an Lieferanten	11	2000	2100	112 000.00
20.12.	Bankzahlung der Löhne	12	5000	2100	13 500.00
21.12.	Gutschrift wegen Mängel	13	2000	1500	2 000.00
22.12.	Postzahlung an Lieferanten	14	2000	1010	13 000.00
22.12.	Postzahlung von Versicherungsprämien	15	6300	1010	2 100.00
27.12.	Abschreibungen auf Mobiliar	16	6800	1510	200.00
27.12.	Abschreibungen auf Apparaten	17	6800	1500	1 500.00
27.12.	Rechnungsversand an Patientinnen und Patienten	18	1100	3400	24 300.00
31.12.	Bankbelastung für Darlehenszins	19	6900	2100	500.00
31.12.	Barzahlung für Porti, Spesen und Spenden	20	6700	1000	650.00

17.53

Bilanz 30.6.20_1

Aktiven			
Umlaufvermögen			
Kasse	4 820.00		
Post	11 340.00		
Bank	95 250.00		
Debitoren	25 500.00	136 910.00	
Anlagevermögen			
Mobiliar	45 400.00		
Fahrzeug	11 000.00		
Immobilien	420 000.00	476 400.00	613 310.00
Passiven			
Fremdkapital			
Kreditoren	16 020.00		
Bank	50 000.00		
Darlehen	280 000.00	346 020.00	
Eigenkapital			
Aktienkapital	100 000.00		
Reserven	96 000.00	196 000.00	542 020.00
Gewinn			**71 290.00**

Erfolgsrechnung 1. Semester 20_1

Ertrag			
Insertionsertrag	618 150.00		
Abonnementserträge	76 400.00		
Gemeindesubventionen	78 300.00	772 850.00	
Aufwand			
Druckaufwand	397 000.00		
Lohnaufwand	266 400.00		
Übriger Aufwand	17 410.00		
Abschreibungen	14 000.00		
Zinsaufwand	6 750.00	701 560.00	
Gewinn			**71 290.00**

Journal 1. Semester 20_1

Datum	Text	Beleg Nr.	Soll	Haben	Betrag
0	Eröffnung Kasse		1000	9100	8 000.00
0	Eröffnung Post		1010	9100	16 000.00
0	Eröffnung Bank		1020	9100	15 000.00
0	Eröffnung Debitoren		1100	9100	33 000.00
0	Eröffnung Mobiliar		1510	9100	41 000.00
0	Eröffnung Fahrzeug		1530	9100	17 000.00
0	Eröffnung Immobilien		1600	9100	420 000.00
0	Eröffnung Kreditoren		9100	2000	4 000.00
0	Eröffnung Darlehen		9100	2400	50 000.00
0	Eröffnung Hypotheken		9100	2440	300 000.00
0	Eröffnung Aktienkapital		9100	2800	100 000.00
0	Eröffnung Reserven		9100	2900	96 000.00
1	Rechnungsversand für Inserate		1100	3400	613 700.00
2	Rechnung für Druckkosten		4000	2000	397 000.00
3	Rechnungsversand für Abonnementsgebühren		1100	3450	76 400.00
4	Subventionszahlung auf Bank		1020	3600	78 300.00
5	Bankbelastung für Hypothekarzinsen		6900	1020	6 750.00
6	Bankvergütung von Debitoren		1020	1100	430 000.00
7	Postzahlungen von Debitoren		1010	1100	267 600.00
8	Barzahlung für diverse Aufwände		6700	1000	6 850.00
9	Kreditkauf von neuem Mobiliar		1510	2000	12 400.00
10	Barzahlung für Reparaturen an der Liegenschaft		6700	1000	780.00
11	Rechnung für Strom und Heizung		6700	2000	3 920.00
12	Barzahlungen von Inserenten		1000	3400	4 450.00
13	Postbelastung für Telefon- und Faxgebühren		6700	1010	5 860.00
14	Bankzahlungen an Kreditoren		2000	1020	401 300.00
15	Postüberweisung der Gehälter		5000	1010	266 400.00
16	Abschreibungen auf Mobiliar		6800	1510	8 000.00
17	Abschreibungen auf Fahrzeugen		6800	1530	6 000.00
18	Bankbelastung für Amortisation der Hypothek		2440	1020	20 000.00

Fremde Währungen

18.01

Die Mitglieder der EWU sind hier grau hervorgehoben: Belgien, Deutschland, Estland, Finnland, Frankreich, Griechenland, Irland, Italien, Lettland, Luxemburg, Malta, Niederlande, Österreich, Portugal, Slowakei, Slowenien, Spanien und Zypern.

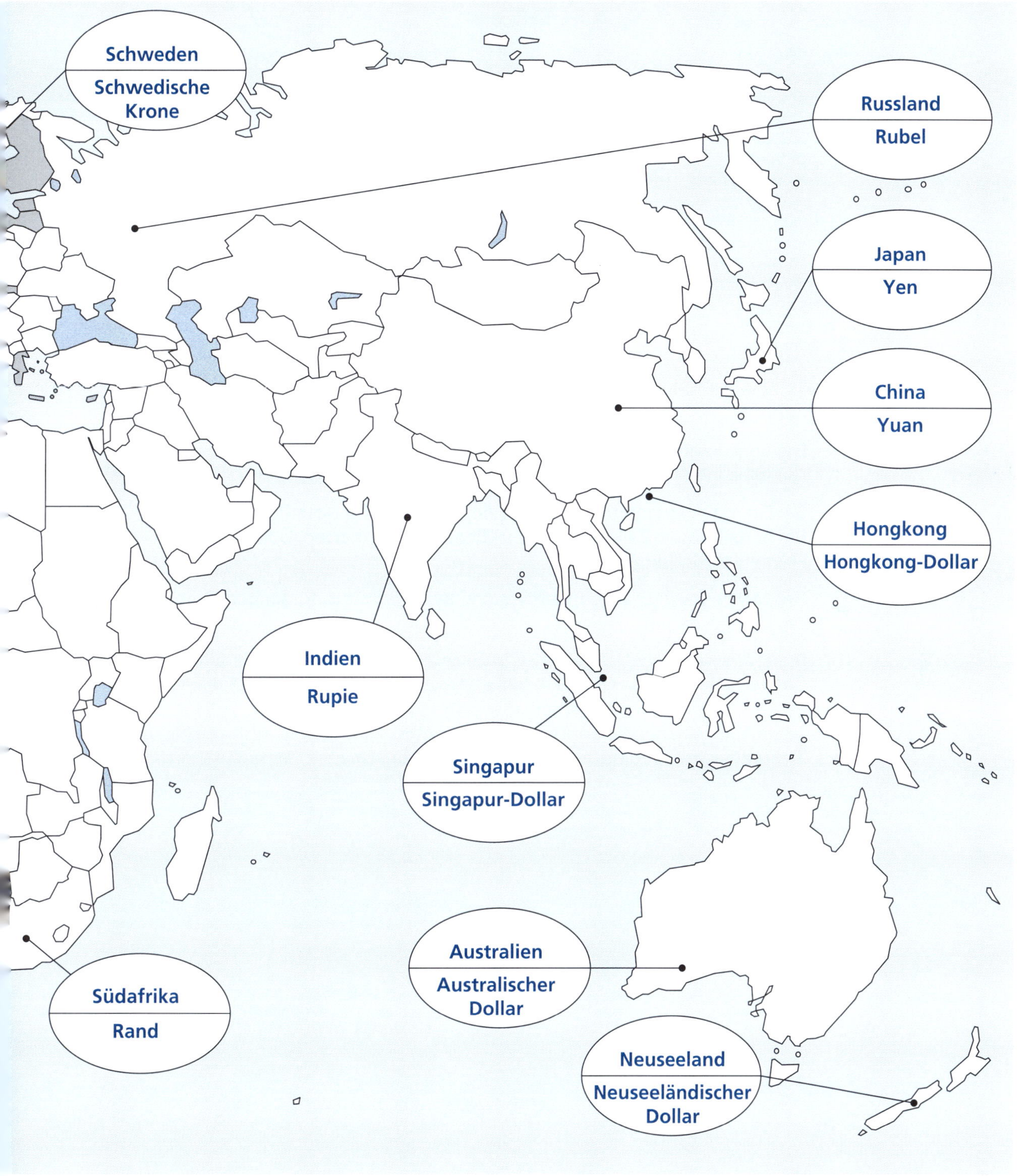

18.02

a) und b)

Devisen- und Notenkurse vom 20. Juni 20_3

Devisen		Land	Noten		Währung	ISO-Kürzel	Notierung in Einheiten
Kauf	Verkauf		Kauf	Verkauf			
0.87	0.99	Australien	0.83	0.93	**Australischer Dollar**	**AUD**	1
16.25	16.70	Dänemark	15.65	17.31	**Dänische Kronen**	**DKK**	100
1.21	1.25	EWU-Länder	1.19	1.27	**Euro**	**EUR**	1
1.43	1.47	Grossbritannien	1.36	1.53	**Pfund Sterling**	**GBP**	1
0.96	0.99	Japan	0.92	1.03	**Yen**	**JPY**	100
0.89	0.92	Kanada	0.87	0.94	**Kanadischer Dollar**	**CAD**	1
15.87	16.35	Norwegen	15.28	16.95	**Norwegische Kronen**	**NOK**	100
14.10	14.52	Schweden	13.47	15.14	**Schwedische Kronen**	**SEK**	100
0.91	0.93	USA	0.88	0.96	**US-Dollar**	**USD**	1

c) Kaufkurs: Die Bank kauft fremde Währungen (auch Geldkurs genannt).
Verkaufskurs: Die Bank verkauft fremde Währungen (auch Briefkurs genannt).

d) Notenkurs: Bei Ein- oder Auszahlung von Bargeld (Münzen und Noten)
Devisenkurs: Bei bargeldlosem Zahlungsverkehr (Checks, Kreditkarten, Überweisungen von und auf Fremdwährungskonten)

e) Die Marge (auch Ecart genannt) ist bei den Noten aus folgenden Gründen grösser als bei den Devisen:

Beim Devisenhandel werden nur Buchungen auf Konten vorgenommen. Beim Notenhandel fallen aufwändigere Arbeiten an (z. B. Geld sortieren, zählen, verpacken), und es müssen auch teure Sicherheitsmassnahmen getroffen werden (z. B. geschützte Schalterhallen, gepanzerte und bewachte Transportfahrzeuge, Transportversicherungen, Tresoranlagen). Zudem sind die Beträge bei den Devisen im Durchschnitt grösser.

18.03

Aufgabe	Geschäftsfall	Devisen Kauf	Devisen Verkauf	Noten Kauf	Noten Verkauf
a)	Ein amerikanischer Tourist tauscht bei einer Raiffeisenbank USD-Noten in CHF-Noten um.			X	
b)	Eine Sängerin kauft im Flughafen Zürich kurz vor dem Abflug nach Tokio JPY und zahlt in CHF.				X
c)	Ein Schweizer bezieht mit seiner Eurocard in London GBP aus dem Geldautomaten. Die Belastung erfolgt auf der Monatsrechnung in CHF.		X		
d)	Ein schweizerischer Importeur zahlt eine in EUR ausgestellte Rechnung durch Banküberweisung. Die Belastung erfolgt auf seinem CHF-Konto.		X		
e)	Einem schweizerischen Exporteur werden zur Begleichung einer Rechnung AUD überwiesen. Die Gutschrift dafür erfolgt auf seinem CHF-Konto.	X			
f)	Eine Schweizerin kauft auf USD lautende Reisechecks. Die Belastung erfolgt in CHF auf ihrem Salärkonto.		X		
g)	Ein deutscher Tourist bezieht mithilfe seiner EC-Karte an einem Bancomaten in Zürich CHF. Die Belastung erfolgt auf seinem Konto in EUR.		X		

18.04

Aufgabe	Geschäftsfall	Kurs	Betrag in CHF
a)	Ein Bankkunde kauft USD 2 400.– in Banknoten.	0.96	2 304.–
b)	Die Bank wechselt Banknoten von SEK 3 300.– in CHF um.	13.47	444.51
c)	Eine Kundin beauftragt die Bank, eine Überweisung von GBP 790.– nach London auszuführen.	1.47	1 161.30
d)	Ein Reisender wechselt in Zürich seine auf JPY 18 000.– lautenden Reisechecks in Bargeld um.	0.96	172.80
e)	Die Bank schreibt einer Kundin einen Check von AUD 650.– auf ihrem Konto gut.	0.87	565.50
f)	Ein Schweizer Importeur lässt seinem italienischen Lieferanten für eine gekaufte Maschine EUR 9 400.– überweisen.	1.25	11 750.–

18.05

Aufgabe	Geschäftsfall	Angewandter Kurs
a)	Für den Kauf von USD 720.– zahlte eine Touristin CHF 669.60.	0.93
b)	Für GBP 2 460.– erhielt ein Kunde CHF 3 542.40.	1.44
c)	Eine Überweisung nach Japan von JPY 700 000.– kostet CHF 6 720.–.	0.96
d)	Ein Check von EUR 12 400.– wurde mit CHF 15 624.– belastet.	1.26
e)	Für ihren Bezug am Bancomaten in Stockholm von SEK 500.– werden einer Schweizer Touristin CHF 72.75 belastet.	14.55
f)	Für die aus Australien zurückgebrachten Reisechecks im Betrag von AUD 650.– erhält ein Reisender CHF 572.–.	0.88

18.06

Journal

Aufgabe	Text	Buchung		Betrag
		Soll	Haben	
a)	Kreditkauf einer Maschine in Frankreich für EUR 4 200.–, Kurs 1.24	Maschine	Kreditoren	5 208.–
b)	Bankzahlung der Transportkosten von EUR 380.– für obige Maschine, Kurs 1.22	Maschine	Bank	463.60
c)	Kreditverkauf von Waren nach Japan im Betrag von JPY 44 250.–, Kurs 0.98	Debitoren	Warenertrag	433.65
d)	Bankbelastung für die Gehaltsüberweisung von CAD 6 800.– für einen in Kanada tätigen Angestellten, Kurs 0.94	Lohnaufwand	Bank	6 392.–
e)	Bankgutschrift für den Verkauf einer Geschäftsliegenschaft in Italien für EUR 400 000.–, Kurs 1.21	Bank	Immobilien	484 000.–
f)	Die Hotelrechnung von USD 890.– für eine Geschäftsreise des Geschäftsinhabers wurde von der Bank belastet, Kurs 0.95	Übriger Aufwand	Bank	845.50

18.07

a) Kurs $= \frac{1 \cdot 285}{300}$ = CHF 0.95/USD

b) Belastung = 467.50 • 1.46 = CHF 682.55

c) Gutschrift $= \frac{0.96 \cdot 47\,650}{100}$ = CHF 457.44

d) Kurs $= \frac{1 \cdot 202.95}{165}$ = CHF 1.23/EUR

e) Kurs $= \frac{1 \cdot 400}{496}$ = EUR 0.806/CHF

f) Restbetrag $= \frac{1 \cdot 258.50}{0.88}$ = CAD 293.75

g) Kurs $= \frac{100 \cdot 7\,668.55}{52\,850}$ = CHF 14.51/100 SEK

18.08

a) Tagespauschale = 125 • 1.25 = CHF 156.25

b) ☐ Devisen/Geld
- ☐ Noten/Geld
- ☒ Devisen/Brief
- ☐ Noten/Brief

d) Kurs $= \frac{1 \cdot 950}{750}$ = CHF 1.267/EUR

18.09

a) EUR 36.– = 90 %
EUR 40.– = 100 % = Preis im Schaufenster

b) Preis in Spanien = 36.– • 45.72 = CHF 52.56
Preis in der Schweiz = CHF 49.90
Preisdifferenz zugunsten Spaniens = CHF 4.18

c) Kurs = 49.90 : 36 = CHF 1.386/EUR

18.10

a) Rechnungsbetrag	= 36 450 • 0.98	= CHF 35 721.–	100 %
b) Zahlung	= 36 450 • 0.91	= CHF 33 169.50	92,86 %
c) Erlösminderung		= CHF 2 551.50	7,14 %

18.11

a)

Datum	Tageskurs	Betrag in NOK	Betrag in CHF
4.2.	15.90	2 950.–	469.05
5.3.	16.10	4 900.–	788.90
11.4.	15.80	3 875.–	612.25
		11 725.–	1 870.20

b) Kurs = $\frac{100 \cdot 1\,870.20}{11\,725}$ = CHF 15.951/100 NOK

18.12

a) Kosten Übernachtung USD 240.–
Kommission 0,5 % USD 1.20

Total USD 241.20 = 225.– (= 226.50 – 1.50)
USD 1.– = 0.933

b) ☐ Noten

☒ Devisen

☐ Kauf

☒ Verkauf

18.13

Direkte Zahlung	360 000 • 0.95 : 100 =		CHF 3 420.–
Indirekte Zahlung	360 000 • 0.94 : 100 • 0.90 =	CHF 3 045.60	
Zusatzkosten Bank		CHF 27.–	CHF 3 072.60
Differenz zugunsten indirekter Zahlung			**CHF 347.40**

18.14

Die Lösung wird am einfachsten mit einer Gleichung ermittelt.

x steht für die Anzahl USD bzw. GBP.

$0.96x + 1.54x = 500$

$2.50x = 500$

$\mathbf{x = 200}$

Der Tourist erhält je 200 Dollar und Pfund in Noten.

18.15

Preis in London = $\frac{830 \cdot 1.26}{1.52}$ = GBP 688.03

18.16

a) und b)

Datum	Betrag in JPY	Kurs	Betrag in CHF
22.3.	354 000.–	1.02	3 610.80
15.5.	198 000.–	0.96	1 900.80
28.6.	567 000.–	1.01	**5 726.70**
	Total 1 119 000.–	b) **1.00**	a) **11 238.30**

18.17

a) 1 230 DKK = 200 CHF
100 DKK = **16.26 CHF**

Der Kurs beträgt in der Schweiz auf Dänemark 16.26.

b) 200 CHF = 1 230 DKK
100 CHF = **615 DKK**

Der Kurs in Dänemark auf die Schweiz beträgt 615.–.

18.18

EUR 8 650.– zum Kurs 1.25	CHF 10 812.50
USD 12 760.– zum Kurs 0.91	CHF 11 611.60
Gutschrift Konto	**CHF 799.10**

18.19

Journal

Nr.	Text	Buchung Soll	Buchung Haben	Betrag
1a)	Kreditkauf einer Maschine in Japan für JPY 780 000.–, Kurs 1.01	Maschine	Kreditoren	7 878
b)	Bankbelastung für den Kauf obiger Maschine, Kurs 0.99	Kreditoren	Bank	7 722
c)	Verbuchung der Kursdifferenz	Kreditoren	Maschine	156
2a)	Kreditverkauf von Waren nach Italien für EUR 40 000.–, Kurs 1.27	Debitoren	Warenertrag	50 800
b)	Gewährung eines Rabattes wegen Mängeln an der verkauften Ware 10 %	Warenertrag	Debitoren	5 080
c)	Der italienische Kunde zahlt die Rechnung auf die Bank ein zum Kurs 1.25.	Bank	Debitoren	45 000
d)	Verbuchung der Kursdifferenz	Warenertrag	Debitoren	720
3a)	Kreditverkauf einer selbst hergestellten Schweissanlage nach Australien für AUD 220 000.–, Kurs 0.90	Debitoren	Fabrikateertrag	198 000
b)	Bankgutschrift für die Überweisung des australischen Kunden zum Kurs 0.93	Bank	Debitoren	204 600
c)	Verbuchung der Kursdifferenz	Debitoren	Fabrikateertrag	6 600
4a)	Rechnung an einen Mandanten in Schweden für ein Rechtsgutachten für SEK 36 000. Kurs 14.50	Debitoren	Honorarertrag	5 220
b)	Bankgutschrift für die Zahlung obiger Rechnung, Kurs 14.55	Bank	Debitoren	5 238
c)	Verbuchung der Kursdifferenz	Debitoren	Honorarertrag	18
5a)	Kreditkauf einer Produktionsanlage in England für GBP 45 000, Kurs 1.50	Maschinen	Kreditoren	67 500
b)	Nachträglich gewährter Rabatt 5 %	Kreditoren	Maschinen	3 375
c)	Bankzahlung unter Abzug von 2 % Skonto, Zahlungskurs 1.60	Kreditoren Kreditoren	Maschinen Bank	1 283 67 032
d)	Verbuchung Kursdifferenz	Maschinen	Kreditoren	4 190

Zinsrechnen

19.01

$\text{Zins} = \frac{\text{Kapital} \cdot \text{Zinsfuss} \cdot \text{Tage}}{100 \cdot 360} = \frac{K \cdot p \cdot t}{100 \cdot 360} = Z$	
K =	$\frac{Z \cdot 100 \cdot 360}{p \cdot t}$
p =	$\frac{Z \cdot 100 \cdot 360}{K \cdot t}$
t =	$\frac{Z \cdot 100 \cdot 360}{p \cdot K}$

19.02

Nr.	Kapital (K)	Zinsfuss (p)	Tage (t)	Zins (Z)
1	8 000	3	360	**240**
2	3 000	4	240	**80**
3	4 000	5	**180**	100
4	5 000	**6**	150	125
5	**2 000**	6	90	30

19.03

$$t = \frac{Z \cdot 100 \cdot 360}{p \cdot K} = \frac{160 \cdot 100 \cdot 360}{2 \cdot 24\,000} = \textbf{120 Tage}$$

19.04

$$K = \frac{Z \cdot 100 \cdot 360}{p \cdot t} = \frac{162.50 \cdot 100 \cdot 360}{3.25 \cdot 200} = \textbf{9 000.–}$$

19.05

$$p = \frac{Z \cdot 100 \cdot 360}{t \cdot K} = \frac{712.50 \cdot 100 \cdot 360}{90 \cdot 60\,000} = \textbf{4.75 \%}$$

19.06

a)

	Zins (brutto)	Fr.	2 400.–	100 %
./.	Verrechnungssteuer	Fr.	840.–	35%
	Zins (netto)	Fr.	1 560.–	65%

b)

Soll	Haben	Betrag
Debitor		
Verrechnungssteuer	Wertschriftenertrag	840.–
Bank	Wertschriftenertrag	1 560.–

c) Wenn der Bankkunde den Bruttozins als Ertrag versteuert, kann er die Verrechnungssteuer von der eidg. Steuerverwaltung zurückfordern.

d)

Soll	Haben	Betrag
Post	Debitor Verrechnungssteuer	840.–

19.07

a)

Betrag	Tage	Zins	
20 000.–	120		333.35
10 000.–	120		166.65
5 000.–	90		62.50
5 000.–	0		0
		Total	562.50

b) Rückzahlung am 31. 12. 20_8 = Fr. 5000.– + Fr. 562.50 = **Fr. 5562.50**

19.08

Aufgabe	Zeitspanne	Anzahl Tage
a)	15.5.2014 bis 18.5.2014	**3**
b)	15.5.2014 bis 31.5.2014	**15**
c)	30.5.2014 bis 1.6.2014	**1**
d)	31.5.2014 bis 30.6.2014	**30**
e)	1.6.2014 bis 30.6.2014	**29**
f)	13.8.2016 bis 24.12.2016	**131**
g)	15.2.2016 bis 28.5.2016	**103**
h)	15.2.2016 bis 29.2.2016	**15**
i)	15.2.2016 bis 28.2.2016	**13**
k)	15.2.2017 bis 28.2.2017	**15**

19.09

a)

Zinsusanz	Anzahl Tage	Zins
Deutsche Usanz	29	$\text{Zins} = \frac{500\,000 \cdot 6 \cdot 29}{100 \cdot 360} = 2\,416.67$
Englische Usanz	27	$\text{Zins} = \frac{500\,000 \cdot 6 \cdot 27}{100 \cdot 365} = 2\,219.18$
Internationale Usanz	27	$\text{Zins} = \frac{500\,000 \cdot 6 \cdot 27}{100 \cdot 360} = 2\,250.00$
Japanische Usanz	28	$\text{Zins} = \frac{500\,000 \cdot 6 \cdot 28}{100 \cdot 365} = 2\,301.37$

b) Ist die Jahreszahl ohne Rest durch 4 teilbar, handelt es sich um ein Schaltjahr.

c) 2016, 2020, 2024, 2028

19.10

Die Aufgabe kann entweder durch Verzinsung der einzelnen Saldi (Saldoverzinsung) oder durch Verzinsung der einzelnen Posten (Postenverzinsung) gelöst werden.

Variante 1: Saldoverzinsung

Saldo	Valuta	Tage	Zins
Fr. 140 000.–	31.03.20_1	90	2 100
Fr. 110 000.–	30.06.20_1	90	1 650
Fr. 60 000.–	30.09.20_1	30	300
		210	4 050

Variante 2: Postenverzinsung

Betrag	Fälligkeit	Tage	Zins
Fr. 30 000.–	30.06.20_1	90	450
Fr. 50 000.–	30.09.20_1	180	1 500
Fr. 60 000.–	31.10.20_1	210	2 100
			4 050

Die Schlusszahlung am 31. Oktober 20_1 beträgt **Fr. 64050.–** (3. Rate von 60000.– zuzüglich gesamter Verzugszins von 4050.–).

19.11

a) 165 Tage

b) Zins brutto = Fr. 219.70 : 65 · 100 = **Fr. 338.–**

c)

Saldo vor Abschlussbuchungen	Fr.	53 544.00
+ Habenzins netto	Fr.	219.70
./. Spesen	Fr.	– 33.60
= Abschlusssaldo	**Fr.**	**53 730.10**

d) $$\text{Kapital} = \frac{Z \cdot 100 \cdot 360}{p \cdot t} = \frac{338 \cdot 100 \cdot 360}{4 \cdot 165} = \mathbf{18\,436.35}$$

19.12

a)

$$\text{Zins } 4\,\% = \frac{K \cdot p \cdot t}{100 \cdot 12} = \frac{150\,000 \cdot 4 \cdot 9}{100 \cdot 12} = 4\,500.–$$

$$\text{Zins } 5\,\% = \frac{K \cdot p \cdot t}{100 \cdot 12} = \frac{150\,000 \cdot 5 \cdot 3}{100 \cdot 12} = 1\,875.–$$

Jahreszins = 6 375.–

b)

$$p = \frac{Z \cdot 100 \cdot 12}{t \cdot K} = \frac{6\,375 \cdot 100 \cdot 12}{12 \cdot 150\,000} = \mathbf{4.25\,\%}$$

19.13

$$t = \frac{3 \cdot 8}{4} = \textbf{6 Monate}$$

19.14

Betrag in EUR samt Zins = 65 763.75 : 1.42 =	EUR 46 312.50
./. Kapital	EUR 45 000.00
= Zins für 10 Monate	EUR 1 312.50

$$p = \frac{Z \cdot 100 \cdot 12}{t \cdot K} = \frac{1\,312.50 \cdot 100 \cdot 12}{10 \cdot 45\,000} = \textbf{3.5 \%}$$

19.15

Datum	Text	Verkehr		Saldo		Valuta	Tage	Zins	
		Soll	Haben	Soll	Haben			Soll	Haben
01. 10.	Saldovortrag zu Ihren Gunsten		6 000.00		6 000.00	30. 09.	23		7.65
23. 10.	Barbezug	1 000.00			5 000.00	23. 10.	5		1.40
28. 10.	Gutschrift Salär		4 400.00		9 400.00	28. 10.	17		8.90
15. 11.	Vergütungsauftrag	3 200.00			6 200.00	15. 11.	12		4.15
27. 11.	Gutschrift Salär		4 400.00		10 600.00	27. 11.	16		9.40
10. 12.	Kauf von Wertschriften	8 200.00			2 400.00	13. 12.	15		2.00
28. 12.	Gutschrift Salär		4 400.00		6 800.00	28. 12.	2		0.75
31. 12.	Zins (p = 2 %)		34.25		6 834.25	31. 12.	90		34.25
31. 12.	Verrechnungssteuer 35 %	12.00			6 822.25	31. 12.			
31. 12.	Spesen	15.00			6 807.25	31. 12.			
31. 12.	Saldo zu Ihren Gunsten	6 807.25							
		19 234.25	19 234.25						

19.16

Kontokorrent

Datum	Text	Verkehr		Saldo		Valuta	Tage	Zins	
		Soll	Haben	Soll	Haben			Soll	Haben
01. 10.	Saldovortrag	12 000.00		12 000.00		30. 09.	4	8.00	
04. 10.	Zahlungen von Kunden		10 500.00	1 500.00		04. 10.	19	4.75	
23. 10.	Wertpapierverkauf		6 900.00		5 400.00	23. 10.	12		0.90
05. 11.	Barbezug	1 000.00			4 400.00	05. 11.	45		2.75
20. 12.	Zahlungen an Lieferanten	5 800.00		1 400.00		20. 12.	10	2.35	
31. 12.	Sollzins 6 %	15.10		1 415.10		30. 12.	90	15.10	3.65
31. 12.	Habenzins 0,5 %		3.65	1 411.45		30. 12.			
31. 12.	Verrechnungssteuer 35 %		0.00	1 411.45		30. 12.			
31. 12.	Kommission und Spesen	60.00		1 471.45		30. 12.			
31. 12.	Saldo		**1 471.45**			30. 12.			
		18 875.10	18 875.10						

19.17

Datum	Text	Buchung		Bank	
		Soll	Haben	Soll	Haben
01. 10.	Saldovortrag	Eröffnungsbilanz	Bank		12 000.00
04. 10.	Zahlungen von Kunden	Bank	Debitoren	10 500.00	
23. 10.	Wertpapierverkauf	Bank	Wertschriften	6 900.00	
05. 11.	Barbezug	Kasse	Bank		1 000.00
20. 12.	Zahlungen an Lieferanten	Kreditoren	Bank		5 800.00
31. 12.	Sollzins 6 %	Zinsaufwand[1]	Bank		15.10
31. 12.	Habenzins 0,5 %	Bank	Zinsertrag	3.65	
31. 12.	Verrechnungssteuer 35 %[2]	–	–		0
31. 12.	Kommission und Spesen	Übriger Aufwand[3]	Bank		60.00
31. 12.	Saldo	Bank	Schlussbilanz	1 471.45	
				18 875.10	18 875.10

19.50

19.51

19.52

Die Lösungen zu den Aufgaben sind unter der gleichen Aufgaben-Nummer unter EasyAccounting zu finden.

1 Soll- und Habenszinsen werden hier getrennt verbucht, um den Kontoauszug der Bank genau abzubilden. Es wäre auch möglich, nur den Sollzins-Überschuss von 11.45 mit einer Buchung zu berücksichtigen. Buchungssatz: Zinsaufwand/Bank 11.45.

2 Hätte ein Habenszinsüberschuss resultiert, wäre davon die Verrechnungssteuer von 35 % mit der Buchung Debitor VSt/Bank zu verbuchen.

3 Die Kommission und Spesen könnten auch über Zinsaufwand gebucht werden.

2. Teil Der Jahresabschluss

Einzelunternehmung

21.01

Nr.	Frage	Antwort
1	Wie ist die Firma (Name) für das Atelier von T. Vonesch zu bilden?	Gemäss OR 945 muss die Firma den Familiennamen mit oder ohne Vorname der Inhaberin enthalten. Geschäftsübliche Zusätze wie z. B. T. Vonesch, Nähatelier, sind möglich.
2	Welche minimale Kapitaleinlage muss T. Vonesch leisten?	Gemäss OR gibt es kein Minimalkapital.
3	Welche Bestimmungen bestehen für den Handelsregister-Eintrag?	Einzelunternehmungen ab einem Jahresumsatz von Fr. 100 000.– sind in der Regel im Handelsregister einzutragen.
4	Wie haftet die Inhaberin einer Einzelunternehmung?	Die Geschäftsinhaberin haftet mit dem Geschäfts- und dem ganzen Privatvermögen.
5	Frau Vonesch befürchtet ein buchhalterisches Chaos zwischen privaten Haushaltauslagen und Geschäftseinnahmen und -ausgaben. Mithilfe des Privatkontos kann sie die beiden Bereiche auf einfache Art trennen. Setzen Sie die folgenden Geschäftsfälle im nebenstehenden Privatkonto richtig ein: ▶ Barbezüge ▶ Eigenzins ▶ Warenbezüge ▶ Eigenlohn ▶ Privatrechnungen durch Geschäft bezahlt	**Privatkonto** **Soll** / **Haben** Soll: Belastungen für: Barbezüge, Warenbezüge, Privatrechnungen Haben: Gutschriften für: Eigenlohn, Eigenzins
6	Was bedeutet es, wenn das Privatkonto Ende Jahr einen Sollüberschuss aufweist?	Die Belastungen für die Geschäftsinhaberin sind grösser als die Gutschriften.
7	Weshalb wird der Geschäftsinhaberin ein Eigenlohn gutgeschrieben?	Würde anstelle der Geschäftsinhaberin eine Angestellte ihre Arbeit verrichten, müsste ihr auch ein Lohn dafür bezahlt werden.
8	Weshalb wird der Geschäftsinhaberin für das zur Verfügung gestellte Kapital ein Eigenzins gutgeschrieben?	Würde die Geschäftsinhaberin ihr Kapital anderweitig anlegen, bekäme sie entsprechende Erträge in Form von Zinsen oder Dividenden.
9	Das Unternehmereinkommen setzt sich aus Eigenlohn, Eigenzins und Gewinn zusammen. Kann durch die Gutschrift eines hohen Eigenzinses das Unternehmereinkommen erhöht werden?	Wird ein höherer Eigenzins verbucht, steigt der Zinsaufwand, und der Gewinn sinkt. Das Unternehmereinkommen als Summe aus Eigenlohn, Eigenzins und Gewinn bleibt deshalb gleich.

Nr.	Frage	Antwort
10	Inwiefern unterscheiden sich die Geschäftsfälle, die über das Privatkonto gebucht werden, von jenen, die über das Eigenkapitalkonto abgerechnet werden?	Im Privatkonto werden die laufenden Bezüge und Gutschriften festgehalten. Das Eigenkapitalkonto zeigt das langfristig zur Verfügung gestellte Kapital.
11	Der Abschluss der Einzelunternehmung erfolgt buchhalterisch in drei Schritten. Wie lauten die Buchungen für diese Schritte? 1. Ausgleich des Privatkontos (Sollüberschuss) 2. Gewinnverbuchung 3. Saldo des Eigenkapitals auf die Bilanz	 1. Eigenkapital/Privat 2. Erfolgsrechnung/Eigenkapital 3. Eigenkapital/Bilanz
12	Weshalb erscheint das Eigenkapitalkonto in der Bilanz, das Privatkonto jedoch nicht?	Das Privatkonto wird vor dem Abschluss immer über das Eigenkapitalkonto ausgeglichen (siehe Nr. 11).

21.02

a)

Journal und Hauptbuch

Nr.	Text	Sollbuchung	Habenbuchung	Betrag	Eigenkapital		Privat	
1	Anfangsbestand Eigenkapital	Bilanz	Eigenkapital	200		200		
2	Barbezüge von M. Keller für private Zwecke	Privat	Kasse	50			50	
3	Barverkäufe von Waren	Kasse	Warenertrag	800				
4	Private Warenbezüge	Privat	Warenaufwand	4			4	
5	Bankzahlung für den Lohn einer Angestellten	Lohnaufwand	Bank	70				
6	Privatrechnungen von M. Keller über das Bankkonto des Geschäfts bezahlt	Privat	Bank	25			25	
7	Erhöhung des Eigenkapitals durch Einbringung eines Fahrzeugs aus dem Privatvermögen	Fahrzeuge	Eigenkapital	20		20		
8	Bankzahlung für die Miete des Geschäftslokals	Raumaufwand	Bank	48				
9	Bankbelastung für Darlehenszinsen	Zinsaufwand	Bank	6				
10	Abschreibung des Geschäftsmobiliars	Abschreibungen	Mobiliar	14				
11	Gutschrift Eigenlohn	Lohnaufwand	Privat	90				90
12	Gutschrift Eigenzins (2,5 % auf Anfangskapital)	Zinsaufwand	Privat	5				5
13	Ausgleich Privatkonto	Privat	Eigenkapital	16		16	16	
14	Übertrag des Jahresgewinns gemäss Erfolgsrechnung	Erfolgsrechung	Eigenkapital	15		15		
15	Schlussbestand Eigenkapital	Eigenkapital	Bilanz	251	**251**			
					251	251	95	95

b)

Geschäftseinkommen

Eigenlohn	90 000
Eigenzins	5 000
Gewinn	15 000
Unternehmereinkommen	110 000

c) Das Geschäftseinkommen bliebe unverändert: Der Gewinn würde auf Fr. 110 000 steigen, weil der Lohnaufwand von Fr. 90 000 und der Zinsaufwand von Fr. 5000 entfielen.

d) Siehe Theorieteil Seite 46.

21.03

a)

Vorgänge	Buchung	Eigenkapital Soll	Eigenkapital Haben	Privat Soll	Privat Haben
Eröffnung	Bilanz/Eigenkapital		100 000		
Gutschrift des Eigenlohns	Lohnaufwand/Privat				48 000
Privatbezüge von Milchprodukten	Privat/Warenaufwand			2 000	
Barbezüge von R. Pfeiffer	Privat/Kasse			55 000	
Eigenzins 5 % vom Eigenkapital	Zinsaufwand/Privat				5 000
1. Schritt Privatkontoausgleich über das Eigenkapital	Eigenkapital/Privat	4 000			**4 000**
				57 000	57 000

Vorgänge	Buchung	Eigenkapital Soll	Eigenkapital Haben	Erfolgsrechnung Soll	Erfolgsrechnung Haben
Total Jahresaufwand	Diverse			73 000	
Total Jahresertrag	Diverse				85 000
2. Schritt Erfolgsverrechnung mit dem Eigenkapital	Erfolgsrechnung/Eigenkapital		12 000	**12 000**	
				85 000	85 000

Vorgänge	Buchung	Eigenkapital Soll	Eigenkapital Haben	Schlussbilanz Soll	Schlussbilanz Haben
Total Aktiven	Diverse			408 000	
Total Fremdkapital	Diverse				300 000
3. Schritt Eigenkapitalübertrag auf die Schlussbilanz	Eigenkapital/Schlussbilanz	**108 000**			**108 000**
		112 000	112 000	408 000	408 000

b) Das Geschäftseinkommen errechnet sich wie folgt:

Eigenlohn	Fr. 48 000.–
Eigenzins	Fr. 5 000.–
Reingewinn	Fr. 12 000.–
	Fr. 65 000.–

21.04

Journal

Nr.	Text	Sollbuchung	Habenbuchung	Betrag
1	Privatbezug bar	Privat	Kasse	500
2	Kauf Hobelmaschine	Maschinen	Kreditoren	14 000
3	Privatrechnungen	Privat	Bank	2 500
4	Service Geschäftsauto	Fahrzeugaufwand	Kreditoren	1 200
5	Lohn Schreiner	Lohnaufwand	Bank	3 200
6	Rabatt Hobelmaschine	Kreditoren	Maschinen	1 400
7	Anschaffungswert Fahrzeug	Fahrzeuge	Kreditoren	40 000
	Eintausch altes Auto	Kreditoren	Fahrzeuge	8 000
	Barzahlung	Kreditoren	Kasse	10 000
8	Einlage Geschäftsinhaber	Bank	Eigenkapital	50 000
9	Bankzahlung	Kreditoren	Bank	12 420
	Kursgewinn	Kreditoren	Maschinen	180
10	Steuern G. Kreider	Privat	Bank	13 600
11	Eigenverbrauch Antikschrank	Privat	Warenaufwand	5 000
12	Nettozins	Bank	Zinsertrag	130
	Verrechnungssteuer	Debitor VSt[1]	Zinsertrag	70
13	Privatanteil Geschäftsfahrzeug	Privat	Fahrzeugaufwand	3 000
14	Geschäftsanteil Privatauto	Fahrzeugaufwand	Privat	800
15	Eigenlohn	Lohnaufwand	Privat	72 000
16	Eigenzins	Zinsaufwand[2]	Privat	4 350
17	Übertrag Privatkonto	Privat	Eigenkapital	6 200
18	Verbuchung Gewinn	Erfolgsrechnung	Eigenkapital	16 000

Unternehmereinkommen

Eigenlohn	72 000
Eigenzins	4 350
Gewinn	16 000
Unternehmereinkommen	92 350

[1] Da die Einkommens- und Vermögenssteuern bei Einzelunternehmungen nicht vom Geschäft, sondern vom Geschäftsinhaber als Privatperson zu bezahlen sind, wird in der Praxis der Verrechnungssteueranspruch oft dem Privatkonto belastet.

[2]

3 % auf Anfangskapital von Fr. 120 000	Fr. 3 600
3 % auf Kapitalerhöhung von Fr. 50 000 für ein halbes Jahr	Fr. 750
Eigenzins total	Fr. 4 350

21.05

a)

Probebilanz per 31.12.20_5

Konto	Provisorische Probebilanz		Nachträge		Definitive Probebilanz	
Kasse	93 000	91 000			93 000	91 000
Post	33 000	23 600			33 000	23 600
Fahrzeug	32 000	6 400			32 000	6 400
Eigenkapital vor Gewinnverbuchung		30 000		1 510		31 510
Privat	55 000		400 3 840 1 510	60 000 750	60 750	60 750
Lohnaufwand			60 000		60 000	
Fahrzeugaufwand	22 000			3 840	22 000	3 840
Zinsaufwand			750		750	
Übriger Aufwand	8 000			400	8 000	400
Ertrag Autofahrstunden		92 000				92 000
	243 000	243 000	66 500	66 500	309 500	309 500

b)

Schlussbilanz nach Gewinnverbuchung per 31.12.20_5

Aktiven		Passiven	
Kasse	2 000	Eigenkapital	37 000
Post	9 400		
Fahrzeug	25 600		
	37 000		37 000

Erfolgsrechnung 20_5

Aufwand		Ertrag	
Lohnaufwand	60 000	Autofahrstunden	92 000
Fahrzeugaufwand	18 160		
Zinsaufwand	750		
Übriger Aufwand	7 600		
Gewinn	5 490		
	92 000		92 000

c)

Unternehmereinkommen

Eigenlohn	60 000
Eigenzins	750
Gewinn	5 490
Unternehmereinkommen	66 240

d) Auf das Unternehmereinkommen hätte der um Fr. 20000 höhere Eigenlohn keinen Einfluss, da durch diesen zusätzlichen Aufwand ein Verlust von Fr. 14510 entstanden wäre, statt eines Gewinns von Fr. 5490.

Unternehmereinkommen

Eigenlohn	80 000
Eigenzins	750
Verlust	–14 510
Unternehmereinkommen	66 240

Auch das Eigenkapital wäre unverändert geblieben. Zwar hätte sich der Übertrag des Privatkontos auf das Eigenkapital um Fr. 20000 erhöht. Anderseits wäre das Eigenkapital durch den Verlust von Fr. 14510 (statt des Gewinns von Fr. 5490) um Fr. 20000 vermindert worden.

21.06

Nr.	Geschäftsfälle	Eigenkapital Soll	Eigenkapital Haben	Privat Soll	Privat Haben
1	Anfangsbestand Eigenkapital (Eröffnung)		X		
2	Anfangsbestand Privat (Eröffnung)[1]				
3	Barbezüge des Eigentümers aus der Geschäftskasse			X	
4	Warenbezüge des Geschäftsinhabers			X	
5	Erhöhung der Kapitaleinlage		X		
6	Eigenlohn				X
7	Privatanteil am Geschäftsauto			X	
8	Eigenzins				X
9	Eigenmiete (Privatwohnung in der Geschäftsliegenschaft)			X	
10	Verminderung Kapitaleinlage	X			
11	Übertrag Privatkonto (Habenüberschuss)		X	X	
12	Verbuchung Jahresverlust	X			
13	Schlussbestand Eigenkapital	X			
14	Schlussbestand Privat[1]				

21.07

a) Eigenkapital/Privat 10 000

b) 110 000 – 40 000 + 10 000 = **80 000**

c) 2400 + 60 000 + 10 000 = **72 400**

d) Der Gewinn wäre um 1600 (2 % von 80 000) auf 38 400 gesunken.

e) Der höhere Eigenzins führte zu einer Verminderung des Gewinns. Das Unternehmereinkommen bliebe unverändert.

f) Der Eigenzins wäre um 200 gestiegen (3 % von 20 000 für vier Monate), der Gewinn um 200 gefallen. Das Unternehmereinkommen bliebe unverändert.

g) Der Gewinn und damit das Unternehmereinkommen wären um den Zinsaufwand für das Darlehen von 300 (4,5 % von 20 000 für vier Monate) gesunken.

[1] Es gibt im Privatkonto weder Anfangs- noch Schlussbestand, weil das Privatkonto beim Abschluss über das Eigenkapitalkonto ausgeglichen wird.

21.08

Nr.	Sollbuchung	Habenbuchung	Betrag
1	Privat	Bank	80 000
2	Raumaufwand	Bank	24 000
3	Privat	Post	12 000
4	Werbeaufwand	Kreditoren	870
5	Lohnaufwand	Post	1 500
6	Bank	Eigenkapital	20 000
7	Privat	Bank	2 000
8	Debitoren	Dienstleistungsertrag	4 200
9	Dienstleistungsertrag	Debitoren	84
	Bank	Debitoren	4 263
	Debitoren	Dienstleistungsertrag	147
10	Fahrzeuge	Kreditoren	46 000
	Kreditoren	Fahrzeuge	9 000
	Kreditoren	Bank	20 000
11	Versicherungsaufwand	Kreditoren	3 000
12	Dienstleistungen Dritter	Kreditoren	4 500
13	Unterhalt, Reparaturen, Ersatz	Kreditoren	600
14	Privat	Fahrzeugaufwand	2 400
15	Abschreibungen	Mobiliar	6 000
16	Bank	Zinsertrag	325
	Debitor VSt[1]	Zinsertrag	175
17	Lohnaufwand	Privat	96 000
18	Zinsaufwand[2]	Privat	5 250
19	Privat[3]	Eigenkapital	4 850
20	Erfolgsrechnung	Eigenkapital	22 000

[1] Da die Einkommens- und Vermögenssteuern bei Einzelunternehmungen nicht vom Geschäft, sondern von der Geschäftsinhaberin als Privatperson zu bezahlen sind, wird in der Praxis der Verrechnungssteueranspruch oft dem Privatkonto belastet.

[2]

2,5 % auf Anfangskapital von Fr. 200 000	Fr. 5 000
2,5 % auf Kapitalerhöhung von Fr. 20 000 für ein halbes Jahr	Fr. 250
Eigenzins total	Fr. 5 250

[3] Um den Ausgleichsbetrag zu bestimmen, wird das Skonto am besten skizziert:

Privat

80 000	96 000
12 000	5 250
2 000	
2 400	
4 850	
101 250	101 250

21.09

a)

	Buchung Soll	Haben	Betrag
Überschreibung Wertpapiere	Wertschriften	Eigenkapital	**100**
Überschreibung Immobilien	Immobilien	Eigenkapital	**800**
Überschreibung Hypothek	Eigenkapital	Hypothek	**480**

b)

Geschäft

Bilanz vom 1.1.20_3

Flüssige Mittel	20	Kreditoren	20
Wertschriften	100	Bankschuld	30
Debitoren	75	Darlehen	50
Mobilien	65	Hypotheken	480
Fahrzeug	40	Eigenkapital	520
Immobilien	800		
	1 100		1 100

Privat

Bilanz vom 1.1.20_3

Flüssige Mittel	10	Kreditoren	20
Vorräte	2		
Autos	30	Reinvermögen	80
Übriges AV	58		
	100		100

c)

	Vor Überführung	Nach Überführung
Eigenkapital Geschäft	100	520
Reinvermögen privat	500	80
Gesamtvermögen	600	600

21.10

Eröffnungsbilanz per 1. 1. 20_3

Aktiven			Passiven		
Umlaufvermögen			**Fremdkapital**		
Bank	6		Kreditoren	4	
Debitoren	12	18	Bankdarlehen	20	24
Anlagevermögen			**Eigenkapital**		
Büroeinrichtung	8		Eigenkapital		50
Fahrzeug	48	56			
		74			74

Journal 20_3

Nr.	Geschäftsfall	Sollbuchung	Habenbuchung	Betrag
1	An Kunden versandte Rechnungen für ausgeführte Zügeldienste	Debitoren	Transportertrag	230
2	Bankzahlungen von Kunden	Bank	Debitoren	210
3	Private Barbezüge des Geschäftsinhabers am Bancomaten	Privat	Bank	18
4	Lohnüberweisungen an einen Angestellten	Personalaufwand	Bank	50
5	Kauf eines neuen PCs fürs Büro gegen Rechnung	Büroeinrichtung	Kreditoren	3
6	Privatrechnungen über das Bankkonto des Geschäfts bezahlt	Privat	Bank	14
7	Rechnungen für übrigen Aufwand	Übriger Aufwand	Kreditoren	106
8	Bankzahlungen an Kreditoren	Kreditoren	Bank	110
9	Bankbelastung für Darlehenszinsen (Zinstermin 31. 12., Zinsfuss 5 % p. a.)	Zinsaufwand	Bank	1
10	Teilrückzahlung Bankdarlehen	Bankdarlehen	Bank	15
11	Abschreibung Büroeinrichtung	Abschreibungen	Büroeinrichtungen	2
12	Abschreibung Fahrzeug	Abschreibungen	Fahrzeug	8
13	Gutschrift Eigenlohn	Personalaufwand	Privat	70
14	Gutschrift Eigenzins 4 % auf Anfangskapital	Zinsaufwand	Privat	2
15	Saldierung Privatkonto	Privat	Eigenkapital	40
16	Verbuchung des Jahresverlusts	Eigenkapital	Erfolgsrechnung	9

Hauptbuch 20_3

Bank

A	6		18
	210		50
			14
			110
			1
			15
		S	**8**
	216		216

Debitoren

A	12		210
	230	S	**32**
	242		242

Büroeinrichtung

A	8		2
	3	S	**9**
	11		11

Fahrzeug

A	48		8
		S	**40**
	48		48

Kreditoren

	110	A	4
			3
S	**3**		106
	113		113

Bankdarlehen

	15	A	20
S	**5**		
	20		20

Eigenkapital

	9	A	50
S	**81**		40
	90		90

Privat

	18		70
	14		2
	40		
	72		72

Personalaufwand

	50		
	70	S	**120**
	120		120

Zinsaufwand

	1		
	2	S	**3**
	3		3

Abschreibungen

	2		
	8	S	**10**
	10		10

Übriger Aufwand

	106	S	**106**

Transportertrag

S	**230**		230

Schlussbilanz nach Gewinnverbuchung 31. 12. 20_3

Bank	8	Kreditoren	3
Debitoren	32	Bankdarlehen	5
Büroeinrichtung	9	Eigenkapital	81
Fahrzeug	40		
	89		89

Erfolgsrechnung 20_3

Personalaufwand	120	Transportertrag	230
Zinsaufwand	3		
Abschreibungen	10		
Übriger Aufwand	106	**Verlust**	**9**
	239		239

21.50

Bilanz nach Gewinnverbuchung 31.12.20_3

Aktiven			
Umlaufvermögen			
Kasse		1 700.00	
Anlagevermögen			
Sattel und Zaumzeug	2 000.00		
Pferde	18 000.00	20 000.00	21 700.00

Passiven			
Eigenkapital			
Eigenkapital	21 700.00		
Privatkonto	0.00	21 700.00	21 700.00

Erfolgsrechnung 20_3

Ertrag			
Reitertrag	18 900.00	18 900.00	

Aufwand			
Personalaufwand	7 800.00		
Mietaufwand	4 800.00		
Futtermittel	3 540.00		
Übriger Aufwand	3 760.00		
Abschreibungen	3 500.00		
Zinsaufwand	1 500.00	24 900.00	
Verlust			**–6 000.00**

Journal 20_3

Datum	Text	Beleg Nr.	Soll	Haben	Betrag
0	Eröffnung Kasse		1000	9100	1 500.00
0	Eröffnung Sattel, Zaumzeug		1501	9100	3 000.00
0	Eröffnung Pferde		1502	9100	20 500.00
0	Eröffnung Eigenkapital		9100	2800	25 000.00
1	Bareinnahmen Reitkunden		1000	3400	13 500.00
2	Kauf von Heu und Stroh		6200	1000	2 900.00
3	Zahlung Hufschmied		6700	1000	3 000.00
4	Lohn Stallgehilfe		5000	1000	1 200.00
5	Haftpflichtversicherung für Reiter		6700	1000	98.00
6	Stallmiete		6000	1000	4 800.00
7	Tierarzt		6700	1000	402.00
8	Kauf von Hafer und Maispellets		6200	1000	640.00
9	Übrige Baraufwände		6700	1000	260.00
10	Älterwerden der Pferde		6800	1502	2 500.00
11	Abschreibungen Sattel und Zaumzeug		6800	1501	1 000.00
12	Eigenlohn		5000	2850	6 600.00
13	Eigenzins 6 %		6900	2850	1 500.00
14	Verrechnung Eigengebrauch der Pferde		2850	3400	5 400.00
15	Ausgleich Privatkonto		2850	2800	2 700.00
16	Verlustverbuchung		2800	9000	6 000.00

21.51

Bilanz nach Gewinnverbuchung 31. 12. 20_2

Aktiven			
Umlaufvermögen			
Kasse	434.00		
Post	8 774.00		
Debitoren	4 615.00	13.823.00	
Anlagevermögen			
Instrumente	23 400.00		
Mobiliar	3 700.00	27 100.00	40 923.00
Passiven			
Fremdkapital			
Kreditoren	1 124.00		
Bank	5 772.00	6 896.00	
Eigenkapital			
Eigenkapital	34 027.00		
Privat	0.00	34 027.00	40 923.00

Erfolgsrechnung 20_2

Ertrag			
Honorare	78 650.00		
Tantiemen	16 350.00		
Ertrag Meisterkurse	19 200.00	114 200.00	
Aufwand			
Personalaufwand	66 460.00		
Mietaufwand	16 360.00		
Versicherungsaufwand	1 170.00		
Übriger Aufwand	22 033.00		
Abschreibungen	4 000.00		
Zinsaufwand	1 710.00	111 733.00	
Gewinn			**2 467.00**

d)

Eigenlohn	60 000.00	
Eigenzins	1 500.00	
Gewinn	2 467.00	
Unternehmereinkommen	63 967.00	

Journal 20_2

Datum	Text	Beleg Nr.	Soll	Haben	Betrag
0	Eröffnung Kasse		1000	9100	3 821.00
0	Eröffnung Post		1010	9100	1 164.00
0	Eröffnung Debitoren		1100	9100	4 615.00
0	Eröffnung Instrumente		1500	9100	26 600.00
0	Eröffnung Mobiliar		1510	9100	4 500.00
0	Eröffnung Kreditoren		9100	2000	6 418.00
0	Eröffnung Bank		9100	2100	4 282.00
0	Eröffnung Eigenkapital		9100	2800	30 000.00
1	Rechnung für Stimmungen		6700	2000	980.00
2	Bankgutschrift für Tantiemen		2100	3450	16 350.00
3	Privatbezüge ab Bank		2850	2100	33 100.00
4	Postzahlungen an Kreditoren		2000	1010	4 180.00
5	Bankzahlung für Studiomiete		6000	2100	11 600.00
6	Bankbelastung für Flugtickets		6700	2100	9 420.00
7	Postgutschrift für Honorare aus Konzerttätigkeit		1010	3400	35 000.00
8	Rechnungsversand an Meisterkurs-Teilnehmer		1100	3500	19 200.00
9	Lohnzahlung an Sekretärin durch Bank		5000	2100	6 460.00
10	Postüberweisung für diverse Versicherungen		6300	1010	1 170.00
11	Bankgutschrift für Solistenhonorare		2100	3400	43 650.00
12	Meisterkurs-Teilnehmer zahlen auf Bank		2100	1100	14 400.00
13	Barzahlung für Konzertkleider		6700	1000	1 850.00
14	Baraufwände während Konzertreisen		6700	1000	1 537.00
15	Postgutschrift aus Zahlungen von Kursteilnehmern		1010	1100	4 800.00
16	Rechnung für Notenmaterial		6700	2000	576.00
17	Rechnung für Zimmermiete Meisterkurse		6000	2000	4 760.00
18	Bankzahlung an Kreditoren		2000	2100	7 430.00
19	Postzahlung von Privatrechnungen		2850	1010	26 840.00
20	Bankbelastung für Hotelleistungen		6700	2100	7 670.00
21	Gutschrift Eigenlohn		5000	2850	60 000.00
22	Abschreibung auf Instrumenten		6800	1500	3 200.00
23	Abschreibung auf Mobiliar		6800	1510	800.00
24	Bankbelastung für Zinsen auf Kontokorrent		6900	2100	210.00
25	Eigenzins 5 % auf Eigenkapital		6900	2850	1 500.00
26	Ausgleich Privatkonto		2850	2800	1 560.00
27	Gewinnbuchung		9000	2800	2 467.00

Kollektivgesellschaft

22.01

Nr.	Frage	Antwort
1	Wo wird das Rechtsverhältnis der Gesellschafter untereinander (Innenverhältnis) geregelt?	Primär im Gesellschaftsvertrag, subsidiär im OR
2	Wie hoch ist der mangels vertraglicher Vereinbarung verrechenbare Eigenzins auf der Kapitaleinlage?	Vier von Hundert, d.h. 4%; OR 558 Absatz 2
3	Um welche Kontenart gemäss Kontenrahmen KMU handelt es sich bei den Privatkonten der Gesellschafter?	Eigenkapital
4	Was bedeutet es, wenn ein Privatkonto im Soll bzw. im Haben eröffnet wird?	Eröffnung im Soll: Der Gesellschafter hat sein Konto überzogen, die Bezüge waren grösser als die Gutschriften. Eröffnung im Haben: Die Gutschriften waren grösser als die Bezüge des Gesellschafters.
5	Wie ist ein Verlust auf die Gesellschafter zu verteilen, wenn vertraglich nichts vereinbart wurde?	Gleich wie der Gewinn verteilt wird. Falls darüber keine Angaben im Vertrag stehen, zu gleichen Teilen auf die Gesellschafter (OR 533 Absatz 1).
6	Ist eine vertragliche Vereinbarung, dass ein Gesellschafter nur am Gewinn, nicht aber am Verlust teilhaben soll, zulässig?	Ja, OR 533 Absatz 3
7	Die Kollektivgesellschaft Lämmli & Wölfli wurde am 31. August 20_1 gegründet. Lämmli leistete eine Kapitaleinlage von Fr. 50 000.–, Wölfli eine solche von Fr. 80 000.–. Zinsfuss 6%. Wie viel Zins erhalten die beiden Gesellschafter Ende 20_1 gutgeschrieben?	Zins Lämmli $= \frac{50\,000 \cdot 6 \cdot 4}{100 \cdot 12} = 1\,000$ Zins Wölfli $= \frac{80\,000 \cdot 6 \cdot 4}{100 \cdot 12} = 1\,600$
8	Über welches Konto werden in der Regel die Gewinn- bzw. Verlustanteile der Gesellschafter abgebucht?	Gewinnanteil: auf Privatkonten Verlustanteil: auf Kapitalkonten
9	Wie wird ein Privatkonto mit einem Sollüberschuss in der Bilanz berücksichtigt?	Als Minus-Passivkonto, d.h. als Wertberichtigung zum entsprechenden Kapitalkonto
10	Wie ist die Haftung in der Kollektivgesellschaft geregelt?	Primär haftet das Gesellschaftsvermögen, subsidiär haften die Gesellschafter solidarisch und unbeschränkt, d.h. einer für den andern und mit dem ganzen Privatvermögen.

22.02

Gegenüber der AG und der GmbH weist die Kollektivgesellschaft den Nachteil auf, dass die Gesellschafter subsidiär mit ihrem ganzen Privatvermögen haften.

Bei der Kollektivgesellschaft ist die einwandfreie Beziehung der Gesellschafter untereinander von grösster Bedeutung. Verschlechtert sich diese aus irgendwelchen Gründen, ist die Gesellschaft in Gefahr.

Als Problem kann sich auch die solidarische Haftung jedes Gesellschafters für alle Gesellschaftsschulden erweisen. Sie setzt deshalb ein sehr grosses Vertrauen zwischen den Gesellschaftern voraus.

Für wesentliche Beschlüsse der Kollektivgesellschaft ist immer das Einverständnis aller Gesellschafter notwendig, was im Vergleich mit der Einzelunternehmung nachteilig ist, wo der Geschäftsinhaber frei und rasch entscheiden kann.

22.03

Journal und Hauptbuch 20_3

Text	Buchung	Kapital Hinz		Kapital Kunz		Privat Hinz		Privat Kunz	
Eröffnung	Diverse		300		500		15	22	
Privatbezüge ab Bankomat: ► Hinz 110 ► Kunz 85	Privat Hinz/Bank					110			
	Privat Kunz/Bank							85	
Privatrechnung Hinz von 15 übers Bankkonto des Geschäfts bezahlt	Privat Hinz/Bank					15			
Private Warenbezüge durch Kunz für 7	Privat Kunz/Warenertrag							7	
Zinsen (Eigenzinsen) 4 % auf Kapitalanteilen	Zinsaufwand/Privat Hinz						12		
	Zinsaufwand/Privat Kunz								20
Honorare (Eigenlöhne) je 84	Lohnaufwand/Privat Hinz						84		
	Lohnaufwand/Privat Kunz								84
Gewinnanteile Ende Jahr je 13	ER/Privat Hinz						13		
	ER/Privat Kunz								13
Salden	Diverse	**300**		**500**			**1**	**3**	
		300	300	500	500	125	125	117	117

Schlussbilanz nach Gewinnverbuchung per 31.12.20_3

Aktiven	Passiven	
	Eigenkapital	
	Kapital Hinz	300
	Kapital Kunz	500
	Privat Hinz	–1
	Privat Kunz	3

22.04

a)

Journal

Nr.	Geschäftsfall	Sollbuchung	Habenbuchung	Betrag
1	Versand von Kundenrechnungen, 420	Debitoren	Dienstleistungsertrag	420
2	Kreditkauf eines neuen Fotokopierers, 2	Büromaschinen	Kreditoren	2
3	Private Geldbezüge ab dem Bankkonto des Geschäfts: ► Fehr 115 ► Schmidt 75	Privat Fehr	Bank	115
		Privat Schmidt	Bank	75
4	Private Rechnungen übers Bankkonto des Geschäfts bezahlt: ► Fehr 9 ► Schmidt 12	Privat Fehr	Bank	9
		Privat Schmidt	Bank	12
5	Übernahme eines Geschäftsautos durch Fehr zum Buchwert von 5	Privat Fehr	Fahrzeuge	5
6	Gutschrift Eigenlöhne, je 72	Lohnaufwand	Privat Fehr	72
		Lohnaufwand	Privat Schmidt	72
7	Gutschrift Eigenzins von 5 % auf den Kapitaleinlagen	Zinsaufwand	Privat Fehr	4
		Zinsaufwand	Privat Schmidt	2
8	Gutschrift anteiliger Jahresgewinn (Gewinn total 48; es bestehen keine vertraglichen Abmachungen)	Erfolgsrechnung	Privat Fehr	24
		Erfolgsrechnung	Privat Schmidt	24

b)

Kapital Fehr	80
Kapital Schmidt	40
Privat Fehr	–4
Privat Schmidt	7
Total Eigenkapital	123

c)

	Fehr	Schmidt
Eigenlohn	72	72
Eigenzins	4	2
Gewinnanteil	24	24
Total Geschäftseinkommen	100	98

22.05

a)

Fall	Sachverhalt	Eigenkapital in Fr. 1 000	
1	Streit & Hahn erwirtschafteten 20_1 einen Gewinn von 20, der gemäss Gesellschaftsvertrag im Verhältnis zu ihren Kapitaleinlagen den Privatkonten gutgeschrieben wird.	Kapital Streit	60
		Kapital Hahn	40
		Privat Streit	18
		Privat Hahn	–1
2	Streit & Hahn erwirtschafteten 20_1 einen Gewinn von 30, und es besteht keine vertragliche Abmachung über die Gutschriften der Gewinnanteile auf den Privatkonten.	Kapital Streit	60
		Kapital Hahn	40
		Privat Streit	21
		Privat Hahn	6
3	Streit & Hahn erleiden 20_1 einen Verlust von 10, der zulasten ihrer Kapitalanteile verbucht werden soll. Es besteht eine vertragliche Abmachung, wonach die Gewinne im Verhältnis der Kapitaleinlagen verteilt werden sollen, aber über eine Verlustaufteilung besteht keine Vereinbarung.	Kapital Streit	54
		Kapital Hahn	36
		Privat Streit	6
		Privat Hahn	–9

b)

Nr.	Aussagen	Richtig	Begründung bei falscher Aussage
1	Im Jahr 20_2 wird Hahn ein Eigenzins von Fr. 1 800 gutgeschrieben, sofern der Zinsfuss 5% beträgt.	X	
2	Im Jahr 20_2 wird Streit ein Eigenzins von Fr. 2 160 gutgeschrieben, sofern im Gesellschaftsvertrag keine Abmachung zum Eigenzins besteht.	X	
3	Streit & Hahn müssen ihren Eigenlohn im Jahr 20_2 um je Fr. 5 000 kürzen, damit der Vorjahresverlust von Fr. 10 000 wieder ausgeglichen wird.		Honorare dürfen auch bezogen werden, wenn die Kapitalanteile durch Verluste vermindert sind (OR 560 Abs. 1).
4	Wenn im Jahr 20_2 ein Gewinn von Fr. 15 000 erzielt wird, dürfen davon nur Fr. 5 000 ausgeschüttet werden.	X	

Aktiengesellschaft

23.01

a)

Text	Buchung	Bank		Aktionäre		Aktien-kapital	
Zeichnung der Aktien	Aktionäre/Aktienkapital			100			100
Liberierung	Bank/Aktionäre	100			100		
Salden	Diverse		**100**			**100**	
		100	100	100	100	100	100

Gründungsbilanz

Aktiven		Passiven	
Bank	100	Aktienkapital	100
	100		100

b)

Text	Buchung	Bank		Aktionäre		Mobiliar		Aktien-kapital	
Zeichnung der Aktien	Aktionäre/Aktienkapital			100					100
Liberierung durch Barzahlung	Bank/Aktionäre	80			80				
Liberierung durch Sacheinlage	Mobiliar/Aktionäre				20	20			
Salden	Diverse		**80**				**20**	**100**	
		80	80	100	100	20	20	100	100

Gründungsbilanz

Aktiven		Passiven	
Bank	80	Aktienkapital	100
Mobiliar	20		
	100		100

c)

Text	Buchung	Bank		Aktionäre		Nicht ein-bez. AK		Aktien-kapital	
Zeichnung der Aktien	Aktionäre/Aktienkapital			100					100
Bareinzahlung	Bank/Aktionäre	50			50				
Nicht einbezahltes AK	Nicht einbezahltes AK/Aktionäre				50	50			
Salden	Diverse		**50**				**50**	**100**	
		50	50	100	100	50	50	100	100

Gründungsbilanz

Aktiven		Passiven	
Bank	50	Aktienkapital	100
Nicht einbezahltes Aktienkapital	50		
	100		100

23.02

Gründungsbilanz per 31.03.20_3

Aktiven			Passiven		
Umlaufvermögen			**Fremdkapital**		
Bank	42 000		Kreditoren	5 000	
Debitoren	7 000		Darlehen	6 000	11 000
Vorräte	8 000	57 000			
Anlagevermögen			**Eigenkapital**		
Maschinen und Apparate	30 000		Aktienkapital		100 000
Büromobiliar	10 000				
Fahrzeug	14 000	54 000			
		111 000			111 000

23.03

a)

Einzelunternehmung	Aktiengesellschaft
Erfolgsrechnung/Eigenkapital 70	Erfolgsrechnung/Gewinnvortrag 18

b)

Schlussbilanz nach Gewinnverbuchung per 31.12.20_2 (Einzelunternehmung)

Aktiven			Passiven		
Umlaufvermögen			**Fremdkapital**		
Flüssige Mittel	17		Kreditoren	35	
Forderungen	13		Darlehen	15	50
Vorräte	50	80			
Anlagevermögen			**Eigenkapital**		
Sachanlagen		100	Eigenkapital		130
		180			180

Schlussbilanz nach Gewinnverbuchung per 31.12.20_2 (Aktiengesellschaft)

Aktiven			Passiven		
Umlaufvermögen			**Fremdkapital**		
Flüssige Mittel	21		Kreditoren	62	
Forderungen	29		Darlehen	38	100
Vorräte	90	140			
Anlagevermögen			**Eigenkapital**		
Sachanlagen		160	Aktienkapital	100	
			Gesetzliche Gewinnreserve	30	
			Freiwillige Gewinnreserven	50	
		300	Gewinnvortrag	20	200
					300

c) Der Gewinn gehört zum Eigenkapital. Er wurde beim Jahresabschluss nur umgebucht, damit er in der Schlussbilanz und anschliessend in der Eröffnungsbilanz des neuen Geschäftsjahres nicht mehr erscheint.

d) Gemeinsam ist, dass der Gewinn aus der Erfolgsrechnung auf das Eigenkapital übertragen wird.

Unterschiedlich ist, dass das Eigenkapital bei der Einzelunternehmung nicht weiter unterteilt wird, während bei der Aktiengesellschaft ein spezielles Konto für die Gewinnverbuchung besteht.

23.04

a)

Sollbuchung	Habenbuchung	Betrag
Erfolgsrechnung	Gewinnvortrag	60

b)

Gewinnverwendungsplan 20_2

	Gewinnvortrag (Bilanzgewinn)	70	Gemäss Eröffnungsbilanz 1. 1. 20_2
./.	5 % Gesetzliche Gewinnreserve	−3	5% des Jahresgewinns von 60
./.	5 % Grunddividende	−20	5% des Aktienkapitals von 400
./.	10 % Zusatzdividende (Superdividende)	−40	10% des Aktienkapitals von 400
./.	10 % Gesetzliche Gewinnreserve	−4	10% der Zusatzdividende von 40
=	Neuer Gewinnvortrag	3	Neuer Bestand des Kontos Gewinnvortrag

c)

Journal und Konten 20_2 (Ausschnitt)

Datum	Text	Buchung	Kreditor VSt		Dividenden		Gesetzl. Gewinnres.		Gewinnvortrag	
01.01.	Anfangsbestände	Diverse Eröffnungsbuchungen						54		70
10.04.	Reservenzuweisung	Gewinnvortrag/Gesetzliche Gewinnreserve						7	7	
10.04.	Dividendenzuweisung	Gewinnvortrag/Dividenden				60			60	
10.04.	Verrechnungssteuer	Dividenden/Kreditor VSt		21	21					
12.04.	Auszahlung Nettodividenden	Dividenden/Bank			39					
08.05.	Überweisung VSt	Kreditor VSt/Bank	21							
08.05.	Neue Kontensalden	Keine Buchungen					**61**		**3**	
			21	21	60	60	61	61	70	70

23.05

a)

Sollbuchung	Habenbuchung	Betrag
Erfolgsrechnung	Gewinnvortrag	80

b)

Gewinnverwendungsplan 20_5

	Gewinnvortrag (Bilanzgewinn)	92
./.	5 % Grunddividende (5 % von 1 000)	−50
./.	3 % Zusatzdividende (3 % von 1 000)	−30
./.	10 % Gesetzliche Gewinnreserve (10% von 30)	−3
=	Neuer Gewinnvortrag	9

Hinweis: Auf die erste Reservenzuweisung von 5 % des Jahresgewinns kann verzichtet werden, weil die gesetzliche Gewinnreserve bereits 25 % des (einbezahlten) Aktienkapitals aufweist.

c)

Journal und Konten 20_5 (Ausschnitt)

Datum	Text	Buchung	Kreditor VSt		Dividenden		Gesetzl. Gewinnres.		Gewinnvortrag	
01.01.	Anfangsbestände	Diverse Eröffnungsbuchungen						250		92
15.05.	Reservenzuweisung	Gewinnvortrag/Gesetzliche Gewinnreserve						3	3	
15.05.	Dividendenzuweisung	Gewinnvortrag/Dividenden				80			80	
15.05.	Verrechnungssteuer	Dividenden/Kreditor VSt		28	28					
20.05.	Auszahlung Nettodividenden	Dividenden/Bank			52					
16.06.	Überweisung VSt	Kreditor VSt/Bank	28							
16.06.	Neue Kontensalden	Keine Buchungen					**253**		**9**	
			28	28	80	80	253	253	92	92

d)

	Aktienkapital	1 000
+	Gesetzliche Gewinnreserve	253
+	Gewinnvortrag	9
=	**Eigenkapital**	**1 262**

23.06

Gewinnverwendungspläne 20_2

	Alpha AG		Beta AG		Gamma AG		Delta AG	
Gewinnvortrag (Bilanzgewinn)		42 000		103 000		41 000		16 500
./. Reservenzuweisung 5 % vom Gewinn		–2 000		–		–1 500		–
./. Grunddividende 5 % des einbezahlten AK		–20 000		–25 000		–5 000		–2 500
./. Zusatzdividende in % des einbezahlten AK	(4 %)	–16 000	(14 %)	–70 000	(31 %)	–31 000	(25 %)	–12 500
./. Reservenzuweisung 10 % von Zusatzdividende		–1 600		–7 000		–3 100		–1 250
= **Neuer Gewinnvortrag**		**2 400**		**1 000**		**400**		**250**

23.07

a) Erfolgsrechnung/Gewinnvortrag 84 000

b)

Gewinnverwendungsplan 20_8

Gewinnvortrag (Bilanzgewinn)	90 000
./. Statutarische Reserven	–20 000
./. 5 % Grunddividende (5 % von 600 000)	–30 000
./. 6 % Zusatzdividende (6 % von 600 000)	–36 000
./. 10 % Gesetzliche Gewinnreserve (10 % von 36 000)	–3 600
= Neuer Gewinnvortrag	400

c)

Journal 20_8

Datum	Text	Sollbuchung	Habenbuchung	Betrag
17.04.	Gesetzliche Reserven	Gewinnvortrag	Gesetzliche Gewinnreserve	3 600
17.04.	Statutarische Reserven	Gewinnvortrag	Freiwillige Gewinnreserven	20 000
17.04.	Dividenden	Gewinnvortrag	Dividenden	66 000
17.04.	Verrechnungssteuer	Dividenden	Kreditor VSt	23 100
20.04.	Auszahlung Nettodividenden	Dividenden	Bank	42 900
16.05.	Überweisung VSt	Kreditor VSt	Bank	23 100

d)

Aktienkapital	600 000
+ Gesetzliche Gewinnreserve	138 600
+ Freiwillige Gewinnreserven	285 000
+ Gewinnvortrag	400
= **Eigenkapital**	**1 024 000**

e)

Text	Sollbuchung	Habenbuchung	Betrag
Nettodividende (Bankgutschrift)	Bank	Beteiligungsertrag[1]	3 575
Verrechnungssteuer-guthaben	Debitor VSt	Beteiligungsertrag[1]	1 925

[1] Der Dividendenertrag kann auch über die Konten *Finanzertrag* oder *Wertschriftenertrag* gebucht werden.

23.08

Nr.	Aussage	Richtig	Begründung bei falscher Aussage
1	Zum Eigenkapital einer Aktiengesellschaft gehören das Aktienkapital, die Reserven, der Gewinnvortrag sowie die Dividenden.		Dividenden sind Fremdkapital, weil sie eine Schuld der Aktiengesellschaft gegenüber den Aktionären darstellen.
2	Für die Schulden der Aktiengesellschaft haftet nur das Gesellschaftsvermögen, sofern das Aktienkapital voll liberiert wurde. Die Aktionäre haften nicht mit ihrem Privatvermögen.	X	
3	Mit der Pflicht zur Reservenbildung will der Gesetzgeber den ausschüttungsfähigen Betrag vermindern und damit die Liquidität (Zahlungsbereitschaft) der Aktiengesellschaft fördern.	X	
4	Die gesetzlichen Reserven dürfen nur aufgelöst und an die Aktionäre ausgeschüttet werden, wenn sie weniger als 50 % des Aktienkapitals betragen.		Auflösung und Ausschüttung nur möglich, wenn sie die Hälfte des Aktienkapitals übersteigen.
5	Ein wichtiger Vorteil der Aktiengesellschaft ist die getrennte Besteuerung der Gesellschaft und der Aktionäre.		Diese Doppelbesteuerung ist ein wesentlicher Nachteil der Aktiengesellschaft.
6	Sofern eine Aktiengesellschaft ein Aktienkapital von Fr. 500 000 aufweist, müssen mindestens Fr. 50 000 einbezahlt sein.		Es müssen mindestens 20 % einbezahlt sein, das sind Fr. 100 000.
7	Für die Mehrheitsaktionäre werden oft Kontokorrentkonten geführt, deren Salden beim Abschluss der AG als kurzfristige Forderung oder Verbindlichkeit ausgewiesen werden.	X	
8	Als letzte Buchung eines Geschäftsjahrs wird der Gewinn (bzw. der Verlust) auf die Erfolgsrechnung übertragen.		Der Gewinn (bzw. der Verlust) wird auf das Gewinnvortragskonto übertragen. Die Buchung lautet: Erfolgsrechnung/Gewinnvortrag.
9	Die Namen der Aktionäre sind aus dem Handelsregister ersichtlich.		Die Aktionäre bleiben unbekannt (anonym).
10	Über die Gewinnverwendung einer Aktiengesellschaft entscheidet der Verwaltungsrat.		Die Generalversammlung entscheidet über die Gewinnverwendung. Der Verwaltungsrat unterbreitet einen Vorschlag.
11	Der Mindestnennwert einer Aktie beträgt einen Franken.		Der Mindestnennwert ist ein Rappen.
12	Für die Abwicklung der Gründungsbuchungen wird das Hilfskonto *Aktionäre* verwendet. Dieses Konto ist ein Passivkonto und erscheint nach der Gründung nicht mehr in der Bilanz.		Das Hilfskonto Aktionäre ist ein Aktivkonto. Das Konto stellt eine Forderung der zu gründenden Aktiengesellschaft an die künftigen Aktionäre dar.

23.09

a) Erfolgsrechnung/Gewinnvortrag (oder Verlustvortrag) 220 000

b)

Gewinnverwendungsplan 20_4

	Gewinnvortrag (Bilanzgewinn)	180 000
./.	Gesetzliche Gewinnreserve (5 % von 180[1])	–9 000
./.	5 % Grunddividende	–100 000
./.	3 % Zusatzdividende	–60 000
./.	10 % Gesetzliche Gewinnreserve	–6 000
=	Neuer Gewinnvortrag	5 000

c)

	Aktienkapital	2 000 000
+	Gesetzliche Gewinnreserve	315 000
+	Gewinnvortrag	5 000
=	**Eigenkapital**	**2 320 000**

d)

Text	Sollbuchung	Habenbuchung	Betrag
Nettodividende (Bankgutschrift)	Bank	Beteiligungsertrag[2]	2 080
Verrechnungssteuer-guthaben	Debitor VSt	Beteiligungsertrag[2]	1 120

23.10

a) Gewinnvortrag/Erfolgsrechnung 30.
Durch diese Buchung wird aus dem Gewinnvortrag von 5 ein Verlustvortrag von 25.

b)

Variante 1: Verlust vortragen

	Aktienkapital	300
+	Gesetzliche Gewinnreserve	50
./.	Verlustvortrag	–15
=	**Eigenkapital**	**335**

Variante 2: Verlust ausbuchen

	Aktienkapital	300
+	Gesetzliche Gewinnreserve	35
=	**Eigenkapital**	**335**

[1] Dieser Fall ist im Obligationenrecht nicht geregelt. Nach gängiger Wirtschaftspraxis darf für die Bildung von gesetzlichen Reserven der Verlustvortrag des Vorjahrs vom Jahresgewinn in Abzug gebracht werden. Vgl. Schweizer Handbuch der Wirtschaftsprüfung, Band 1, Kapitel 12.2.2.1, Zürich 2009.

Das Parlament arbeitet zurzeit an einer Revision des Obligationenrechts. In revOR 672 soll diese Gesetzeslücke geschlossen werden. Vorgesehen ist die obige Lösung.

[2] Der Dividendenertrag kann auch über die Konten *Finanzertrag* oder *Wertschriftenertrag* gebucht werden.

23.11

Bilanz 1: Unterbilanz mit gesetzlichen Folgen

Sofern die Hälfte des Aktienkapitals und der gesetzlichen Reserven nicht mehr gedeckt ist, muss der Verwaltungsrat unverzüglich eine Generalversammlung einberufen und ihr Sanierungsmassnahmen beantragen (OR 725 Abs. 1).

Bilanz 2: Überschuldung

Bei einer Überschuldung sind die Schulden (das Fremdkapital) grösser als das Vermögen (die Aktiven), d. h., der Verlustvortrag übersteigt das Aktienkapital und die gesetzlichen Reserven. In diesem Fall muss der Verwaltungsrat den Richter benachrichtigen, der grundsätzlich den Konkurs eröffnet (OR 725 Abs. 2 und OR 725a).

23.12

Text	Sollbuchung	Habenbuchung	Betrag
Zeichnung Aktienkapital mit Agio	Aktionäre	Aktienkapital	200 000
	Aktionäre	Gesetzliche Kapitalreserve	80 000
Liberierung	Bank	Aktionäre	280 000

23.13

Soll	Haben	Betrag
1020	7450	780
1176	7450	420

23.14

Journal 20_5

Nr.	Geschäftsfall	Sollbuchung	Habenbuchung	Betrag
1	Rechnungen an den Getränkekonzern für ausgeführte Transporte	Debitoren	Transportertrag	280
2	Vom Getränkekonzern bezahlte Rechnungen	Bank	Debitoren	270
3	Bankzahlungen für Personalaufwand	Personalaufwand	Bank	80
4	Rechnungen der Touring-Garage, Eglisau, für Dieselbezüge sowie Unterhalt und Reparaturen	Fahrzeugaufwand	Kreditoren	65
5	Gewinnverwendung gemäss Beschluss der Generalversammlung: ▶ Gesetzl. Reservenbildung 4 ▶ Dividendenzuweisung 20 ▶ Verrechnungssteuer 35 %	Gewinnvortrag	Gesetzliche Gewinnreserve	4
		Gewinnvortrag	Dividenden	20
		Dividenden	Kreditor VSt	7
6	Bankzahlung der Nettodividende an die Aktionäre	Dividenden	Bank	13
7	Überweisung der Verrechnungssteuer an die eidg. Steuerverwaltung	Kreditor VSt	Bank	7
8	Rechnungen für übrigen Aufwand	Übriger Aufwand	Kreditoren	70
9	Bankzahlungen an Kreditoren	Kreditoren	Bank	130
10	Bankbelastung für Darlehenszinsen (Zinstermin 31. 12., Zinsfuss 5 % p. a.)	Zinsaufwand	Bank	6
11	Teilrückzahlung Bankdarlehen	Bankdarlehen	Bank	30
12	Abschreibung Büroeinrichtung	Abschreibungen	Büroeinrichtung	2
13	Abschreibung Anhängerzug	Abschreibungen	Fahrzeuge	40
14	Verbuchung des Jahresgewinns	Erfolgsrechnung	Gewinnvortrag	17

Hauptbuch 20_5

Bank

A	13		80
	270		13
			7
			130
			30
			6
		S	**17**
	283		283

Debitoren

A	30		270
	280	S	**40**
	310		310

Büroeinrichtung

A	10		2
		S	**8**
	10		10

Fahrzeuge

A	210		40
		S	**170**
	210		210

A = Anfangsbestand

S = Saldo

Kreditoren

	130	A	3
			65
S	**8**		70
	138		138

Kreditor VSt

	7		7

Dividenden

	13		20
	7		
	20		20

Bankdarlehen

	30	A	120
S	**90**		
	120		120

Aktienkapital

S	**100**	A	100

Gesetzl. Gewinnreserve

		A	15
S	**19**		4
	19		19

Gewinnvortrag

	4	A	25
	20		17
S	**18**		
	42		42

Personalaufwand

	80	S	**80**

Fahrzeugaufwand

	65	S	**65**

Zinsaufwand

	6	S	**6**

Abschreibungen

	2		
	40	S	**42**
	42		42

Übriger Aufwand

	70	S	**70**

Transportertrag

S	**280**		280

Erfolgsrechnung 20_5

Personalaufwand	80	Transportertrag	280
Fahrzeugaufwand	65		
Zinsaufwand	6		
Abschreibungen	42		
Übriger Aufwand	70		
Gewinn	**17**		
	280		280

Schlussbilanz nach Gewinnverbuchung 31.12.20_5

Bank	17	Kreditoren	8
Debitoren	40	Bankdarlehen	90
Büroeinrichtung	8	Aktienkapital	100
Fahrzeuge	170	Gesetzl. Gewinnres.	19
		Gewinnvortrag	18
	235		235

23.50

Schlussbilanz vor Gewinnverbuchung 31.12.20_2

Aktiven			
Umlaufvermögen			
Kasse		4 320.00	
Anlagevermögen			
Sesselbahn	950 000.00		
Rutschbahn	760 000.00		
Pistenfahrzeug	450 000.00		
Beschneiungsanlagen	665 000.00		
Pistenbeleuchtung	190 000.00		
Diverse Anlagen	380 000.00	3 395 000.00	3 399 320.00
Passiven			
Fremdkapital			
Kreditoren	53 459.00		
Bank	401 861.00		
Darlehen	900 000.00	1 355 320.00	
Eigenkapital			
Aktienkapital		2 000 000.00	3 355 320.00
Gewinn			**44 000.00**

Schlussbilanz nach Gewinnverbuchung 31.12.20_2

Aktiven			
Umlaufvermögen			
Kasse		4 320.00	
Anlagevermögen			
Sesselbahn	950 000.00		
Rutschbahn	760 000.00		
Pistenfahrzeug	450 000.00		
Beschneiungsanlagen	665 000.00		
Pistenbeleuchtung	190 000.00		
Diverse Anlagen	380 000.00	3 395 000.00	3 399 320.00
Passiven			
Fremdkapital			
Kreditoren	53 459.00		
Bank	401 861.00		
Darlehen	900 000.00	1 555 320.00	
Eigenkapital			
Aktienkapital	2 000 000.00		
Gewinnvortrag	44 000.00	2 044 000.00	3 399 320.00

Erfolgsrechnung 20_2

Ertrag			
Ertrag Winter	339 370.00		
Ertrag Sommer	509 330.00	848 700.00	
Aufwand			
Personalaufwand	312 000.00		
Pachtaufwand	36 000.00		
Unterhalt und Reparaturen	32 625.00		
Versicherungsaufwand	22 400.00		
Energieaufwand	61 425.00		
Werbeaufwand	71 650.00		
Übriger Aufwand	48 140.00		
Zinsaufwand	15 460.00		
Abschreibung Sesselbahn	50 000.00		
Abschreibung Rutschbahn	40 000.00		
Abschreibung Pistenfahrzeuge	50 000.00		
Abschreibung Beschneiungsanlagen	35 000.00		
Abschreibung Pistenbeleuchtung	10 000.00		
Abschreibung diverse Anlagen	20 000.00		
Zinsaufwand	15 460.00	804 700.00	
Gewinn			**44 000.00**

Journal 20_2

Datum	Text	Beleg Nr.	Soll	Haben	Betrag
0	Eröffnungsbuchung Kasse		1000	9100	920.00
0	Eröffnungsbuchung Sesselbahn		1500	9100	1 000 000.00
0	Eröffnungsbuchung Rutschbahn		1501	9100	800 000.00
0	Eröffnungsbuchung Pistenfahrzeug		1502	9100	500 000.00
0	Eröffnungsbuchung Beschneiungsanlagen		1503	9100	700 000.00
0	Eröffnungsbuchung Diverse Anlagen		1505	9100	400 000.00
0	Eröffnungsbuchung Kreditoren		9100	2000	133 518.00
0	Eröffnungsbuchung Bank		9100	2100	267 402.00
0	Eröffnungsbuchung Darlehen		9100	2400	1 000 000.00
0	Eröffnungsbuchung Aktienkapital		9100	2800	2 000 000.00
1	Verkauf Tageskarten Winter		1000	3000	339 370.00
2	Verkauf Billette Sommer		1000	3100	509 330.00
3	Einzahlungen Bank		2100	1000	845 300.00
4	Personalaufwand		5000	2100	312 000.00
5	Pachtaufwand		6050	2100	36 000.00
6	Bankzinsen		6900	2100	15 460.00
7	Kauf Pistenbeleuchtung		1504	2000	200 000.00
8	Unterhalt und Reparaturen		6100	2000	32 625.00
9	Strom und Diesel		6400	2000	61 425.00
10	Kreditorenzahlungen		2000	2100	374 109.00
11	Versicherungsprämien		6300	2100	22 400.00
12	Rückzahlung Darlehen		2400	2100	100 000.00
13	Werbeaufwand		6600	2100	71 650.00
14	Diverser Aufwand		6700	2100	48 140.00
15	Abschreibung Sesselbahn		6800	1500	50 000.00
15	Abschreibung Rutschbahn		6801	1501	40 000.00
15	Abschreibung Pistenfahrzeuge		6802	1502	50 000.00
15	Abschreibung Beschneiungsanlage		6803	1503	35 000.00
15	Abschreibung Beleuchtungsanlage		6804	1504	10 000.00
15	Abschreibung diverse Anlagen		6805	1505	20 000.00
c)	Gewinnbuchung		9000	2970	44 000.00

Schlussbilanz vor Gewinnverbuchung 31. 12. 20_3

Aktiven			
Umlaufvermögen			
Kasse	3 520.00		
Debitoren	3 500.00	7 020.00	
Anlagevermögen			
Sesselbahn	900 000.00		
Rutschbahn	720 000.00		
Pistenfahrzeug	400 000.00		
Beschneiungsanlagen	630 000.00		
Pistenbeleuchtung	180 000.00		
Diverse Anlagen	360 000.00	3 190 000.00	3 197 020.00
Passiven			
Fremdkapital			
Kreditoren	71 645.00		
Bank	201 765.00		
Kreditor VSt	0.00		
Dividenden	0.00		
Darlehen	800 000.00	1 073 410.00	
Eigenkapital			
Aktienkapital	2 000 000.00		
Reserven	2 200.00		
Gewinnvortrag	1 800.00	2 004 000.00	3 077 410.00
Gewinn			**119 610.00**

Schlussbilanz nach Gewinnverbuchung 31.12.20_3

Aktiven			
Umlaufvermögen			
Kasse	3 520.00		
Debitoren	3 500.00	7 020.00	
Anlagevermögen			
Sesselbahn	900 000.00		
Rutschbahn	720 000.00		
Pistenfahrzeug	400 000.00		
Beschneiungsanlagen	630 000.00		
Pistenbeleuchtung	180 000.00		
Diverse Anlagen	360 000.00	3 190 000.00	3 197 020.00

Passiven			
Fremdkapital			
Kreditoren	71 645.00		
Bank	201 765.00		
Kreditor VSt	0.00		
Dividenden	0.00		
Darlehen	800 000.00	1 073 410.00	
Eigenkapital			
Aktienkapital	2 000 000.00		
Gesetzliche Gewinnreserve	2 200.00		
Gewinnvortrag	121 410.00	2 123 610.00	3 197 020.00

Erfolgsrechnung 20_3

Ertrag			
Ertrag Winter	354 022.00		
Ertrag Sommer	535 678.00	889 700.00	
Aufwand			
Personalaufwand	312 000.00		
Pachtaufwand	36 000.00		
Unterhalt und Reparaturen	28 301.00		
Versicherungsaufwand	22 400.00		
Energieaufwand	64 843.00		
Werbeaufwand	38 402.00		
Übriger Aufwand	44 390.00		
Abschreibung Sesselbahn	50 000.00		
Abschreibung Rutschbahn	40 000.00		
Abschreibung Pistenfahrzeuge	50 000.00		
Abschreibung Beschneiungsanlagen	35 000.00		
Abschreibung Pistenbeleuchtung	10 000.00		
Zinsaufwand	18 754.00	770 090.00	
Gewinn			**119 610.00**

Journal 20_3

Datum	Text	Beleg Nr.	Soll	Haben	Betrag
0	Eröffnungsbuchung Kasse		1000	9100	4 320.00
0	Eröffnungsbuchung Sesselbahn		1500	9100	950 000.00
0	Eröffnungsbuchung Rutschbahn		1501	9100	760 000.00
0	Eröffnungsbuchung Pistenfahrzeug		1502	9100	450 000.00
0	Eröffnungsbuchung Beschneiungsanl.		1503	9100	665 000.00
0	Eröffnungsbuchung Pistenbeleuchtung		1504	9100	190 000.00
0	Eröffnungsbuchung Diverse Anlagen		1505	9100	380 000.00
0	Eröffnungsbuchung Kreditoren		9100	2000	53 459.00
0	Eröffnungsbuchung Bank		9100	2100	401 861.00
0	Eröffnungsbuchung Darlehen		9100	2400	900 000.00
0	Eröffnungsbuchung Aktienkapital		9100	2800	2 000 000.00
0	Eröffnungsbuchung Gewinnvortrag		9100	2970	44 000.00
1	Verkauf Tageskarten Winter		1000	3000	281 622.00
2	Verkauf Tageskarten Carreisen		1100	3000	72 400.00
3	Debitorenzahlungen		2100	1100	68 900.00
4	Verkauf Billette Sommer		1000	3100	535 678.00
5	Einzahlungen Bank		2100	1000	818 100.00
6	Personalaufwand		5000	2100	312 000.00
7	Pachtaufwand		6050	2100	36 000.00
8	Bankzinsen		6900	2100	18 754.00
9	Reservenzuweisung		2970	2950	2 200.00
9	Dividendenzuweisung		2970	2260	40 000.00
10	Auszahlung Nettodividende		2260	2100	26 000.00
10	Verrechnungssteuer		2260	2206	14 000.00
11	Unterhalt und Reparaturen		6100	2000	28 301.00
12	Zahlung Verrechnungssteuer		2206	2100	14 000.00
13	Strom und Diesel		6400	2000	64 843.00
14	Kreditorenzahlungen		2000	2100	74 958.00
15	Versicherungsprämien		6300	2100	22 400.00
16	Rückzahlung Darlehen		2400	2100	100 000.00
17	Werbeaufwand		6600	2100	38 402.00
18	Diverser Aufwand		6700	2100	44 390.00
19	Abschreibung Sesselbahn		6800	1500	50 000.00
19	Abschreibung Rutschbahn		6801	1501	40 000.00
19	Abschreibung Pistenfahrzeuge		6802	1502	50 000.00
19	Abschreibung Beschneiungsanlage		6803	1503	35 000.00
19	Abschreibung Beleuchtungsanlage		6804	1504	10 000.00
19	Abschreibung diverse Anlagen		6805	1505	20 000.00
f)	Gewinnbuchung		9000	2970	119 610.00

Gesellschaft mit beschränkter Haftung

24.01

a) Bei der GmbH besteht ein Stammkapital, bei der Aktiengesellschaft ein Aktienkapital.

b)

Sollbuchung	Habenbuchung	Betrag
Erfolgsrechnung	Gewinnvortrag	15 000

c)

Gewinnverwendungsplan 20_2

	Gewinnvortrag (Bilanzgewinn)	18 500
./.	Gesetzliche Gewinnreserve (5 % von 15 000)	−750
./.	Grunddividende (5 % von 40 000)	−2 000
./.	Zusatzdividende (35 % von 40 000)	−14 000
./.	Gesetzliche Gewinnreserve (10 % von 14 000)	−1 400
=	Neuer Gewinnvortrag	350

d)

Journal und Konten 20_2 (Ausschnitt)

Datum	Text	Buchung	Kreditor VSt		Dividenden		Gesetzl. Gewinnres.		Gewinnvortrag	
01.01.	Anfangsbestände	Diverse Eröffnungsbuchungen						5 000		18 500
11.03.	Reservenzuweisung	Gewinnvortrag/ Gesetzl. Gewinnres.						2 150	2 150	
11.03.	Dividendenzuweisung	Gewinnvortrag/ Dividenden				16 000			16 000	
11.03.	Verrechnungssteuer	Dividenden/ Kreditor VSt		5 600	5 600					
13.03.	Auszahlung Nettodividenden	Dividenden/Bank			10 400					
09.04.	Überweisung VSt	Kreditor VSt	5 600							
09.04.	Neue Kontensalden	Keine Buchungen					**7 150**		**350**	
			5 600	5 600	16 000	16 000	7 150	7 150	18 500	18 500

e)

Sollbuchung	Habenbuchung	Betrag
Dividenden	Kontokorrent Gerber	5 200
Dividenden	Kontokorrent Sieber	5 200

f)

	Stammkapital	40 000
+	Gesetzliche Gewinnreserve	7 150
+	Gewinnvortrag	350
=	**Eigenkapital**	**47 500**

Lösungshinweis: Die Kontokorrentkonten der Gesellschafter gehören nicht zum Eigenkapital, weil die GmbH eine eigene Rechtspersönlichkeit besitzt. Die Kontokorrentkonten sind entweder eine kurzfristige Verbindlichkeit oder eine kurzfristige Forderung der GmbH gegenüber den Gesellschaftern.

g)

Sollbuchung	Habenbuchung	Betrag
Bank	Beteiligungsertrag	5 200
Debitor VSt	Beteiligungsertrag	2 800

24.02

a) Erfolgsrechnung/Gewinnvortrag 3000

b)

Gewinnverwendungsplan 20_7

	Gewinnvortrag (Bilanzgewinn)	3 300
./.	Grunddividende (5 % von 20 000)	−1 000
./.	Zusatzdividende (10 % von 20 000)	−2 000
./.	Gesetzliche Gewinnreserve (10 % von 2 000)	−200
=	Neuer Gewinnvortrag	100

c)

Journal und Konten 20_7 (Ausschnitt)

Datum	Text	Buchung	Kreditor VSt		Dividenden		Gesetzl. Gewinnres.		Gewinnvortrag	
01.01.	Anfangsbestände	Diverse Eröffnungsbuchungen						4 600		3 300
10.05.	Reservenzuweisung	Gewinnvortrag/Gesetzliche Gewinnreserve						200	200	
10.05.	Dividendenzuweisung	Gewinnvortrag/Dividenden				3 000			3 000	
10.05.	Verrechnungssteuer	Dividenden/Kreditor VSt		1 050	1 050					
11.05.	Auszahlung Nettodividenden	Dividenden/Bank			1 950					
10.06.	Überweisung VSt	Kreditor VSt/Bank	1 050							
10.06.	Neue Kontensalden	Keine Buchungen					**4 800**		**100**	
			1 050	1 050	3 000	3 000	4 800	4 800	3 300	3 300

d)

	Stammkapital	20 000
+	Gesetzliche Gewinnreserve	4 800
+	Gewinnvortrag	100
=	**Eigenkapital**	**24 900**

e) Bank/Beteiligungsertrag 1170
Debitor VSt/Beteiligungsertrag 630

f) Auf den ersten Blick scheint der Jahresgewinn gering zu sein.

- Es ist aber zu berücksichtigen, dass die Gesellschafter einer GmbH meistens aktiv im Geschäft mitarbeiten und dafür bereits einen Lohn bezogen haben, der von der GmbH als Aufwand erfasst wurde.
- Der Gewinn beträgt 12 % des Eigenkapitals per Anfang Geschäftsjahr, was eine gute Eigenkapitalrendite darstellt. (Eigenkapitalrendite = Gewinn in Prozenten des Eigenkapitals = 3000 : 24 900 = 12 %.)

g) Die GmbH hat im Wesentlichen dieselben Vor- und Nachteile wie die Aktiengesellschaft:

- Der wichtigste Vorteil ist die beschränkte Haftung: Für die Schulden haftet nur die Gesellschaft mit ihrem Vermögen. Die Gesellschafter haften grundsätzlich nicht mit ihrem Privatvermögen.
- Der Hauptnachteil ist die Doppelbesteuerung von GmbH (Gewinn und Eigenkapital) und Gesellschafter (Dividenden und Stammanteile).

24.03

Es bestehen folgende Mängel:

- Eine GmbH erlangt ihre Rechtspersönlichkeit erst durch den Eintrag ins Handelsregister (OR 779 Abs. 1). Diese GmbH besteht in Wirklichkeit gar nicht, sondern es handelt sich rechtlich um eine Kollektivgesellschaft oder allenfalls um eine einfache Gesellschaft.
- Der Firmenname einer Gesellschaft mit beschränkter Haftung muss in allen Fällen die Bezeichnung *GmbH* enthalten (OR 949 Abs. 2), hier also zum Beispiel *Koch & Lirk GmbH*.
- In der Übersicht über das Eigenkapital sind die Fr. 15 000 als *Stammkapital* zu bezeichnen.
- Das Stammkapital muss mindestens Fr. 20 000 betragen (OR 773).
- Das Stammkapital muss voll liberiert werden (OR 777c Abs. 1).
- Die Stammanteile müssen mindestens Fr. 100 betragen (OR 774).
- Die Gesellschafterversammlung muss innerhalb von sechs Monten nach dem Jahresabschluss stattfinden (OR 809 Abs. 1).
- Es darf nicht der gesamte Gewinn ausgeschüttet werden. Das Obligationenrecht verlangt in OR 801 (wie bei der Aktiengesellschaft) grundsätzlich eine erste Reservenzuweisung von 5 % des Jahresgewinns und eine zweite Reservenzuweisung von 10 % der Zusatzdividenden.
- Bei der Gewinnausschüttung muss die GmbH 35 % Verrechnungssteuern abziehen und an die eidg. Steuerverwaltung überweisen.
- Die GmbH ist als juristische Person unabhängig vom Umsatz buchführungspflichtig (OR 957).

24.04

Nr.	Frage	Einzelunternehmung	Kollektivgesellschaft
1	Aus welchen Positionen besteht das Eigenkapital in der Schlussbilanz nach Gewinnverbuchung?	Eigenkapital	Kapital Müller Kapital Meier Privat Müller Privat Meier
2	Mit welcher Buchung wird der Jahresgewinn auf das Eigenkapital übertragen (Gewinnverbuchung)?	Erfolgsrechnung/Eigenkapital	Erfolgsrechnung/Privat Müller Erfolgsrechnung/Privat Meier
3	Mit welchen Buchungen werden die Gewinnauszahlungen erfasst?	Privat/Flüssige Mittel	Privat Müller/Flüssige Mittel Privat Meier/Flüssige Mittel
4	Wie erfolgt die Besteuerung von Gewinn und Eigenkapital der Unternehmung?	Geschäfts- und Privateinkommen bzw. Geschäfts- und Privatvermögen des Unternehmers werden zusammengezählt und als Ganzes besteuert.	Geschäfts- und Privateinkommen bzw. Geschäfts- und Privatvermögen werden für jeden einzelnen Gesellschafter zusammengezählt und als Ganzes besteuert.
5	Weshalb unterliegen die einen Gewinnauszahlungen der Verrechnungssteuer und andere nicht?	Keine VSt, weil Geschäfts- und Privateinkommen zusammengezählt und als Ganzes besteuert werden.	Keine VSt, weil Geschäfts- und Privateinkommen für jeden einzelnen Gesellschafter zusammengezählt und als Ganzes besteuert werden.
6	Wie haften der Unternehmer bzw. die Gesellschafter für die Schulden ihrer Unternehmung?	Der Unternehmer haftet unbeschränkt mit seinem Privatvermögen.	Die Gesellschafter haften subsidiär, solidarisch, unbeschränkt mit ihrem Privatvermögen.
7	Welche Personen (Unternehmer bzw. Gesellschafter) werden im Handelsregister mit Namen aufgeführt?	Der Unternehmer.	Die Kollektivgesellschafter.
8	Wie wird das Privatkonto bilanziert?	Das Privatkonto wird vor dem Abschluss aufs Eigenkapital übertragen und erscheint nicht in der Bilanz.	Die Privatkonten werden in der Bilanz meist als Teil des Eigenkapitals offen ausgewiesen.

AG	GmbH
Aktienkapital Gesetzliche Kapitalreserve Gesetzliche Gewinnreserve Freiwillige Gewinnreserven Gewinnvortrag	Stammkapital Gesetzliche Kapitalreserve Gesetzliche Gewinnreserve Freiwillige Gewinnreserven Gewinnvortrag
Erfolgsrechnung/Gewinnvortrag	Erfolgsrechnung/Gewinnvortrag
Gewinnvortrag/Dividenden Dividenden/Kreditor VSt 35 % Dividenden/Flüssige Mittel 65 %	Gewinnvortrag/Dividenden Dividenden/Kreditor VSt 35 % Dividenden/Flüssige Mittel 65 %
Die AG und die Aktionäre werden getrennt besteuert, und es erfolgt eine Doppelbesteuerung: ▶ Die AG zahlt Steuern auf dem Gewinn und dem Eigenkapital. ▶ Die Aktionäre zahlen Steuern auf den Dividenden und dem Vermögen (Wert der Aktien).	Die GmbH und die Gesellschafter werden getrennt besteuert, und es erfolgt eine Doppelbesteuerung: ▶ Die GmbH zahlt Steuern auf dem Gewinn und dem Eigenkapital. ▶ Die Gesellschafter zahlen Steuern auf den Dividenden und dem Vermögen (Wert der Stammanteile).
VSt-Abzug, weil die AG eine eigene Rechtspersönlichkeit (juristische Person) aufweist und getrennt von den Aktionären besteuert wird.	VSt-Abzug, weil die GmbH eine eigene Rechtspersönlichkeit (juristische Person) aufweist und getrennt von den Gesellschaftern besteuert wird.
Für die Schulden haftet nur das Vermögen der AG, und die Gesellschafter (Aktionäre) haften nicht mit ihrem Privatvermögen.	Für die Schulden haftet nur das Vermögen der GmbH, und die Gesellschafter haften nicht mit ihrem Privatvermögen.
Keine. (Die Namen der Aktionäre werden grundsätzlich nicht veröffentlicht.)	Die Gesellschafter.
Kontokorrentkonten werden manchmal für Hauptaktionäre geführt. Sie sind als kurzfristige Forderungen oder Schulden auszuweisen.	Kontokorrentkonten sind als kurzfristige Forderungen oder Schulden auszuweisen.

24.05

a) Erfolgsrechnung/Gewinnvortrag 13 000

b)

Gewinnverwendungsplan 20_5

	Gewinnvortrag (Bilanzgewinn)	13 700
./.	Erste gesetzliche Reservenzuweisung (5 % von 13 000)	−650
./.	Grunddividende (5 % von 50 000)	−2 500
./.	Zusatzdividende (19 % von 50 000)	−9 500
./.	Zweite gesetzliche Reservenzuweisung (10 % von 9 500)	−950
=	Neuer Gewinnvortrag	100

c)

	Stammkapital	50 000
+	Gesetzliche Gewinnreserve	7 600
+	Freiwillige Gewinnreserven	10 000
+	Gewinnvortrag	100
=	**Eigenkapital**	67 700

d) Durch die Dividendenausschüttung bzw. die Überweisung der Verrechnungssteuer sinken die flüssigen Mittel um Fr. 12 000, so dass der Bestand nur noch Fr. 500 beträgt (unter Vernachlässigung anderer Geschäftsfälle in jenem Zeitraum).

e) Es könnte eine Dividende von 27 % ausgeschüttet werden, das sind Fr. 13 500.

f) Mit der Pflicht zur Reservenbildung bezweckt der Gesetzgeber, dass ein Teil des Gewinns nicht an die Gesellschafter ausgeschüttet werden darf, sondern in Form von gesetzlichen Gewinnreserven in der Gesellschaft zurückbehalten werden muss. Dies führt zur Stärkung der Gesellschaft, indem weniger flüssige Mittel für die Dividendenausschüttung verwendet werden. Ausserdem wird die Eigenkapitalbasis gestärkt (so genannte Selbstfinanzierung).

In Beispiel e) übersteigt die Dividendenausschüttung den Bestand an flüssigen Mitteln.

24.06

a)

Gewinnverwendungsplan 20_3

	Gewinnvortrag (Bilanzgewinn)	7 200
./.	Erste gesetzliche Reservenzuweisung (5 % von 7 200)	–360
./.	Grunddividende (5 % von 20 000)	–1 000
./.	Zusatzdividende (26 % von 20 000)	–5 200
./.	Zweite gesetzliche Reservenzuweisung (10 % von 5 200)	–520
=	Neuer Gewinnvortrag	120

b)

Soll	Haben	Betrag
1020	7450	1612
1176	7450	868

c) Der Stammanteil beträgt Fr. 8000.

Berechnung: Die Dividende (inkl. Verrechnungssteuer) beträgt Fr. 2 480, was 31 % des Stammkapitals entspricht. Stammanteil = 2480 : 31 % · 100 % = 8000.

Abschreibungen

25.01

Aktivum	Ursachen für Wertverluste
Maschine	Abnützung, technischer Fortschritt
Computer	Technologischer Fortschritt
Flüssige Mittel in fremder Währung	Sinkende Wechselkurse
Fahrzeuge	Abnützung, technischer Fortschritt, Mode, Unfälle
Kupfermine	Ausbeutung (Abbau)
Patente	Ablauf des Patentschutzes
Aktien in CHF	Sinkende Börsenkurse
Milchkuh	Alter der Kuh, abnehmende Milchmenge, sinkende Milchpreise
Debitoren in CHF	Zahlungsunfähigkeit der Kunden
Waren- und Fabrikatevorräte	Verderb (z.B. Lebensmittel, pharmazeutische Produkte), Demodierung (z.B. Kleider), Ladenhüter (schwer oder gar nicht mehr verkäufliche Ware)
Fussballspieler	Verletzungen, Vertragsablauf, macht keine Goals mehr

25.02

a) Käufe werden zum Anschaffungswert verbucht. Der Buchungssatz lautet: Maschinen/Kreditoren Fr. 200 000.–

b) Die Aktiven (Anlagevermögen) nehmen ab. Der Aufwand nimmt zu, sodass der Erfolg kleiner wird.

c) ▶ Anschaffungswert
▶ Nutzungsdauer
▶ Liquidationswert am Ende der Nutzungsdauer

d) Abschreibungssatz = 100 % : 5 Jahre = 20 % p. a.

e)

Lineare Abschreibung: Abschreibungssatz = 20 % des Anschaffungswertes

Jahr	Buchwert Anfang Jahr	Abschreibungsbetrag	Buchwert Ende Jahr
1	Fr. 200 000.–	20 % von Fr. 200 000.– = Fr. 40 000.–	Fr. 160 000.–
2	Fr. 160 000.–	20 % von Fr. 200 000.– = Fr. 40 000.–	Fr. 120 000.–
3	Fr. 120 000.–	20 % von Fr. 200 000.– = Fr. 40 000.–	Fr. 80 000.–
4	Fr. 80 000.–	20 % von Fr. 200 000.– = Fr. 40 000.–	Fr. 40 000.–
5	Fr. 40 000.–	20 % von Fr. 200 000.– = Fr. 40 000.–	Fr. 0.–

f)

Degressive Abschreibung: Abschreibungssatz = 40 % des Buchwertes

Jahr	Buchwert Anfang Jahr	Abschreibungsbetrag	Buchwert Ende Jahr
1	Fr. 200 000.–	40 % von Fr. 200 000.– = Fr. 80 000.–	Fr. 120 000.–
2	Fr. 120 000.–	40 % von Fr. 120 000.– = Fr. 48 000.–	Fr. 72 000.–
3	Fr. 72 000.–	40 % von Fr. 72 000.– = Fr. 28 800.–	Fr. 43 200.–
4	Fr. 43 200.–	40 % von Fr. 43 200.– = Fr. 17 280.–	Fr. 25 920.–
5	Fr. 25 920.–	40 % von Fr. 25 920.– = Fr. 10 368.–	Fr. 15 552.–

g)

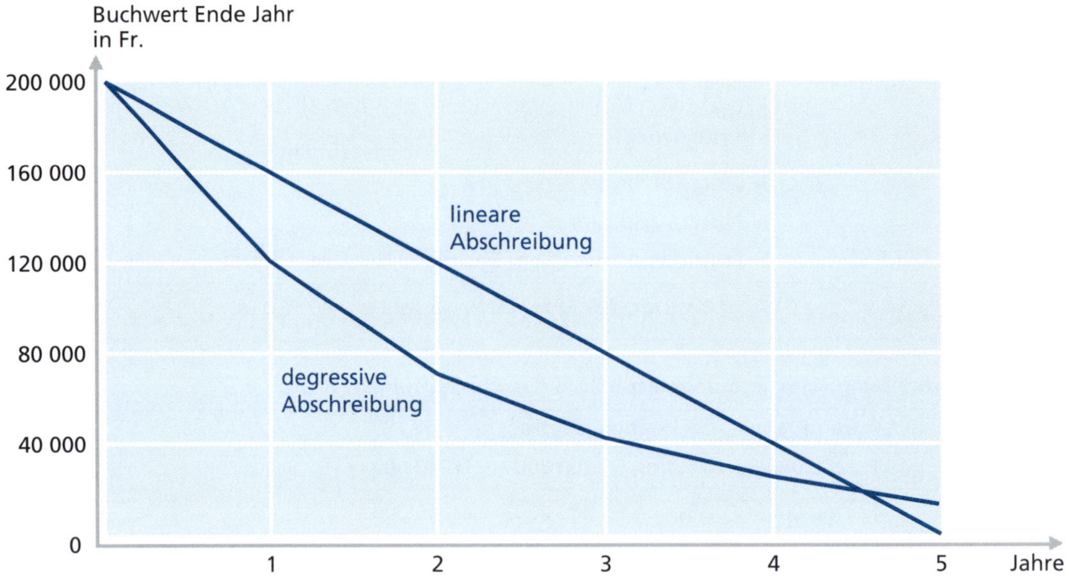

h) Ab dem dritten Jahr (lineare Abschreibung = Fr. 40 000.–, degressive Abschreibung = Fr. 28 800.–)

i) Da die Bezugsgrösse (Buchwert) immer kleiner wird, muss ein höherer Prozentsatz gewählt werden, damit bis Ende der Nutzungsdauer etwa gleich viel abgeschrieben ist. Rein rechnerisch ist dies in den meisten Fällen der doppelte Prozentsatz. Diese Lösung entspricht auch der gängigen Praxis im Steuerrecht.

k) Da der Buchwert der Maschine am Ende der Nutzungsdauer Fr. 0.– betragen muss, wird man in der Praxis im fünften Jahr eine grössere Abschreibung vornehmen. Hier müsste der Abschreibungsbetrag im fünften Jahr Fr. 25 920.– betragen.

l) Die Wahl des Verfahrens hängt von verschiedenen Überlegungen ab:

- Im Normalfall vermindert sich der Nutzungswert einer Maschine gleichmässig, weshalb betriebswirtschaftlich betrachtet lineare Abschreibungen meist zweckmässig sind.
- Sofern sich der Nutzungswert einer Sachanlage ausnahmsweise am Anfang der Nutzungsdauer rascher vermindert als gegen Ende der Nutzungsdauer, so kann diesem Umstand durch eine degressive Abschreibung besser Rechnung getragen werden.
- Steuerplanung: Die Abschreibungen gelten bei den Steuern als abzugsfähiger Aufwand. Oft wählen Unternehmungen deshalb die degressive Abschreibung, um den steuerbaren Gewinn möglichst rasch zu vermindern (allerdings mit dem Nachteil, dass die Abschreibungen in den Folgejahren entsprechend kleiner sind).

Daraus lässt sich schliessen, dass die Wahl des Abschreibungsverfahrens von der konkreten Problemstellung abhängt.

25.03

a) Direkte Abschreibung

1. Jahr

Fahrzeug

A	80 000		25 000
		S	**55 000**
	80 000		80 000

Abschreibungen

	25 000	S	**25 000**

Schlussbilanz 31. 12. 20_1

Fahrzeug	55 000	

Erfolgsrechnung 20_1

Abschreibung	25 000	

2. Jahr

Fahrzeug

A	55 000		25 000
		S	**30 000**
	55 000		55 000

Abschreibungen

	25 000	S	**25 000**

Schlussbilanz 31. 12. 20_2

Fahrzeug	30 000	

Erfolgsrechnung 20_2

Abschreibung	25 000	

3. Jahr

Fahrzeug

A	30 000		25 000
		S	**5 000**
	30 000		30 000

Abschreibungen

	25 000	S	**25 000**

Schlussbilanz 31. 12. 20_3

Fahrzeug	5 000	

Erfolgsrechnung 20_3

Abschreibung	25 000	

b) Indirekte Abschreibung

1. Jahr

Fahrzeug

A	80 000	S	**80 000**

Wertberichtigung Fahrzeug

S	**25 000**		25 000

Abschreibungen

	25 000	S	**25 000**

Schlussbilanz 31.12.20_1

Fahrzeug	80 000		
./. Wertberichtigung	−25 000	55 000	

Erfolgsrechnung 20_1

Abschreibung 25 000	

2. Jahr

Fahrzeug

A	80 000	S	**80 000**

Wertberichtigung Fahrzeug

		A	25 000
S	**50 000**		25 000
	50 000		50 000

Abschreibungen

	25 000	S	**25 000**

Schlussbilanz 31.12.20_2

Fahrzeug	80 000		
./. Wertberichtigung	−50 000	30 000	

Erfolgsrechnung 20_2

Abschreibung 25 000	

3. Jahr

Fahrzeug

A	80 000	S	**80 000**

Wertberichtigung Fahrzeug

		A	50 000
S	**75 000**		25 000
	75 000		75 000

Abschreibungen

	25 000	S	**25 000**

Schlussbilanz 31.12.20_3

Fahrzeug	80 000		
./. Wertberichtigung	−75 000	5 000	

Erfolgsrechnung 20_3

Abschreibung 25 000	

25.04

a)

Direkte Abschreibung

Datum	Text	Buchung	Maschinen Soll	Maschinen Haben	Abschreibungen Soll	Abschreibungen Haben
01.01.20_3	Eröffnung	Maschinen/Bilanz	68			
31.12.20_3	Abschreibung	Abschreibungen/Maschinen		16	16	
31.12.20_3	Abschluss	Bilanz/Maschinen		**52**		
		Erfolgsrechnung/Abschreibungen				**16**
			68	68	16	16

Indirekte Abschreibung

Datum	Text	Buchung	Maschinen Soll	Maschinen Haben	WB Maschinen Soll	WB Maschinen Haben	Abschreibungen Soll	Abschreibungen Haben
01.01.20_3	Eröffnung	Maschinen/Bilanz	100					
		Bilanz/WB Maschinen				32		
31.12.20_3	Abschreibung	Abschreibungen/WB Maschinen				16	16	
31.12.20_3	Abschluss	Bilanz/Maschinen		**100**				
		WB Maschinen/Bilanz			**48**			
		Erfolgsrechnung/Abschreibungen						**16**
			100	100	48	48	16	16

b)

Direkte Abschreibung

Schlussbilanz 31.12.20_3

Aktiven		Passiven	
Maschinen	52		

Indirekte Abschreibung

Schlussbilanz 31.12.20_3

Aktiven			Passiven	
Maschinen	100			
./. WB Maschinen	−48	52		

c) Die direkte Abschreibungsmethode ist einfacher.

Die indirekte Abschreibungsmethode ist übersichtlicher und informativer: In der Bilanz sind der Anschaffungswert, die kumulierten Abschreibungen und der Buchwert sichtbar.

25.05

Lineare Abschreibung

Datum	Text	Buchung	Mobiliar		WB Mobiliar		Abschreibungen	
01.01.20_3	Eröffnung	Mobiliar/Bilanz	320					
		Bilanz/WB Mobiliar				80		
31.12.20_3	Abschreibung	Abschreibungen/WB Mobiliar				40	40	
31.12.20_3	Abschluss	Bilanz/Mobiliar		**320**				
		WB Mobiliar/Bilanz			**120**			
		Erfolgsrechnung/Abschreibungen						**40**
			320	320	120	120	40	40

Degressive Abschreibung

Datum	Text	Buchung	Mobiliar		WB Mobiliar		Abschreibungen	
01.01.20_3	Eröffnung	Mobiliar/Bilanz	320					
		Bilanz/WB Mobiliar				140		
31.12.20_3	Abschreibung	Abschreibungen/WB Mobiliar				45	45	
31.12.20_3	Abschluss	Bilanz/Mobiliar		**320**				
		WB Mobiliar/Bilanz			**185**			
		Erfolgsrechnung/Abschreibungen						**45**
			320	320	185	185	45	45

25.06

Maschinen/WB Maschinen 160 000

25.07

Linear: 2 % von Fr. 2 000 000 = Fr. 40 000

Degressiv: 4 % von Fr. 1 843 200 = Fr. 73 728

25.08

a)

Fall 1: Linear, direkt

Abschreibungen/EDV-Anlage 8000

Schlussbilanz per 31. 12. 20_3

Aktiven		Passiven
EDV-Anlage	16 000	

Fall 2: Degressiv, direkt

Abschreibungen/EDV-Anlage 5760

Schlussbilanz per 31. 12. 20_3

Aktiven		Passiven
EDV-Anlage	8 640	

Fall 3: Linear, indirekt

Abschreibungen/WB EDV-Anlage 8000

Schlussbilanz per 31. 12. 20_3

Aktiven			Passiven
EDV-Anlage	40 000		
./. WB EDV-Anlage	–24 000	16 000	

Fall 4: Degressiv, indirekt

Abschreibungen/WB EDV-Anlage 5760

Schlussbilanz per 31. 12. 20_3

Aktiven			Passiven
EDV-Anlage	40 000		
./. WB EDV-Anlage	–31 360	8 640	

b) Die Abschreibungsbeträge unterscheiden sich nicht. Direkt oder indirekt ist nur eine Darstellungsmethode.

c) Bei der indirekten Methode zeigt die Bilanz immer die ursprünglichen Anschaffungswerte, die kumulierten Abschreibungen sowie den Buchwert. Bei der direkten Abschreibung ist aus der Bilanz lediglich der Buchwert ersichtlich.

d) Die Abschreibungsbeträge sind bei degressiver Abschreibung zwar am Anfang höher. Da indes die Abschreibungsbeträge im Verlaufe der Nutzungsdauer laufend abnehmen, wird rein rechnerisch nie ein Restwert von 0 erreicht. (In der Praxis wird am Ende der Nutzungsdauer der gesamte verbleibende Restwert ausgebucht.)

25.09

a)

Maschine

Anfangsbestand	170	Abschreibung	40
		Saldo	**130**
	170		170

b)

Maschine

Anfangsbestand	250	**Saldo**	**250**

WB Maschine

		Anfangsbestand	80
Saldo	**120**	Abschreibung	40
	120		120

25.10

a)

Korrektur mittels einer Buchung

Text	Sollkonto	Habenkonto	Betrag
Korrekturbuchung	Fahrzeuge	WB Fahrzeuge	11 000

Korrektur mittels zweier Buchungen

Text	Sollkonto	Habenkonto	Betrag
Storno	Fahrzeuge	Abschreibungen	11 000
Richtigbuchung	Abschreibungen	WB Fahrzeuge	11 000

b) In der Praxis werden Fehlbuchungen storniert, weil dies übersichtlicher ist.

25.11

a)

Journal / **Hauptbuchkonten**

Datum	Text	Buchung	Maschinen Soll	Maschinen Haben	WB Maschinen Soll	WB Maschinen Haben	Abschreibungen Soll	Abschreibungen Haben
01.01.	Eröffnung	Maschinen/Bilanz	800					
		Bilanz/WB Maschinen				300		
03.01.	Verkauf Maschine	Bank/Maschinen		6				
	Ausbuchung WB	WB Maschinen/Maschinen		64	64			
01.07.	Kauf Maschine	Maschinen/Kreditoren	93					
02.07.	Bezugskosten	Maschinen/Kreditoren	7					
31.12.	Abschreibung	Abschreibungen/WB Maschinen				78	78[1]	
31.12.	Abschluss	Bilanz/Maschinen		**830**				
		WB Maschinen/Bilanz			**314**			
		Erfolgsrechnung/Abschreibungen						**78**
			900	900	378	378	78	78

b)

	Anschaffungswerte	830
./.	Wertberichtigung (kumulierte Abschreibungen)	–314
=	Buchwert	516

c) Der Saldo wäre 516. Der Betrag entspricht dem bei b) ermittelten Buchwert.

[1] Der Abschreibungsbetrag errechnet sich wie folgt:

	10 % der Anschaffungswerte Anfang Jahr ohne verkaufte Maschine (800 – 70)	73
+	10 % des Anschaffungswerts der neuen Maschine : 2 (weil halbes Jahr)	5
=	Abschreibungsbetrag	78

25.12

Direkte Abschreibung

Datum	Text	Buchung	Maschinen		Abschreibungen	
01.01.	Eröffnung	Diverse	150			
20.05.	Kauf Maschine	Maschinen/Kreditoren	70			
14.10.	Verkauf Maschine	Bank/Maschinen		8		
	Veräusserungs-verlust	Abschreibungen/Maschinen[1]		2	2	
31.12.	Abschreibungen	Abschreibungen/Maschinen		30	30	
31.12.	Abschluss	Diverse		**180**		**32**
			220	220	32	32

Indirekte Abschreibung

Datum	Text	Buchung	Maschinen		WB Maschinen		Abschreibungen	
01.01.	Eröffnung	Diverse	400			250		
20.05.	Kauf Maschine	Maschinen/Kreditoren	70					
14.10.	Verkauf Maschine	Bank/Maschinen		8				
	Veräusserungs-verlust	Abschreibungen/WB Maschinen[1]				2	2	
	Ausbuchung WB	WB Maschinen/Maschinen		92	92			
31.12.	Abschreibung	Abschreibungen/WB Maschinen				30	30	
31.12.	Abschluss	Diverse		**370**	**190**			**32**
			470	470	282	282	32	32

[1] Sofern es sich bei einem **Veräusserungsverlust** um ein einmaliges Ereignis mit wesentlichem Betrag handelt, würde dieser als ausserordentlicher Aufwand erfasst. Die genannten Merkmale sind hier nicht gegeben, so dass die Verbuchung über den ordentlichen Abschreibungsaufwand richtig ist.

25.13

Direkte Abschreibung

Datum	Text	Buchung	Fahrzeuge		Abschreibungen	
01.01.	Eröffnung	Diverse	180			
20.05.	Kauf Fahrzeug	Fahrzeuge/Kreditoren	70			
14.10.	Verkauf Fahrzeug	Bank/Fahrzeuge		11		
	Veräusserungs-gewinn	Fahrzeuge/Abschreibungen[1]	1			1
31.12.	Abschreibungen	Abschreibungen/Fahrzeuge		60	60	
31.12.	Abschluss	Diverse		**180**		**59**
			251	251	60	60

Indirekte Abschreibung

Datum	Text	Buchung	Fahrzeuge		WB Fahrzeuge		Abschreibungen	
01.01.	Eröffnung	Diverse	300			120		
20.05.	Kauf Fahrzeuge	Fahrzeuge/Kreditoren	70					
14.10.	Verkauf Fahrzeuge	Bank/Fahrzeuge		11				
	Veräusserungs-gewinn	WB Fahrzeuge/Abschreibungen[1]			1			1
	Ausbuchung WB	WB Fahrzeuge/Fahrzeuge		39	39			
31.12.	Abschreibung	Abschreibungen/WB Fahrzeuge				60	60	
31.12.	Abschluss	Diverse		**320**	**140**			**59**
			370	370	180	180	60	60

[1] Sofern es sich bei einem Veräusserungsgewinn um ein einmaliges Ereignis mit wesentlichem Betrag handelt, würde dieser als **ausserordentlicher Ertrag** erfasst. Die genannten Merkmale sind hier nicht gegeben, so dass die Verbuchung als Verminderung des ordentlichen Abschreibungsaufwands ordnungsmässig ist.

25.14

Verkaufserlös	Direkte Abschreibung		Indirekte Abschreibung	
Fr. 14 000	Kasse/Fahrzeuge	14 000	Kasse/Fahrzeuge	14 000
			WB Fahrzeuge/Fahrzeuge	36 000
Fr. 12 000	Kasse/Fahrzeuge	12 000	Kasse/Fahrzeuge	12 000
	Abschreibungen/Fahrzeuge	2 000	Abschreibungen/WB Fahrzeuge	2 000
			WB Fahrzeuge/Fahrzeuge	38 000
Fr. 17 000	Kasse/Fahrzeuge	17 000	Kasse/Fahrzeuge	17 000
	Fahrzeuge/Veräusserungsgewinne[1]	3 000	WB Fahrzeuge/Abschreibungen[1]	3 000
			WB Fahrzeuge/Fahrzeuge	33 000

25.15

Direkte Abschreibung

Debitoren/Fahrzeuge	37 000
Abschreibungen/Fahrzeuge	3 000

Indirekte Abschreibung

Debitoren/Fahrzeuge	37 000
Abschreibungen/WB Fahrzeuge	3 000
WB Fahrzeuge/Fahrzeuge	53 000

25.16

Text	Sollkonto	Habenkonto	Betrag
Kauf Auto	Fahrzeuge	Kreditoren	54 000
Anrechnung altes Auto	Kreditoren	Fahrzeuge	15 000
Veräusserungsverlust altes Auto	Abschreibungen	WB Fahrzeuge	2 000
Ausbuchung Wertberichtigung altes Auto	WB Fahrzeuge	Fahrzeuge	30 000
Baranzahlung	Kreditoren	Kasse	20 000
Restzahlung nach 30 Tagen	Kreditoren	Bank	19 000

[1] Oder: ausserordentlicher Ertrag.

25.17

Nr.	Text	Buchung	Kreditoren Soll	Kreditoren Haben
1	Die Rechnung für den Kauf einer Maschine aus den USA von USD 20 000.– wird zum Kurs von CHF –.95/USD verbucht.	Maschinen/Kreditoren		19 000
2	Die Rechnung wird zwei Monate später mittels Banküberweisung von USD 20 000.– bezahlt. Die Bank belastet den Betrag zum Kurs von CHF –.90/USD.	Kreditoren/Bank	18 000	
3	Verbuchung der Kursdifferenz	Kreditoren/Maschinen	1 000	
			19 000	19 000

25.18

Nr.	Text	Buchung	Kreditoren Soll	Kreditoren Haben
1	Die Rechnung für den Kauf eines Spezialfahrzeugs aus Frankreich von EUR 50 000.– wird zum Kurs von CHF 1.20/EUR verbucht.	Fahrzeuge/Kreditoren		60 000
2	Der Lieferant gewährt nachträglich einen Rabatt von 4 %. Die Gutschrift ist zum Kurs von CHF 1.20/EUR zu verbuchen.	Kreditoren/Fahrzeuge	2 400	
3	Die Rechnung wird nach 30 Tagen per Bank unter Anwendung eines Tageskurses von CHF 1.24/EUR beglichen.	Kreditoren/Bank	59 520	
4	Verbuchung der Kursdifferenz	Fahrzeuge/Kreditoren		1 920
			61 920	61 920

25.19

Text	Soll	Haben	Betrag
Rechnung	Werkzeuge (Anlagevermögen)	Kreditoren	12 500
Zahlung	Kreditoren	Bank	12 000
Kursgewinn	Kreditoren	Werkzeuge (Anlagevermögen)	500

25.20

Nr.	Frage	Lineare Abschreibung (Abschreibungssatz 20 %)	Degressive Abschreibung (Abschreibungssatz 40 %)
1	Auf welche Werte beziehen sich die genannten Abschreibungssätze?	Immer auf den Anschaffungswert.	Immer auf den Buchwert (wobei im 1. Jahr der Buchwert dem Anschaffungswert entspricht).
2	Wie hoch ist der Abschreibungsbetrag im 2. Jahr?	Fr. 40 000.–	Fr. 48 000.–
3	Weshalb werden die Verfahren linear bzw. degressiv genannt?	Weil der Abschreibungsbetrag von Jahr zu Jahr gleich bleibt, sodass die Entwertung der Anlage grafisch als Linie erscheint.	Weil der Abschreibungsbetrag von Jahr zu Jahr abnimmt.
4	Wie lautet der Buchungssatz mit Betrag für die Abschreibung im 2. Jahr, wenn direkt abgeschrieben wird?	Abschreibung/ Maschinen 40 000	Abschreibung/ Maschinen 48 000
5	Wie lautet der Buchungssatz mit Betrag für die Abschreibung im 2. Jahr, wenn indirekt abgeschrieben wird?	Abschreibung/Wertberichtigung Maschinen 40 000	Abschreibung/Wertberichtigung Maschinen 48 000
6	Wie hoch muss der Abschreibungsbetrag im 5. Jahr sein, damit am Ende der Nutzungsdauer ein Buchwert von Null erreicht wird?	Fr. 40 000.–	Fr. 25 920.–
7	Welches ist der wichtigste Vorteil jeder Methode?	Die lineare Abschreibungsmethode ist einfach und dann angezeigt, wenn sich eine Anlage gleichmässig entwertet.	Die rechnerisch anspruchsvollere degressive Methode trägt dem Umstand besser Rechnung, dass sich Sachgüter in den ersten Jahren des Gebrauchs stärker entwerten können als in späteren Jahren. Eine degressive Abschreibung kann auch aus steuerlichen Überlegungen von Vorteil sein, weil die Abschreibung rascher erfolgt.

25.21

Nr.	Frage	Direkte Abschreibung	Indirekte Abschreibung
1	Welche Buchung ergibt sich beim Barkauf?	Fahrzeug/Flüssige Mittel 500 000	Fahrzeuge/Flüssige Mittel 500 000
2	Wie lautet die Sollbuchung mit Betrag für die Abschreibung im 4. Jahr?	Abschreibungen 80 000 (Aufwand)	Abschreibungen 80 000 (Aufwand)
3	Wie lautet die Habenbuchung mit Betrag für die Abschreibung im 4. Jahr?	Fahrzeuge 80 000 (Aktiven)	Wertberichtigung Fahrzeuge 80 000 (Minus-Aktiven)
4	Weshalb heissen die Abschreibungstechniken direkt bzw. indirekt?	Weil die Wertverminderung direkt auf dem Aktivkonto ausgebucht wird.	Weil die Wertverminderung indirekt auf einem Wertberichtigungskonto verbucht wird.
5	Welche Informationen zum Reisebus enthält die Bilanz Ende 3. Jahr?	Buchwert Fr. 260 000.–	Anschaffungswert Fr. 500 000.– ./. Kumulierte Abschreibungen –Fr. 240 000.– = Buchwert Fr. 260 000.–
6	Welche Abschreibungsinformationen können der Erfolgsrechnung des 3. Jahres entnommen werden?	Abschreibungsaufwand Fr. 80 000.–	Abschreibungsaufwand Fr. 80 000.–
7	Welches ist der wichtigste Vorteil jeder Methode?	Die direkte Abschreibung ist einfacher.	Die indirekte Abschreibung ist informativer. Die Bilanz zeigt folgende Werte: ▶ den Anschaffungswert ▶ die kumulierten Abschreibungen ▶ den Buchwert

25.22

a)

Erfolgsrechnung

Aufwand			Ertrag
Diverser Baraufwand wie Löhne, Diesel, Öl, Reifen, Service, Reparaturen und Unterhalt, Steuern, Versicherungen, Reinigung, Abgaben	50 000	Transportertrag bar	60 000
Abschreibungen (linear)	6 000		
Gewinn	4 000		
	60 000		60 000

b)

Datum	Geschäftsfall	Buchung	Kasse 20_1		Kasse 20_2		Kasse 20_3	
01.01.	Anfangsbestand	Kasse/Bilanz	0		10 000		20 000	
Diverse	Transporterträge bar	Kasse/Transportertrag	60 000		60 000		60 000	
Diverse	Baraufwände	Diverser Aufwand/Kasse		50 000		50 000		50 000
31.12.	Abschluss	Bilanz/Kasse		**10 000**		**20 000**		**30 000**
			60 000	60 000	70 000	70 000	80 000	80 000

c) Fr. 10 000.– (Der Schlussbestand im Kassakonto steigt jeweils um Fr. 10 000.– pro Jahr.)

d)

Cashflow-Berechnung

Direkte Berechnung

	Einnahmen	60 000
./.	Ausgaben	–50 000
=	Cashflow	10 000

Indirekte Berechnung

	Gewinn	4 000
+	Abschreibungen	6 000
=	Cashflow	10 000

e) Fr. 30 000.– (3 Jahre zu Fr. 10 000.– oder von Fr. 0.– auf Fr. 30 000.–)

f) Der aus der Geschäftstätigkeit insgesamt erarbeitete Geldbetrag beläuft sich auf Fr. 30 000.– (siehe Frage e).

- Die Gewinne von Fr. 12 000.– (3 Jahre zu Fr. 4000.–) kann sich H. Haller auszahlen lassen.
- Die restlichen Fr. 18 000.– entsprechen den getätigten Abschreibungen (3 Jahre zu Fr. 6000.–). Wenn H. Haller noch das alte Fahrzeug zum Liquidationswert von Fr. 2000.– veräussert, stehen Fr. 20 000.– Bargeld für den Kauf eines neuen Fahrzeugs zur Verfügung. Damit kann der Busbetrieb weitergeführt werden.

25.23

Journal und Konten (in Fr. 1000.–)

Datum	Text	Buchung	Fahrzeuge		WB Fahrzeuge		Abschreibungen	
01.01.	Eröffnung	Fahrzeuge/Bilanz	700					
		Bilanz/WB Fahrzeuge				400		
14.01.	Kauf Fahrzeug	Fahrzeuge/Kasse	150					
18.01.	Verkauf Fahrzeug	Kasse/Fahrzeuge		14				
	Veräusserungsgewinn	WB Fahrzeuge/ Abschreibungen[1]			4			4
	Ausbuchung WB	WB Fahrzeuge/ Fahrzeuge		56	56			
13.02.	Kauf Fahrzeug	Fahrzeuge/Kreditoren[2]	100					
	Barzahlung	Kreditoren/Kasse 90						
	Anrechnung (Gutschrift) für altes Fahrzeug	Kreditoren/Fahrzeuge		10				
	Veräusserungsverlust altes Fahrzeug	Abschreibungen/ WB Fahrzeuge				2	2	
	Ausbuchung WB altes Fahrzeug	WB Fahrzeuge/ Fahrzeuge		70	70			
31.12.	Abschreibung Fahrzeuge	Abschreibungen/ WB Fahrzeuge				160	160	
31.12.	Abschluss	Bilanz/Fahrzeuge		**800**				
		WB Fahrzeuge/Bilanz			**432**			
		ER/Abschreibungen						**158**
			950	950	562	562	162	162

[1] Oder: auserordentlicher Ertrag.

[2] In der Praxis wird die beim Kauf ausgestellte Rechnung über Kreditoren gebucht, auch wenn sie sofort bezahlt wird. So kann die Abwicklung des Kaufs später anhand des Kreditoren-Kontos jederzeit nachvollzogen werden.

25.24

a)

Text	Soll	Haben	Betrag
Lieferantenrechnung	Maschinen	Kreditoren	52 000
Bankzahlung	Kreditoren	Bank	48 000
Kursgewinn	Kreditoren	Maschinen	4 000

b)

	Nettopreis für Maschine	48 000.–
+	Transport	2 000.–
+	Montage	1 000.–
=	Anschaffungswert	51 000.–

c)

Konten mit Text 20_2

Datum	Text	Maschine		WB Maschine		Abschreibungen	
01.01.	Eröffnung	51 000			12 000		
31.12.	Abschreibung				12 000	12 000	
31.12.	Abschluss		**51 000**	**24 000**			**12 000**
		51 000	51 000	24 000	24 000	12 000	12 000

d)

Text	Soll	Haben	Betrag
Faktura	Debitoren	Maschine	30 000
Bankzahlung	Bank	Debitoren	28 000
Kursverlust	Maschine	Debitoren	2 000
Veräusserungsgewinn	WB Maschine	Abschreibungen[1]	1 000
Ausbuchung Wertberichtigung	WB Maschine	Maschine	23 000

[1] Oder: ausserordentlicher Ertrag.

Der Betrag von 1000 ergibt sich aus der Differenz zwischen dem Buchwert der Maschine per 01.01.20_3 von 27 000 (Anschaffungswert 51 000 ./. kumulierte Abschreibungen für zwei Jahre 24 000) und dem Verkaufserlös von 28 000.

Zur besseren Übersicht empfiehlt es sich, die Konten Maschine und WB Maschine zu skizzieren (in Fr. 1000.–):

Maschine

Anfangsbestand	51	Faktura Verkauf	30
Kursverlust	2	Ausbuchung WB	23
	53		53

Wertberichtigung Maschine

Veräusserungsgewinn	1	Anfangsbestand	24
Ausbuchung WB	23		
	24		24

25.25

a)

Direkte Abschreibung

Schlussbilanz 31.12.20_3

Aktiven		Passiven
Maschinen	310	

Indirekte Abschreibung

Schlussbilanz 31.12.20_3

Aktiven			Passiven
Maschinen	580		
./. WB Maschinen	–270	310	

b)

Direkte Abschreibung

Abschreibungen/Maschinen 40

Indirekte Abschreibung

Abschreibungen/WB Maschinen 40

c)

Nr.	Aussage	Richtig	Falsch
1	Ende 20_3 betrug der Buchwert der Maschinen 310.	X	
2	Im Jahr 20_4 betrugen die Abschreibungen 320.		X
3	Im Jahr 20_2 wurde mindestens eine Maschine gekauft.	X	
4	Im Jahr 20_3 wurde mindestens eine Maschine verkauft.	X	
5	Im Jahr 20_3 wurden keine Maschinen gekauft.		X
6	Es ist nicht klar, ob linear oder degressiv abgeschrieben wird.	X	
7	Beim Verkauf einer Maschine im Jahr 20_3 entstand ein Verlust von 20.		X
8	Ende 20_1 betrug die Wertberichtigung Maschinen 300.		X

25.50

Schlussbilanz vor Gewinnverbuchung 31. 12. 20_8

Aktiven			
Umlaufvermögen			
Kasse	800.00		
Bank	38 600.00		
Forderungen L + L	75 900.00		
Vorräte	15 800.00	131 100.00	
Anlagevermögen			
Backofen	76 000.00		
Betriebseinrichtung	172 000.00		
Ladeneinrichtung	66 000.00		
Büroeinrichtung	8 500.00		
Fahrzeug	17 500.00		
Gebäude	494 000.00	834 000.00	965 100.00
Passiven			
Fremdkapital			
Verbindlichkeiten L+L	70 900.00		
Kreditor VSt	0.00		
Dividenden	0.00		
Darlehen	200 000.00		
Hypothek	330 000.00	600 900.00	
Eigenkapital			
Stammkapital	200 000.00		
Gesetzliche Gewinnreserve	108 600.00		
Gewinnvortrag	1 000.00	309 600.00	910 500.00
Gewinn			**54 600.00**

Schlussbilanz nach Gewinnverbuchung 31.12.20_8

Aktiven			
Umlaufvermögen			
Kasse	800.00		
Bank	38 600.00		
Forderungen L + L	75 900.00		
Vorräte	40 000.00	155 300.00	
Anlagevermögen			
Backofen	76 000.00		
Betriebseinrichtung	172 000.00		
Ladeneinrichtung	66 000.00		
Büroeinrichtung	8 500.00		
Fahrzeug	17 500.00		
Gebäude	494 000.00	834 000.00	989 300.00
Passiven			
Fremdkapital			
Verbindlichkeiten L + L	95 100.00		
Kreditor VSt	0.00		
Dividenden	0.00		
Darlehen	200 000.00		
Hypothek	330 000.00	625 100.00	
Eigenkapital			
Stammkapital	200 000.00		
Gesetzliche Gewinnreserve	108 600.00		
Gewinnvortrag	55 600.00	364 200.00	989 300.00

Erfolgsrechnung 20_8

Ertrag			
Verkäufe Laden	805 000.00		
Verkäufe Geschäfte	440 600.00	1 245 600.00	
Aufwand			
Materialverbrauch	531 000.00		
Personalaufwand	419 000.00		
Mietaufwand	48 000.00		
Unterhalt und Reparaturen	18 900.00		
Energieaufwand	33 600.00		
Werbeaufwand	23 800.00		
Übriger Aufwand	47 500.00		
Abschreibung Backofen	4 000.00		
Abschreibung Betriebseinrichtung	11 000.00		
Abschreibung Ladeneinrichtung	9 000.00		
Abschreibung Büroeinrichtung	3 000.00		
Abschreibung Fahrzeug	2 500.00		
Abschreibung Gebäude	13 000.00		
Zinsaufwand Darlehen	10 500.00		
Zinsaufwand Hypothek	16 200.00	1 191 000.00	
Gewinn			**54 600.00**

Journal 20_8

Datum	Text	Beleg Nr.	Soll	Haben	Betrag
0	Eröffnungsbuchung Kasse		1000	9100	5 300.00
0	Eröffnungsbuchung Bank		1020	9100	30 900.00
0	Eröffnungsbuchung Forderungen L + L		1100	9100	65 800.00
0	Eröffnungsbuchung Vorräte		1210	9100	40 000.00
0	Eröffnungsbuchung Backofen		1500	9100	80 000.00
0	Eröffnungsbuchung Betriebseinrichtung		1501	9100	117 000.00
0	Eröffnungsbuchung Ladeneinrichtung		1510	9100	75 000.00
0	Eröffnungsbuchung Büroeinrichtung		1520	9100	8 000.00
0	Eröffnungsbuchung Fahrzeug		1530	9100	20 000.00
0	Eröffnungsbuchung Gebäude		1600	9100	507 000.00
0	Eröffnungsbuchung Verbindlichkeiten L + L		9100	2000	59 400.00
0	Eröffnungsbuchung Darlehen		9100	2400	200 000.00
0	Eröffnungsbuchung Hypothek		9100	2451	360 000.00
0	Eröffnungsbuchung Stammkapital		9100	2800	200 000.00
0	Eröffnungsbuchung gesetzl. Gewinnreserve		9100	2950	96 600.00
0	Eröffnungsbuchung Gewinnvortrag		9100	2970	33 000.00
1	Verkauf Laden		1000	3000	805 000.00
2	Verkäufe an andere Geschäfte		1100	3100	440 600.00
3	Einzahlungen auf Bank		1020	1000	806 000.00
4	Debitorenzahlungen		1020	1100	430 500.00
5	Einkäufe und Verbrauch Rohmaterial		4000	2000	531 000.00
6	Kreditorenzahlungen		2000	1020	495 300.00
7	Personalaufwand		5000	1020	419 000.00
8	Reservenzuweisung		2970	2950	12 000.00
8	Dividendenzuweisung		2970	2260	20 000.00
9	Auszahlung Nettodividende		2260	1020	13 000.00
10	Gutschrift VSt		2260	2206	7 000.00
11	Miete		6000	1020	48 000.00
12	Zahlung VSt		2206	1020	7 000.00
13	Energieverbrauch		6400	1020	33 600.00
14	Unterhalt und Reparaturen		6100	1020	18 900.00
15	Kauf Teigmaschine		1501	1020	66 000.00
16	Rückzahlung Hypothek		2451	1020	30 000.00
17	Inserate, Prospekte		6600	1020	23 800.00
18	Kauf PC		1520	1000	3 500.00
19	Darlehenszinsen		6900	1020	10 500.00
20	Hypothekarzinsen		6940	1020	16 200.00
21	Diverser Aufwand		6700	1020	47 500.00
22	Abschreibung Backofen		6800	1500	4 000.00

Journal 20_2

Datum	Text	Beleg Nr.	Soll	Haben	Betrag
22	Abschreibung Betriebseinrichtung		6801	1501	11 000.00
22	Abschreibung Ladeneinrichtung		6810	1510	9 000.00
22	Abschreibung Büroeinrichtung		6820	1520	3 000.00
22	Abschreibung Fahrzeug		6830	1530	2 500.00
22	Abschreibung Gebäude		6840	1600	13 000.00
23	Gewinnbuchung		9000	2970	54 600.00

Übersicht über das Anlagevermögen (Anlagenspiegel)

Anlage	Anschaffungswert	Nutzungsdauer	Abschreibung für 20_8
Backofen	120 000.–	30 Jahre	4 000.–
Betriebseinrichtung (Teigmaschine, Rundwirker, Teigteiler, Rührwerk, Siloanlage, Ausrollmaschine, Verpackungsmaschine, Gipfelimaschine, Kühlanlagen, Tische u. Ä.)	220 000.–	20 Jahre	11 000.–
Ladeneinrichtung (Korpus, Kühlanlagen, Gestelle, Registrierkasse u. Ä.)	135 000.–	15 Jahre	9 000.–
Büroeinrichtung (PC, Pult, Stühle, Regal u. Ä.)	15 000.–	5 Jahre	3 000.–
Fahrzeug (Toyota-Bus)	25 000.–	10 Jahre	2 500.–
Geschäftsliegenschaft	650 000.–	50 Jahre	13 000.–

25.51

25.52

Die Lösungen zu den Aufgaben finden Sie unter der gleichen Aufgaben-Nummer (separate Mappe) auf EasyAccounting.

Debitorenverluste, Delkredere

26.01

Vorgänge	Bilanz				Erfolgsrechnung	
1. Jahr	**Debitoren**		**Delkredere**		**Debitorenverluste**	
Bisheriger Geschäftsverkehr	910	600				
Debitor Carlen macht Konkurs. Der definitive Verlust beträgt 10.		10			10	
Bildung bzw. Erhöhung Delkredere Am Jahresende wird auf dem Debitorenbestand ein Delkredere von 5 % gebildet.				15	15	
Salden		**300**	**15**			**25**
	910	910	15	15	25	25

Schlussbilanz

Debitoren 300 ./. Delkredere −15 285	

Erfolgsrechnung

	Debitorenverluste −25

Vorgänge	Bilanz				Erfolgsrechnung	
2. Jahr	**Debitoren**		**Delkredere**		**Debitorenverluste**	
Eröffnung	300			15		
Rechnungen an Kunden	600					
Zahlungen von Kunden		720				
Kundin Widmer macht Konkurs. Der definitive Verlust beträgt 20.		20			20	
Eine bereits abgeschriebene Forderung von 4 wird auf die Post überwiesen.						4
Senkung Delkredere Die mutmasslichen Verluste auf dem Debitorenbestand betragen 5 %.			7			7
Salden		**160**	**8**			**9**
	900	900	15	15	20	20

Schlussbilanz

Debitoren 160 ./. Delkredere −8 152	

Erfolgsrechnung

	Debitorenverluste −9

26.02

Nr.	Geschäftsfall	Buchung Soll	Haben	Betrag
1	Warenverkauf auf Kredit für Fr. 20 000.–.	Debitoren	Warenertrag	20 000.–
2	Debitor Zingg, gegen welchen wir die Betreibung eingeleitet haben, zahlt die Forderung von Fr. 1 500.– auf unser Bankkonto.	Bank	Debitoren	1 500.–
3	Kundin Lehmann wird zum dritten Mal für die fällige Forderung von Fr. 2 100.– gemahnt.	Keine Buchung		
4	Das Konkursverfahren gegen Debitor Kugler ist abgeschlossen. Von der ursprünglichen Forderung von Fr. 3 500.– erhalten wir noch Fr. 500.– als Konkursdividende[1] auf die Post überwiesen. Die Restforderung ist abzuschreiben.	Post Debitorenverlust	Debitoren Debitoren	500.– 3 000.–
5	Die Forderung gegenüber Kunde Schnyder wurde dieses Jahr bereits abgeschrieben. Jetzt überweist er unverhofft Fr. 1 200.– auf unser Bankkonto.	Bank	Debitorenverluste	1 200.–
6	Kundin Lehmann hat nicht auf die Mahnung geantwortet (vgl. Nr. 3). Wir leiten die Betreibung gegen sie ein und leisten bar einen Kostenvorschuss von Fr. 70.–.[2]	Debitoren	Kasse	70.–
7	Auf verkauften Waren zahlen wir bar Transportkosten von Fr. 320.–. Es wurde Frankolieferung vereinbart.	Warenertrag	Kasse	320.–
8	Debitoren überweisen auf unser Postkonto Fr. 41 350.–.	Post	Debitoren	41 350.–
9	Von einem Kunden nehmen wir einen PC mit Drucker im Wert von Fr. 6 200.– an Zahlung.	Mobilien	Debitoren	6 200.–
10	Kundin Lehmann (vgl. Nr. 6) begleicht ihre Schulden durch Postüberweisung: Forderungsbetrag Fr. 2 100.– Kostenvorschuss Fr. 70.– Verzugszinsen Fr. 61.– Total Fr. 2 231.– (Die Verzugszinsen wurden noch nicht verbucht.)	Post Post oder: Debitoren Post	Debitoren Zinsertrag Zinsertrag Debitoren	2 170.– 61.– 61.– 2 231.–
11	Das Delkredere wird von Fr. 33 000.– auf Fr. 26 000.– herabgesetzt.	Delkredere	Debitorenverluste	7 000.–

26.03

Jahr	Debitorenbestand Ende Jahr	Delkredere in % des Debitorenbestandes	Delkredere in Fr.	Buchung Soll	Buchung Haben	Betrag
1	100 000.–	3 %	3 000.–	Debitorenverluste	Delkredere	3 000.–
2	80 000.–	4 %	3 200.–	Debitorenverluste	Delkredere	200.–
3	70 000.–	7 %	4 900.–	Debitorenverluste	Delkredere	1 700.–
4	60 000.–	6 %	3 600.–	Delkredere	Debitorenverluste	1 300.–
5	65 000.–	5 %	3 250.–	Delkredere	Debitorenverluste	350.–
6	75 000.–	6 %	4 500.–	Debitorenverluste	Delkredere	1 250.–

26.04

Jahr	Buchung Soll	Buchung Haben	Geschäftsfall
1	Debitoren	Warenertrag	Warenverkauf auf Kredit
2	Debitoren	Zinsertrag	Einem säumigen Debitor werden Verzugszinsen belastet.
3	Erfolgsrechnung	Debitorenverluste	Übertrag des Saldos Debitorenverluste auf die Erfolgsrechnung
4	Debitoren	Post	Postzahlung des Kostenvorschusses für die Einleitung der Betreibung. Belastung des Debitors
5	Warenertrag	Debitoren	Einem Debitor wird Rabatt oder Skonto gewährt, oder mangelhafte Ware wird zurückgenommen.
6	Bank	Debitoren	Von einem konkursiten Debitor erhalten wir eine Restzahlung auf die Bank überwiesen.
	Debitorenverluste	Debitoren	Der Rest der Forderung wird abgeschrieben
7	Post	Debitorenverluste	Eine bereits abgeschriebene Debitorenforderung wird auf die Post überwiesen.
8	Delkredere	Bilanz	Übertrag des Delkredere-Saldos auf die Bilanz
9	Debitorenverluste	Delkredere	Erhöhung des Delkredere-Bestandes am Periodenende

26.05

Journal

Datum	Text	Buchung Soll	Buchung Haben	Betrag
1.6.	Kreditorenzahlung über die Post	Kreditoren	Post	3 100.–
3.6.	Kauf einer Maschine auf Kredit	Maschinen	Kreditoren	3 000.–
4.6.	Konkursdividende K. Hug auf Post	Post	Debitoren	3 600.–
	Abschreibung der Restforderung	Debitorenverluste	Debitoren	8 400.–
12.6.	Banküberweisung der bereits abgeschriebenen Forderung von Kunde Götz	Bank	Debitorenverluste[1]	1 200.–
15.6.	Die Rechnung vom 3.6. wird durch die Bank bezahlt.	Kreditoren	Bank	2 900.–
	Kursdifferenz	Kreditoren	Maschinen	100.–
20.6.	Barzahlung Kostenvorschuss für Betreibung	Debitoren	Kasse	75.–
22.6.	Der Geschäftsinhaber vermindert seine Kapitaleinlage über die Bank.	Eigenkapital	Bank	10 000.–
30.6.	Verminderung des Delkredere-Bestandes	Delkredere	Debitorenverluste	3 000.–
30.6.	Abschreibung auf Fahrzeugen	Abschreibungen	Wertberichtigung Fahrzeuge	8 000.–

[1] Wenn die Abschreibung in einer früheren Periode erfolgte und der Betrag wesentlich ist, kann die Habenbuchung auch über ausserordentlichen Ertrag erfolgen.

26.06

Buchungen	Debitoren		Delkredere		Debitorenverluste	
Übertrag	180 000	141 340		2 000	4 200	
1. Debitoren/Warenertrag	70 000					
2. Debitoren/Kasse	75					
3. Bank/Debitoren		600				
Debitorenverluste/ Debitoren		2 400			2 400	
4. Bank/Debitoren		62 000				
5. Debitoren/Kasse	340					
6. Post/Debitoren[1]		4 075				
Post/Zinsertrag 80						
7. Bank/Debitorenverluste						3 000
8. Delkredere/Debitorenverluste			400			400
Abschluss						
Bilanz/Debitoren		40 000				
Delkredere/Bilanz			1 600			
Erfolgsrechnung/Debitorenverluste						3 200
	250 415	250 415	2 000	2 000	6 600	6 600
Eröffnung						
Debitoren/Bilanz	40 000					
Bilanz/Delkredere				1 600		

[1] Der Geschäftsfall kann auch wie folgt verbucht werden:

Debitoren/Zinsertrag 80
Post/Debitoren 4 155

26.07

Nr.	Aussage	Richtig	Begründung bei falscher Aussage
1	Das Delkredere ist ein ruhendes Konto, da es nur am Ende einer Periode angepasst wird.	X	
2	Wird ein Debitor direkt abgeschrieben, lautet die Buchung *Debitorenverluste/Delkredere.*		Die direkte Abschreibung erfolgt über das Debitorenkonto, nicht über das Delkredere.
3	Das Delkredere ist ein Minus-Passivkonto und hat dieselben Buchungsregeln wie ein Passivkonto.		Das Delkredere ist ein Minus-Aktivkonto mit den Buchungsregeln eines Passivkontos.
4	Eine Habenbuchung im Debitorenverlustkonto ergibt sich, wenn ein bereits abgeschriebener Debitor unverhofft zahlt.	X	
5	Die Erhöhung des Delkrederes hat immer eine Verminderung des Gewinnes zur Folge.	X	
6	Falls ein dieses Jahr abgeschriebener Debitor seine Schulden noch per Post begleicht, lautet die Buchung *Post/Debitorenverluste.*	X	
7	Der Saldo des Debitorenverlustkontos wird am Periodenende mit der Buchung *Bilanz/Debitorenverluste übertragen.*		Das Debitorenverlustkonto ist ein Minus-Ertragskonto und wird auf die Erfolgsrechnung übertragen.
8	Die Buchung *Debitoren/Post* steht für die Postüberweisung eines Debitors.		Es handelt sich um einen durch Postüberweisung bezahlten Kostenvorschuss, der dem Debitor belastet wird.
9	Das Delkrederekonto wird wie das Debitorenverlustkonto nicht wiedereröffnet.		Das Delkredere als Minus-Aktivkonto wird wiedereröffnet.
10	Falls auf den fälligen Forderungen Verzugszinsen verrechnet werden, lautet die Buchung *Debitoren/Zinsertrag.*	X	
11	Der Buchwert der Debitoren ergibt sich aus Debitoren-Bestand minus Delkredere-Bestand.	X	
12	Die Buchung *Delkredere/Bilanz* steht für die Eröffnung des Delkrederebestandes.		Die Eröffnungsbuchung müsste umgekehrt lauten, also Bilanz/Delkredere.
13	Debitorenverluste ist ein Minus-Ertragskonto mit denselben Buchungsregeln wie ein Aufwandskonto.	X	

26.08

a)

Nr.	Frage	Endgültige Debitorenverluste	Mutmassliche Debitorenverluste
1	Bei welchen Verlusten ▶ ist der Kunde immer bekannt? ▶ handelt es sich um ein allgemeines Risiko auf dem Debitorenbestand? Zutreffendes ankreuzen.	☒ ☐	☐ ☒
2	In welchem Zeitpunkt werden die Debitorenverluste verbucht?	Während des Jahres laufend, sofort bei Eintreten des Verlustes.	Ende Jahr beim Abschluss.
3	Bei welchen Verlusten ▶ ist der Betrag meistens genau bekannt? ▶ muss der Betrag geschätzt werden? Zutreffendes ankreuzen.	☒ ☐	☐ ☒
4	Welche Abschreibungsmethode ist anzuwenden (direkt oder indirekt)?	Direkt (über das Debitorenkonto)	Indirekt (über das Delkrederekonto)
5	Wie wird die Zunahme der geschätzten Debitorenverluste von 80 Ende Jahr verbucht?	–	Debitorenverluste/Delkredere 80
6	Wie lautet der Buchungssatz für einen Debitorenverlust von 240 infolge Konkurses eines Kunden am 13. August?	Debitorenverluste/Debitoren 240	–

b) Gemeinsamkeit: Die Sollbuchung erfolgt immer auf dem Konto Debitorenverluste. Unterschied: Die Habenbuchung ist entweder Debitoren (direkt) oder Delkredere (indirekt).

c) Debitorenverluste ist ein Minus-Ertragskonto. Im KMU-Kontenrahmen gehört das Konto Debitorenverluste als Minus-Ertragskonto in die Kontenklasse 3.

d) Delkredere/Debitorenverluste 10

e) Die wichtigsten Gründe sind:

- Der Debitorenbestand hat abgenommen.
- Das Delkredererisiko ist kleiner geworden.

26.09

Journal 20_2

Nr.	Geschäftsfall	Buchung Soll	Buchung Haben	Betrag
1	Fakturierter Honorarumsatz	Debitoren	Honorarertrag	120 000
2	Postzahlungen von Kunden	Post	Debitoren	118 000
3	Abschreibung der Forderung gegenüber Faber AG infolge Konkurseröffnung	Debitorenverluste	Debitoren	2 000
4	Privatbezüge mit der Postcard des Geschäfts	Privat	Post	20 000
5	Postzahlungen für Mietaufwand	Mietaufwand	Post	24 000
6	Postüberweisung des Kostenvorschusses für die Betreibung von Kunde Vestido GmbH	Debitoren	Post	70
7	Rechnungen für übrigen Aufwand	Übriger Aufwand	Kreditoren	15 000
8	Postüberweisungen auf das private Bankkonto der Geschäftsinhaberin	Privat	Post	50 000
9	Im Betreibungsfall gegenüber dem Kunden Creativ GmbH wird Fr. 670.– auf das Postkonto überwiesen; der Rest ist abzuschreiben.	Post	Debitoren	670
		Debitorenverluste	Debitoren	1 400
10	Postzahlungen von erhaltenen Rechnungen	Kreditoren	Post	16 000
11	Abschreibung der Einrichtungen: 20 % des Anschaffungswerts	Abschreibungen	WB Einrichtungen	4 800
12	Das Delkredere soll gleich viele Prozente betragen wie im Vorjahr.	Delkredere	Debitorenverluste	100
13	Gutschrift Eigenlohn	Personalaufwand	Privat	72 000
14	Gutschrift Eigenzins (3,5 % auf Anfangskapital)	Zinsaufwand	Privat	1 050
15	Saldierung des Privatkontos	Privat	Eigenkapital	3 050
16	Übertrag des Jahresverlusts	Eigenkapital	Erfolgsrechnung	150

Hauptbuch 20_2

Post

A 6 300	20 000
118 000	24 000
670	70
	50 000
	16 000
	S 14 900
124 970	124 970

Debitoren

A 14 000	118 000
120 000	2 000
70	670
	1 400
	S 12 000
134 070	134 070

Delkredere

100	A 700
S 600	
700	700

Einrichtungen

A 24 000	**S 24 000**

WB Einrichtungen

	A 9 600
S 14 400	4 800
14 400	14 400

A = Anfangsbestand

S = Saldo

Kreditoren

16 000	A 4 000
S 3 000	15 000
19 000	19 000

Eigenkapital

150	A 30 000
S 32 900	3 050
33 050	33 050

Privat

20 000	72 000
50 000	1 050
3 050	
73 050	73 050

Personalaufwand

72 000	**S 72 000**

Mietaufwand

24 000	**S 24 000**

Zinsaufwand

1 050	**S 1 050**

Abschreibungen

4 800	**S 4 800**

Übriger Aufwand

15 000	**S 15 000**

Honorarertrag

S 120 000	120 000

Debitorenverluste

2 000	100
1 400	**S 3 300**
3 400	3 400

Erfolgsrechnung 20_2

Personalaufwand	72 000	Honorarertrag	120 000
Mietaufwand	24 000	./. Debitorenverluste	–3 300
Zinsaufwand	1 050		
Abschreibungen	4 800		
Übriger Aufwand	15 000	**Verlust**	**150**
	116 850		116 850

Schlussbilanz 31. 12. 20_2

Post	14 900	Kreditoren	3 000
Debitoren	12 000	Eigenkapital	32 900
./. Delkredere	–600		
Einrichtungen	24 000		
./. WB Einrichtungen	–14 400		
	35 900		35 900

Rechnungsabgrenzung und Rückstellungen

27.01

a)

Schlussbilanz vor Gewinnverbuchung per 31. 12. 20_1 (in Fr. 1000)

Aktiven			Passiven		
Umlaufvermögen			**Fremdkapital**		
Kasse	3		Kreditoren	1	
Bank	10		Passive Rechnungsabgrenzung	8	9
Aktive Rechnungsabgrenzung	1	14			
Anlagevermögen			**Eigenkapital**		
Mobiliar	7		Eigenkapital	40	
Fahrzeug	30	37	Gewinn	2	42
		51			51

Erfolgsrechnung 20_1 (in Fr. 1000)

Aufwand		Ertrag	
Personalaufwand	54	Fahrschulertrag bar	12
Fahrzeugaufwand	22	Fahrschulertrag Abonnemente	72
Mietaufwand Theorielokal	3	Theoriestunden bar	8
Übriger Aufwand	11		
Gewinn	2		
	92		92

b)

Geschäftsjahr 20_1 (in Fr.1000)

Datum	Text	Buchung	Aktive Rechnungsabgrenzung (ARA)		Passive Rechnungsabgrenzung (PRA)		Mietaufwand		Fahrschulertrag Abonnemente	
31.03.	Vorauszahlung Miete	Mietaufwand/Bank					4			
Diverse	Verkauf Abonnemente	Kasse/Fahrschulertrag Abonnemente								80
31.12.	Zeitliche Abgrenzungen	ARA/Mietaufwand	1					1		
		Fahrschulertrag Abonnemente/PRA				8			8	
31.12.	Abschluss	Bilanz/ARA		**1**						
		PRA/Bilanz			**8**					
		ER/Mietaufwand						**3**		
		Fahrschulertrag Abonnemente/ER							**72**	
			1	1	8	8	4	4	80	80

Geschäftsjahr 20_2 (in Fr. 1000)

Datum	Text	Buchung	Aktive Rechnungsabgrenzung (ARA)		Passive Rechnungsabgrenzung (PRA)		Mietaufwand		Fahrschulertrag Abonnemente	
01.01.	Eröffnung	ARA/Bilanz	1							
		Bilanz/PRA				8				
01.01.	Rückbuchungen zeitliche Abgrenzungen	Mietaufwand/ARA		1			1			
		PRA/Fahrschulertrag Abonnemente			8					8

27.02

a)

Provisorische Schlussbilanz per 31.12.20_1

Aktiven			Passiven		
Umlaufvermögen			**Fremdkapital**		
Kasse	4		Kreditoren	49	
Bank	11		Darlehen	50	99
Warenvorrat	60	75			
			Eigenkapital		
Anlagevermögen			Eigenkapital	80	
Ladeneinrichtung		105	Gewinn	1	81
		180			180

Definitive Schlussbilanz vor Gewinnverbuchung per 31.12.20_1

Aktiven			Passiven		
Umlaufvermögen			**Fremdkapital**		
Kasse	4		Kreditoren	49	
Bank	11		Passive Rechnungsabgrenzung	1	
Aktive Rechnungsabgrenzung	4		Darlehen	50	100
Warenvorrat	60	79			
Anlagevermögen			**Eigenkapital**		
Ladeneinrichtung		105	Eigenkapital	80	
		184	Gewinn	4	84
					184

Provisorische Erfolgsrechnung 20_1

Aufwand		Ertrag	
Warenaufwand	120	Warenertrag	180
Personalaufwand	40		
Mietaufwand	12		
Übriger Aufwand	7		
Gewinn	1		
	180		180

Definitive Erfolgsrechnung 20_1

Aufwand		Ertrag	
Warenaufwand	120	Warenertrag	180
Personalaufwand	40		
Mietaufwand	8		
Zinsaufwand	1		
Übriger Aufwand	7		
Gewinn	4		
	180		180

b) Mietzinse sind üblicherweise im Voraus zu bezahlen (= vorschüssig), Kapitalzinsen dagegen erst nach der Beanspruchung des Kapitals (= nachschüssig).

Die Miete ist bereits bezahlt, weshalb ein Zahlungsbeleg vorhanden ist, der im Geschäftsjahr 20_1 verbucht wurde. Hingegen ist der Zins noch nicht bezahlt, weshalb kein Buchungsbeleg vorhanden ist und folglich auch nichts gebucht wurde.

c)

Geschäftsjahr 20_1

Datum	Text	Buchung	Aktive Rechnungsabgrenzung (ARA)		Passive Rechnungsabgrenzung (PRA)		Mietaufwand		Zinsaufwand	
01.09.	Vorauszahlung Miete	Mietaufwand/Bank					12			
31.12.	Zeitliche Abgrenzungen	ARA/Mietaufwand	4					4		
		Zinsaufwand/PRA				1			1	
31.12.	Abschluss (Salden)	Diverse Buchungen		**4**	**1**			**8**		**1**
			4	4	1	1	12	12	1	1

Geschäftsjahr 20_2

Datum	Text	Buchung	Aktive Rechnungsabgrenzung (ARA)		Passive Rechnungsabgrenzung (PRA)		Mietaufwand		Zinsaufwand	
01.01.	Eröffnung	Diverse Buchungen	4			1				
01.01.	Rückbuchungen Zeitliche Abgrenzungen	Mietaufwand/ARA		4			4			
		PRA/Zinsaufwand			1					1
01.03.	Vorauszahlung Miete	Mietaufwand/Bank					12			
31.08.	Zahlung Zinsen	Zinsaufwand/Bank							3	
01.09.	Vorauszahlung Miete	Mietaufwand/Bank					12			
31.12.	Zeitliche Abgrenzungen	ARA/Mietaufwand	4					4		
		Zinsaufwand/PRA				1			1	
31.12.	Abschluss (Salden)	Diverse Buchungen		**4**	**1**			**24**		**3**
			8	8	2	2	28	28	4	4

d) Die Salden zeigen den jährlichen Mietaufwand von Fr. 24 000 (12 Monate zu Fr. 2000) sowie den jährlichen Zinsaufwand von Fr. 3000 (6 % von Fr. 50 000).

27.03

a)

Datum	Text	Buchung	Passive Rechnungsabgrenzung		Zinsaufwand[1]	
31.12.20_1	Zeitliche Abgrenzung	Zinsaufwand/PRA		1 000	1 000	
31.12.20_1	Abschluss	PRA/Bilanz	**1 000**			
		ER/Zinsaufwand				**1 000**
			1 000	1 000	1 000	1 000

Datum	Text	Buchung	Passive Rechnungsabgrenzung		Zinsaufwand[1]	
01.01.20_2	Eröffnung	Bilanz/PRA		1 000		
01.01.20_2	Rückbuchung	PRA/Zinsaufwand	1 000			1 000

b)

Datum	Text	Buchung	Aktive Rechnungsabgrenzung		Zinsertrag	
31.12.20_1	Zeitliche Abgrenzung	ARA/Zinsertrag	750			750
31.12.20_1	Abschluss	Bilanz/ARA		**750**		
		Zinsertrag/ER			**750**	
			750	750	750	750

Datum	Text	Buchung	Aktive Rechnungsabgrenzung		Zinsertrag	
01.01.20_2	Eröffnung	ARA/Bilanz	750			
01.01.20_2	Rückbuchung	Zinsertrag/ARA		750	750	

[1] Hypothekarzinsaufwand wird manchmal auch über Immobilien- oder Liegenschaftenaufwand verbucht, weil die Hypothek zur Finanzierung einer Liegenschaft dient.

c)

Datum	Text	Buchung	Aktive Rechnungs-abgrenzung		Raumaufwand	
31.08.20_1	Zahlung Miete	Raumaufwand/Bank			24 000	
31.12.20_1	Zeitliche Abgrenzung	ARA/Raumaufwand	16 000			16 000
31.12.20_1	Abschluss	Bilanz/ARA		**16 000**		
		ER/Raumaufwand				**8 000**
			16 000	16 000	24 000	24 000

Datum	Text	Buchung	Aktive Rechnungs-abgrenzung		Raumaufwand	
01.01.20_2	Eröffnung	ARA/Bilanz	16 000			
01.01.20_2	Rückbuchung	Raumaufwand/ARA		16 000	16 000	

d)

Datum	Text	Buchung	Passive Rechnungs-abgrenzung		Mietertrag[1]	
31.08.20_1	Erhalt Miete	Bank/Mietertrag				24 000
31.12.20_1	Zeitliche Abgrenzung	Mietertrag/PRA		16 000	16 000	
31.12.20_1	Abschluss	PRA/Bilanz	**16 000**			
		Mietertrag/ER			**8 000**	
			16 000	16 000	24 000	24 000

Datum	Text	Buchung	Passive Rechnungs-abgrenzung		Mietertrag[1]	
01.01.20_2	Eröffnung	Bilanz/PRA		16 000		
01.01.20_2	Rückbuchung	PRA/Mietertrag	16 000			16 000

[1] Der Mietertrag kann auch als Immobilien- oder Liegenschaftsertrag erfasst werden.

27.04

Aufgabe	Geschäftsfall	Bereits verbucht[1]	Anteil 20_1[2]	Anteil 20_2[3]	LG/LS/ GG/GS[4]	Buchungssatz mit Betrag für die zeitliche Abgrenzung Ende 20_1
a)	Eine Informatikschule hat Kursgelder von 80 vereinnahmt. Kurse im Umfang von 10 wurden noch nicht erteilt. (Sicht der Schule)	80	70	10	LS	Kursgeldertrag/PRA 10
b)	Aufgelaufener Zins auf einem Passivdarlehen von 200. Zinsfuss 6 %. Zinstermin 31. Oktober. (Sicht des Darlehensnehmers)	0	2	10	GS	Zinsaufwand/PRA 2
c)	Aufgelaufener Zins auf einem Aktivdarlehen von 120. Zinsfuss 5 %. Zinstermin 30. April. (Sicht des Darlehensgebers)	0	4	2	GG	ARA/Zinsertrag 4
d)	Am 30. November 20_1 für 3 Monate vorausbezahlter Mietzins von 15. (Sicht des Mieters)	15	5	10	LG	ARA/Mietaufwand 10
e)	Am 31. August 20_1 im Voraus erhaltener Mietzins von 18 für 6 Monate. (Sicht des Vermieters)	18	12	6	LS	Mietertrag/PRA 6
f)	Am 31. Juli 20_1 für ein Jahr vorausbezahlte Sachversicherungsprämien von 12. (Sicht des Versicherten)	12	5	7	LG	ARA/Versicherungsaufwand 7
g)	Eine Fahrlehrerin verkaufte Fahrschulabonnemente von 50 gegen bar. Etwa 20% dieser Fahrstunden sind bis Ende Jahr noch nicht erteilt worden. (Sicht der Fahrlehrerin)	50	40	10	LS	Fahrschulertrag/PRA 10
h)	Am 31. Oktober 20_1 erhaltene und einen Monat später bezahlte Rechnung von 12 für die Reparatur an einer Maschine. (Sicht des Maschinenbesitzers)	12	12	0	–	keine Buchung

27.05

Beispiel 1

1300 Vorausbezahlter Aufwand (ARA)[1] | **6000 Raumaufwand**

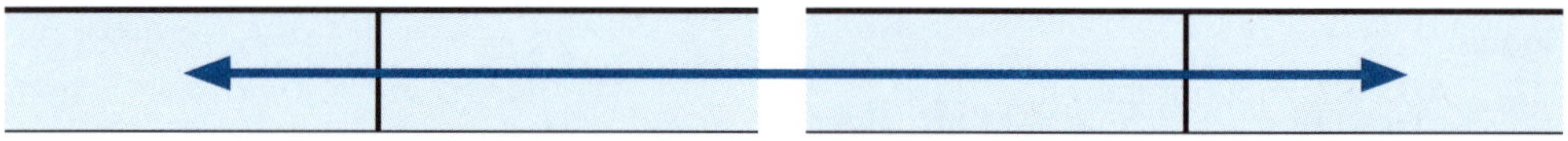

Beispiel 2

2301 Im Voraus erhaltener Ertrag (PRA)[2] | **3400 Ertrag aus Verkauf von Reisen**

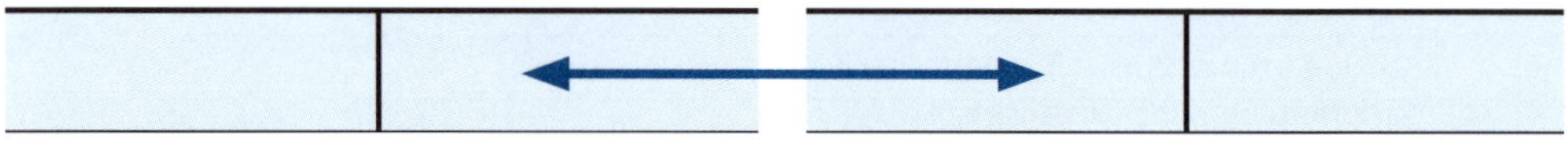

Beispiel 3

1301 Noch nicht erhaltener Ertrag (ARA) | **6950 Zinsertrag**

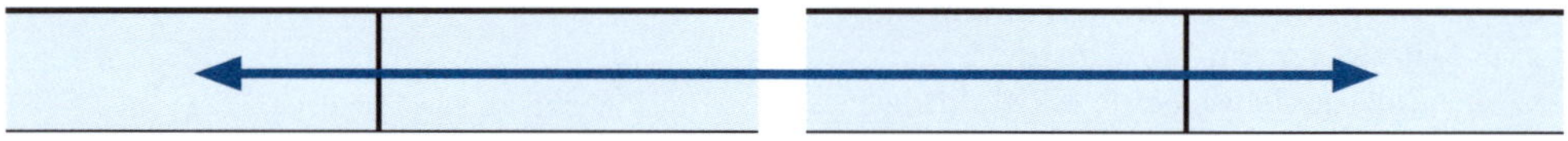

Beispiel 4

2300 Noch nicht bezahlter Aufwand (PRA) | **6900 Zinsaufwand**

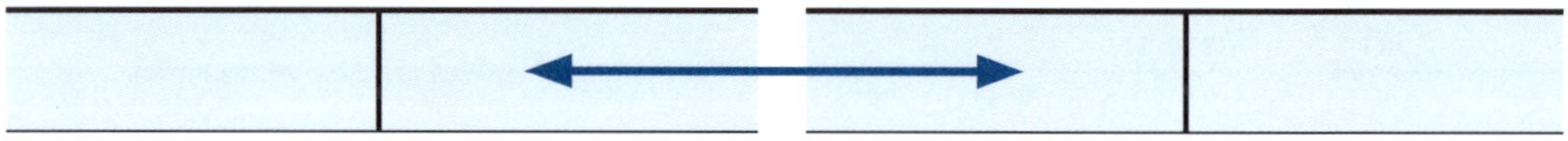

[1] Bezahlter Aufwand des Folgejahres
[2] Erhaltener Ertrag des Folgejahres

27.06

Nr.	Buchung	Bildung	Rückbuchung	Geschäftsfall
1	Aktive Rechnungsabgrenzung/Mietaufwand	X		Abgrenzung von vorausbezahltem Mietaufwand (beim Mieter)
2	Aktive Rechnungsabgrenzung/Zinsertrag	X		Abgrenzung von noch nicht erhaltenen, aufgelaufenen Zinsen (beim Gläubiger)
3	Zinsaufwand/Passive Rechnungsabgrenzung	X		Aufgelaufene Zinsen (beim Schuldner)
4	Reiseertrag/Passive Rechnungsabgrenzung	X		Abgrenzung von im Voraus erhaltenen Erträgen (beim Reisebüro)
5	Passive Rechnungsabgrenzung/Zinsaufwand		X	Rückbuchung von noch nicht bezahlten Zinsen (beim Schuldner)
6	Mietertrag (oder Liegenschaftsertrag)/Passive Rechnungsabgrenzung	X		Abgrenzung von im Voraus erhaltenen Mietzinsen (beim Vermieter)
7	Versicherungsaufwand/Aktive Rechnungsabgrenzung		X	Rückbuchung von im Voraus bezahlten Versicherungsprämien (beim Versicherungsnehmer)
8	Prämienertrag/Passive Rechnungsabgrenzung	X		Abgrenzung von im Voraus erhaltenen Versicherungsprämien (bei der Versicherungsgesellschaft)

27.07

a) Andere kurzfristige Forderungen/Bank 2000

b) Da es sich bei der Gewährung des Darlehens nicht um eine erfolgswirksame Transaktion handelt, ist am Jahresende keine zeitliche Abgrenzung notwendig.

27.08

a)

Schlussbilanz vor Gewinnverbuchung per 31. 12. 20_5

Aktiven			Passiven		
Umlaufvermögen			**Fremdkapital**		
Flüssige Mittel	50		Kreditoren	700	
Debitoren	800		Im Voraus erhaltener Ertrag	20	
Vorausbezahlter Aufwand	15		Noch nicht bezahlter Aufwand	35	
Noch nicht erhaltener Ertrag	25		Passivdarlehen	550	
Warenvorrat	590	1 480	Rückstellungen	45	1 350
Anlagevermögen			**Eigenkapital**		
Sachanlagen	420		Aktienkapital	400	
Aktivdarlehen	100	520	Reserven und Gewinnvortrag	250	650
		2 000			2 000

b)

Nr.	Geschäftsfall	Voraus-bezahlter Aufwand	Noch nicht erhaltener Ertrag	Im Voraus erhaltener Ertrag	Noch nicht bezahlter Aufwand	Rück-stellungen
1	Aufgelaufener Zins auf Passivdarlehen				X	
2	(Von uns) im Voraus bezahlte Sachversicherungsprämien	X				
3	Ein Kunde macht auf gerichtlichem Weg einen Schaden geltend, der durch eine unserer Lieferungen entstanden ist. Unser Risiko ist in der Bilanz zu berücksichtigen.					X
4	Aufgelaufener Zins auf Aktivdarlehen		X			
5	(Von uns) im Voraus bezahlte Mietzinse	X				

27.09

a)

Geschäftsjahr 20_1

Datum	Text	Buchung	Rückstellungen		Aufwand für Schadenersatz	
15.11.20_1	Bildung Rückstellung	Aufwand für Schadenersatz/ Rückstellungen		20	20	
31.12.20_1	Abschluss	Rückstellungen/Bilanz	**20**			
		ER/Aufwand für Schadenersatz				**20**
			20	20	20	20

Geschäftsjahr 20_2

Datum	Text	Buchung	Rückstellungen		Aufwand für Schadenersatz	
01.01.20_2	Eröffnung	Bilanz/Rückstellungen		20		
28.08.20_2	Schadenersatzzahlung[1]	Rückstellungen/Bank	12			
	Herabsetzung der Rückstellungen[2]	Rückstellungen/ Aufwand für Schadenersatz	3			3
31.12.20_2	Abschluss	Rückstellungen/Bilanz	**5**			
		Aufwand für Schadenersatz/ER[3]			**3**	
			20	20	3	3

[1] Verwendung Rückstellung

[2] Auflösung Rückstellung

[3] In der Erfolgsrechnung 20_2 wird dieser Saldo als Ertrag ausgewiesen.

b)

Nr.	Aussage	Richtig	Falsch
1	Rückstellungen sind Fremdkapital.	X	
2	Rückstellungen sind immer kurzfristig.		X
3	Typisch für Rückstellungen ist die ungewisse Höhe.	X	
4	Rückstellungen müssen gebildet werden zum Beispiel für Prozessrisiken bei hängigen Gerichtsverfahren oder für versprochene Garantieleistungen.	X	
5	Bei der Bildung von Rückstellungen erfolgt die Sollbuchung über ein Aufwands- oder Ertragskonto.	X	
6	Die Bildung von Rückstellungen führt zu einer Erhöhung des Fremdkapitals.	X	
7	Durch die Bildung von Rückstellungen wird der ausgewiesene Erfolg des Geschäftsjahres verbessert.		X
8	Eine Auflösung von Rückstellungen ist immer erfolgsunwirksam.		X
9	Rückstellungen werden zum Beispiel aufgelöst, wenn das Risiko nicht mehr besteht.	X	

c)

Journal

Datum	Geschäftsfall	Sollbuchung	Habenbuchung	Betrag
10.05.	Die vor drei Jahren für einen Prozess gebildete Rückstellung wird aufgelöst, da das Gerichtsurteil zu unseren Gunsten lautet.	Rückstellungen	Ausserordentlicher Ertrag	80 000
13.08.	Bankzahlung eines Schadenfalls zulasten der Rückstellungen	Rückstellungen	Bank	15 000
31.12.	Bildung von Rückstellungen für unterlassene Instandstellungsarbeiten an der eigenen Liegenschaft	Liegenschaftsaufwand	Rückstellungen	50 000
31.12.	Bildung einer Rückstellung für gewährte Garantien	Garantieaufwand (oder Verkaufsertrag)	Rückstellungen	70 000
31.12.	Aufgelaufene Schuldzinsen	Zinsaufwand	Passive Rechnungsabgrenzung	6 000
31.12.	Verminderung des Delkrederes	Delkredere	Debitorenverluste	8 000

27.10

Journal 20_7

Nr.	Geschäftsfall	Buchung Soll	Buchung Haben	Betrag
1	Rückbuchung des Ende 20_6 zeitlich abgegrenzten Zinsaufwands	Passive Rechnungs-abgrenzung	Zinsaufwand	2
2	An Kunden versandte Rechnungen für erbrachte Architekturleistungen	Debitoren	Honorarertrag	600
3	Bankzahlungen von Kunden	Bank	Debitoren	575
4	Bankzahlungen für Personalaufwand (inkl. Eigenlohn für den Geschäftsinhaber)	Personalaufwand	Bank	400
5	Bankbelastung für den Darlehenszins (Zinstermin 30.04., Zinsfuss 6 %)	Zinsaufwand	Bank	3
6	Eine Forderung ist infolge Konkurses eines Kunden abzuschreiben.	Debitorenverluste	Debitoren	5
7	Rechnungen für übrigen Aufwand	Übriger Aufwand	Kreditoren	130
8	Bankzahlungen von Rechnungen für übrigen Aufwand	Kreditoren	Bank	128
9	Privatbezüge mit der Bancomatkarte zulasten des Bankkontos des Geschäfts	Privat	Bank	35
10	Abschreibung der Einrichtungen: 20 % des Anschaffungswerts	Abschreibungen	WB Einrichtungen	20
11	Das Delkredere soll gleich viele Prozente betragen wie im Vorjahr.	Debitorenverluste	Delkredere	1
12	Zeitliche Abgrenzung des Zinses auf dem Bankdarlehen	Zinsaufwand	Passive Rechnungs-abgrenzung	2
13	Die Rückstellungen sind zulasten des Honorarertrags auf 12 zu erhöhen.	Honorarertrag	Rückstellungen	4
14	Gutschrift Eigenzins: 3,5 % auf Anfangskapital	Zinsaufwand	Privat	7
15	Saldierung des Privatkontos	Eigenkapital	Privat	28
16	Übertrag des Jahresgewinns	Erfolgsrechnung	Eigenkapital	30

Hauptbuch 20_7

Bank

A	17		400
	575		3
			128
			35
		S	**26**
	592		592

Debitoren

A	200		575
	600		5
		S	**220**
	800		800

Delkredere

		A	10
S	**11**		1
	11		11

Einrichtungen

A	100	**S**	**100**

WB Einrichtungen

		A	40
S	**60**		20
	60		60

Kreditoren

	128	A	7
S	**9**		130
	137		137

Passive Rechnungsabgrenzung

	2	A	2
S	**2**		2
	4		4

Bankdarlehen

A	**50**	A	50

Rückstellungen

		A	8
S	**12**		4
	12		12

Eigenkapital

	28	A	200
S	**202**		30
	230		230

Privat

	35		7
			28
	35		35

Personalaufwand

	400	**S**	**400**

Zinsaufwand

	3		2
	2		
	7	**S**	**10**
	12		12

Abschreibungen

	20	**S**	**20**

Übriger Aufwand

	130	**S**	**130**

Honorarertrag

	4		600
S	**596**		
	600		600

Debitorenverluste

	5		
	1	**S**	**6**
	6		6

A = Anfangsbestand

S = Saldo

Erfolgsrechnung 20_7

Personalaufwand	400	Honorarertrag	596
Zinsaufwand	10	./. Debitorenverluste	−6
Abschreibungen	20		
Übriger Aufwand	130		
Gewinn	**30**		
	590		590

Schlussbilanz 31.12.20_7

Bank	26	Kreditoren	9
Debitoren	220	Passive Rechnungsabgrenzung	2
./. Delkredere	−11	Bankdarlehen	50
Einrichtungen	100	Rückstellungen	12
./. WB Einrichtungen	−60	Eigenkapital	202
	275		275

27.11

a)

Saldobilanzen per 31.12.20_4

Konten	Provisorische Saldobilanz		Nachträge		Definitive Saldobilanz	
Bank	36				36	
Debitoren	240				240	
Delkredere		15	3			12
Vorräte	20				20	
Aktive Rechnungsabgrenzung			2		2	
Büroeinrichtung	30			6	24	
Maschinen/Fahrzeuge	600				600	
WB Maschinen/Fahrzeuge		130		150		280
Kreditoren		50				50
Bankdarlehen		200				200
Passive Rechnungsabgrenzung				1		1
Rückstellungen		10		4		14
Aktienkapital		250				250
Gesetzliche Gewinnreserve		70				70
Gewinnvortrag		7				7
Ertrag aus Arbeiten		700	4			696
Debitorenverluste	5			3	2	
Personalaufwand	340				340	
Zinsaufwand Bankdarlehen	11		1		12	
Abschreibungen Büroeinrichtung			6		6	
Abschreibungen Maschinen/Fahrzeuge			150		150	
Übriger Aufwand	150			2	148	
	1 432	1 432	166	166	1 580	1 580

b)

Erfolgsrechung 20_4

	Ertrag aus Arbeiten	696
./.	Debitorenverluste	–2
./.	Personalaufwand	–340
./.	Zinsaufwand	–12
./.	Abschreibungen Büroeinrichtung	–6
./.	Abschreibungen Maschinen/Fahrzeuge	–150
./.	Übriger Aufwand	–148
=	Gewinn	38

c)

Eigenkapital per 31.12.20_4

Aktienkapital	250
Gesetzliche Gewinnreserve	70
Gewinnvortrag	45

27.12

Journal 20_4

Nr.	Text	Sollbuchung	Habenbuchung	Betra
1	Rechnung des Elektrizitätswerks des Kantons Wallis für Strombezüge des Geschäfts	Energieaufwand	Keditoren	2 3
2	Honorarrechnung von B. Müller an einen Kunden	Debitoren	Dienstleistungsertrag	180 0
3	Seit zwei Jahren besteht ein Passivdarlehen von Fr. 300 000, das halbjährlich per Ende April und Ende Oktober konstant zu 4 % verzinslich ist. Wie wird die Bankbelastung vom 31. 10. 20_4 verbucht?	Zinsaufwand	Bank	6 0
4	Wie lautet Ende Jahr die zeitliche Abgrenzung des Zinses auf dem Darlehen gemäss Nr. 3?	Zinsaufwand	Passive Rechnungsabgrenzung	2 0
5	Am 30. 11. 20_4 wird der Mietzins für die Geschäftslokalitäten für die Monate Dezember, Januar und Februar zum Voraus per Bank überwiesen.	Mietaufwand	Bank	15 0
6	Der Mietzins von Nr. 5 ist per Ende Jahr zeitlich abzugrenzen.	Aktive Rechnungsabgrenzung	Mietaufwand	10 0
7	B. Müller macht einen Bargeldbezug ab dem Bankkonto des Geschäfts für private Zwecke.	Privat	Bank	3 0
8	Rechnung für den grossen Service am Geschäftsauto	Fahrzeugaufwand	Keditoren	1 4
9	Die Klavierstunden der Tochter von B. Müller werden über das Bankkonto des Geschäfts bezahlt.	Privat	Bank	2
10	Das Delkredere wird in der Schlussbilanz jeweils mit 5 % des Debitorenbestandes eingesetzt. Buchung Ende 20_4? ▶ Debitorenbestand Ende 20_3 Fr. 50 000 ▶ Debitorenbestand Ende 20_4 Fr. 40 000	Delkredere	Debitorenverluste	5
11	Die kurzfristigen Rückstellungen für die Risiken aus ausgeführten Arbeiten werden zulasten des Dienstleistungsertrags von Fr. 25 000 auf Fr. 28 000 erhöht.	Dienstleistungsertrag	Rückstellungen	3
12	Eine Kundenforderung ist infolge Konkurses definitiv abzuschreiben.	Debitorenverluste	Debitoren	8
13	Ende Jahr ist der Privatanteil am Geschäftsfahrzeug zu verbuchen. Er beträgt pro Monat 0,8 % des Anschaffungswerts des Fahrzeugs von Fr. 60 000.	Privat	Fahrzeugaufwand	5
14	Verbuchung eines Eigenzinses von 3 % auf dem investierten Eigenkapital von Fr. 200 000	Zinsaufwand	Privat	6
15	Das Privatkonto weist vor dem Abschluss einen Sollüberschuss aus; es ist auszugleichen.	Eigenkapital	Privat	5

27.13

rnal 20_6

. Text	Sollbuchung	Habenbuchung	Betrag
Bankgutschrift für Zinsen auf dem Kontokorrent-Konto 2 925. Die Verrechnungssteuer ist auch zu buchen.	Bank Debitor VSt (Guthaben VSt)	Zinsertrag Zinsertrag	2 925 1 575
Indirekte Abschreibung einer Maschine: Anschaffungswert 800 000, Nutzungsdauer 5 Jahre, Liquidationswert am Ende der Nutzungsdauer 100 000, lineare Abschreibung	Abschreibungen	WB Maschinen	140 000
Die Wertberichtigung auf Forderungen gegenüber ausländischen Kunden soll 10 % betragen. ► Anfangsbestand Debitoren Ausland 65 000 ► Schlussbestand Debitoren Ausland 58 000	Delkredere (WB Debitoren)	Debitorenverluste (Verluste aus Forderungen)	700
Aufgelaufene Zinsen auf einem Passivdarlehen von 60 000, Zinsfuss 5 %, halbjährliche Zinstermine 30. April und 31. Oktober	Zinsaufwand	Passive Rechnungsabgrenzung	500
Zeitliche Abgrenzung des am 1. November per Banküberweisung von 9 000 für ein halbes Jahr vorausbezahlten Mietzinses	Aktive Rechnungsabgrenzung	Mietaufwand (Raumaufwand)	6 000
Die Rückstellungen für Garantiearbeiten werden jeweils mit 1 % des Umsatzes als Minderung des Fabrikateertrags verbucht. ► Anfangsbestand Rückstellungen 50 000 ► Fabrikateertrag 20_6 4 600 000	Rückstellungen	Fabrikateertrag	4 000
Die von den Mitarbeitenden noch nicht bezogenen Ferienguthaben werden zeitlich abgegrenzt.[1] ► Anfangsbestand Ferienguthaben 70 000 ► Schlussbestand Ferienguthaben 76 000	Übriger Personalaufwand	Passive Rechnungsabgrenzung	6 000
Zeitliche Abgrenzung einer am 31. Mai per Banküberweisung von 1 200 für ein Jahr vorausbezahlten Versicherungsprämie	Aktive Rechnungsabgrenzung	Versicherungsaufwand	500
Degressive, indirekte Abschreibung eines Fabrikgebäudes. Das Land ist in der Buchhaltung separat erfasst. Anschaffungswert 2 000 000, Wertberichtigung Anfang Jahr 307 200, Abschreibungssatz gemäss Merkblatt ESTV	Abschreibungen	WB Immobilien (WB Liegenschaften)	135 424[1]
Ein Fabrikateverkauf von EUR 4 000 wurde zum Kurs CHF 1.60/EUR erfasst. Die Rechnung ist noch offen. Die Kurse betragen am Jahresende: 1.52 (Geld) bzw. 1.55 (Brief).	Fabrikateertrag	Debitoren (Forderungen aus Lieferungen)	320[2]
Aufgelaufene Zinsen auf einem Aktivdarlehen von 20 000, Zinsfuss 6%, jährlicher Zinstermin 31. August	Aktive Rechnungsabgrenzung	Zinsertrag	400
Übertrag des Jahresgewinnes von 90 000 auf den Gewinnvortrag	Erfolgsrechnung	Gewinnvortrag	90 000

1 8 % von des Buchwerts von 1 692 800 (Anschaffungswert 2 000 000 – kumulierte Abschreibungen 307 200)

2 Der Geldkurs ist der Kaufkurs aus Sicht der Bank. Die Bank wird der Macchina SA die vom Kunden zu bezahlenden EUR 4000 später abkaufen und ihr den Gegenwert in CHF gutschreiben.

27.50

Bilanz vor Gewinnverbuchung 31. 12. 20_4

Aktiven			
Umlaufvermögen			
Bank	49 370.00		
Debitoren	228 000.00		
Delkredere	– 11 400.00		
Ausstehende Subventionen	234 000.00	499 970.00	
Anlagevermögen			
Mobiliar	641 400.00		
EDV-Anlagen	415 000.00	1 056 400.00	1 556 370.00
Passiven			
Fremdkapital			
Kreditoren	69 500.00		
Verrechnungssteuer	0.00		
Dividenden	0.00		
Aufgelaufene Darlehenszinsen	5 000.00		
Im Voraus erhaltene Kursgelder	580 000.00		
Darlehen	600 000.00	1 254 500.00	
Eigenkapital			
Aktienkapital	200 000.00		
Gesetzliche Gewinnreserve	86 500.00		
Gewinnvortrag	2 270.00	288 770.00	1 543 270
Gewinn			**13 100.00**

Bilanz nach Gewinnverbuchung 31.12.20_4

Aktiven			
Umlaufvermögen			
Bank	49 370.00		
Debitoren	228 000.00		
Delkredere	– 11 400.00		
Ausstehende Subventionen	234 000.00	499 970.00	
Anlagevermögen			
Mobiliar	641 400.00		
EDV-Anlagen	415 000.00	1 056 400.00	1 556 370.00
Passiven			
Fremdkapital			
Kreditoren	69 500.00		
Verrechnungssteuer	0.00		
Dividenden	0.00		
Aufgelaufene Darlehenszinsen	5 000.00		
Im Voraus erhaltene Kursgelder	580 000.00		
Darlehen	600 000.00	1 254 500.00	
Eigenkapital			
Aktienkapital	200 000.00		
Gesetzliche Gewinnreserve	86 500.00		
Gewinnvortrag	15 370.00	301 870.00	1 556 370.00

Erfolgsrechnung 20_4

Ertrag			
Schulgeldertrag	1 240 000.00		
Subventionsertrag	4 763 000.00		
Kursgeldertrag	2 120 000.00		
Debitorenverluste	– 13 900.00	8 109 100.00	
Aufwand			
Personalaufwand	6 490 000.00		
Mietaufwand	1 020 000.00		
Übriger Aufwand	389 000.00		
Abschreibung Mobiliar	72 000.00		
Abschreibung EDV	90 000.00		
Zinsaufwand	35 000.00	8 096 000.00	
Gewinn			**13 100.00**

Journal 20_4

Datum	Text	Beleg Nr.	Soll	Haben	Betrag
0	Eröffnung Bank		1020	9100	115 370.00
0	Eröffnung Debitoren		1100	9100	130 000.00
0	Eröffnung Delkredere		9100	1109	6 500.00
0	Eröffnung Ausstehende Subventionen		1301	9100	211 000.00
0	Eröffnung Mobiliar		1510	9100	670 000.00
0	Eröffnung EDV-Anlagen		1520	9100	380 000.00
0	Eröffnung Kreditoren		9100	2000	57 100.00
0	Eröffnung Aufgelaufene Darlehenszinsen		9100	2300	6 000.00
0	Eröffnung Im Voraus erhaltene Kursgelder		9100	2301	540 000.00
0	Eröffnung Darlehen		9100	2400	600 000.00
0	Eröffnung Aktienkapital		9100	2800	200 000.00
0	Eröffnung Gesetzliche Gewinnreserve		9100	2950	86 000.00
0	Eröffnung Gewinnvortrag		9100	2970	10 770.00
1	Rückbuchung Ausstehende Subventionen		3410	1301	211 000.00
1	Rückbuchung Aufgelaufene Darlehenszinsen		2300	6900	6 000.00
1	Rückbuchung Im Voraus erhaltene Kursgelder		2301	3420	540 000.00
2	Rechnungen Schulgelder		1100	3400	1 240 000.00
3	Subventionszahlungen		1020	3410	4 740 000.00
4	Rechnungen Kursgelder		1100	3420	2 160 000.00
5	Personalaufwand		5000	1020	6 490 000.00
6	Zahlungen Schulgelder		1020	1100	1 180 000.00
7	Zahlungen Kursgelder		1020	1100	2 120 000.00
8	Debitorenverluste Schulgelder		3800	1100	3 200.00
9	Schulhausmiete		6000	1020	1 020 000.00
10	Darlehenszinsen		6900	1020	36 000.00
11	Rechnungen Sonstiger Aufwand		6700	2000	389 000.00
12	Reservenzuweisung		2970	2950	500.00
12	Dividendenzuweisung		2970	2260	8 000.00
13	Gutschrift Verrechnungssteuer		2260	2206	5 200.00
14	Dividendenzahlung		2260	1020	2 800.00
15	Debitorenverluste Kursgelder		3800	1100	5 800.00
16	Zahlung Verrechnungssteuer		2206	1020	2 800.00
17	Kauf Mobiliar		1510	2000	43 400.00
18	Verkauf EDV-Anlagen		1100	1520	7 000.00
19	Kauf EDV-Anlagen		1520	2000	132 000.00
20	Zahlungen Kreditoren		2000	1020	552 000.00
21	Abschreibung Mobiliar		6810	1510	72 000.00
22	Abschreibung EDV-Anlagen		6820	1520	90 000.00
23	Erhöhung Delkredere		3800	1109	4 900.00
24	Aufgelaufene Darlehenszinsen		6900	2300	5 000.00
25	Ausstehende Subventionen		1301	3410	234 000.00
26	Im Voraus erhaltene Kursgelder		3420	2301	580 000.00
27	Gewinnbuchung		9000	2970	13 100.00

3. Teil Ausgewählte Themen

Einkauf, Verkauf und Vorräte

a) Handelsbetrieb

31.01

Wareneinkäufe

Nr.	Text	Sollbuchung	Habenbuchung	Kreditoren		Warenaufwand	
1	Anfangsbestand Kreditoren 120	Bilanz	Kreditoren		120		
2	Wareneinkäufe auf Kredit 800	Warenaufwand	Kreditoren		800	800	
3	Frachtkosten zulasten des Käufers bar bezahlt 20	Warenaufwand	Kasse			20	
4	Gutschriften für Rücksendungen mangelhafter Ware 40	Kreditoren	Warenaufwand	40			40
5	Gutschriften für nachträglich erhaltene Rabatte 30	Kreditoren	Warenaufwand	30			30
6	Zahlungen an Lieferanten: ► Skontoabzüge 10	Kreditoren	Warenaufwand	10			10
	► Banküberweisungen 650	Kreditoren	Bank	650			
7	Schlussbestand Kreditoren	Kreditoren	Bilanz	**190**			
8	Warenaufwand	Erfolgsrechnung	Warenaufwand				**740**
				920	920	820	820

Warenverkäufe

Nr.	Text	Sollbuchung	Habenbuchung	Debitoren		Warenertrag	
1	Anfangsbestand Debitoren 200	Debitoren	Bilanz	200			
2	Warenverkäufe auf Kredit 1 300	Debitoren	Warenertrag	1 300			1 300
3	Frachtkosten zulasten des Verkäufers bar bezahlt 30	Warenertrag	Kasse			30	
4	Gutschriften für Rücknahmen mangelhafter Ware 50	Warenertrag	Debitoren		50	50	
5	Gutschriften für nachträglich gewährte Rabatte 40	Warenertrag	Debitoren		40	40	
6	Zahlungen von Kunden: ► Skontoabzüge 20	Warenertrag	Debitoren		20	20	
	► Banküberweisungen 1 100	Bank	Debitoren		1 100		
7	Schlussbestand Debitoren	Bilanz	Debitoren		**290**		
8	Nettoerlös	Warenertrag	Erfolgsrechnung			**1 160**	
				1 500	1 500	1 300	1 300

	Warenertrag (Nettoerlös)	1 170
./.	Warenaufwand	– 740
=	**Bruttogewinn**	**430**

31.02

a)

Wareneinkäufe

Nr.	Text	Sollbuchung	Habenbuchung	Warenaufwand		Warenertrag	
1	Wareneinkäufe auf Kredit 500	Warenaufwand	Kreditoren	500			
2	Gutschriften von Lieferanten für nachträgliche Rabatte 25	Kreditoren	Warenaufwand		25		
3	Zollrechnung für importierte Waren 3	Warenaufwand	Kreditoren	3			
4	Warenverkäufe auf Kredit 900	Debitoren	Warenertrag				900
5	Eingangsfrachten zulasten des Käufers bar bezahlt 4	Warenaufwand	Kasse	4			
6	Ausgangsfrachten zulasten des Verkäufers bar bezahlt 6	Warenertrag	Kasse			6	
7	Gutschriften an Kunden für mangelhafte Ware 9	Warenertrag	Debitoren			9	
8	Gutschriften von Lieferanten für mangelhafte Ware 2	Kreditoren	Warenaufwand		2		
9	Zahlungen von Kunden: ▶ Skonto 10	Warenertrag	Debitoren			10	
	▶ Postüberweisungen 910	Post	Debitoren (910)				
10	Zahlungen an Lieferanten: ▶ Skonto 5	Kreditoren	Warenaufwand		5		
	▶ Postüberweisungen 460	Kreditoren	Post (460)				
11	Saldo Warenaufwand	Erfolgsrechnung	Warenaufwand		**475**		
12	Saldo Warenertrag	Warenertrag	Erfolgsrechnung			**875**	
				507	507	900	900

b)

Erfolgsrechnung

	Warenertrag (Nettoerlös)	875
./.	Warenaufwand	–475
=	**Bruttogewinn**	**400**
./.	Personalaufwand	–150
./.	Raumaufwand	–40
./.	Abschreibungsaufwand	–30
./.	Zinsaufwand	–20
./.	Übriger Aufwand	–90
=	**Reingewinn**	**70**

Personalaufwand bis Übriger Aufwand: Gemeinaufwand = 330

c) **Debitoren**

Soll		Haben	
A	90		9
	900		10
			910
		Saldo	**61**
	900		990

Der Schlussbestand beträgt 61.

31.03

Nr.	Geschäftsfall	Sollbuchung	Habenbuchung	Debitoren		Kreditoren	
1	Für einen Wareneinkauf werden EUR 4 000 fakturiert und zum Buchkurs von CHF 1.30/EUR erfasst.	Warenaufwand	Kreditoren				5 200
2	Die Rechnung von Nr. 1 wird mittels Banküberweisung unter Abzug von 2 % Skonto bezahlt. Die Bank belastet CHF 5 292.	Kreditoren	Warenaufwand			104	
		Kreditoren	Bank			5 292	
		Warenaufwand	Kreditoren				196
3	Für einen Warenverkauf werden USD 6 000 fakturiert und zum Buchkurs von CHF 1.20/USD erfasst.	Debitoren	Warenertrag	7 200			
4	Die Rechnung von Nr. 3 wird mittels Banküberweisung unter Abzug von 3 % Skonto bezahlt. Die Bank schreibt CHF 6 402 gut.	Warenertrag	Debitoren		216		
		Bank	Debitoren		6 402		
		Warenertrag	Debitoren		582		
				7 200	7 200	5 396	5 396

31.04

Nr.	Text	Sollbuchung	Habenbuchung	Betrag
1a	Warenverkauf auf Kredit (Rechnung an einen Kunden)	Debitoren	Warenertrag	3 000
b	Bankzahlung des Kunden unter Abzug von 2% Skonto.	Warenertrag	Debitoren	60
		Bank	Debitoren	2 940
2a	Wareneinkauf auf Kredit (Rechnung von einem Lieferanten)	Warenaufwand	Kreditoren	4 000
b	Gutschrift des Lieferanten für nachträglichen Rabatt von 10% oder Rücknahme von Waren	Kreditoren	Warenaufwand	400
c	Bankzahlung an den Lieferanten unter Abzug von 2% Skonto	Kreditoren	Warenaufwand	72
		Kreditoren	Bank	3 528
3	Barzahlung von P. Kohler für Porto beim Warenverkauf (Frankolieferung).	Warenertrag	Kasse	20
4	Barzahlung von P. Kohler für Porto beim Wareneinkauf (Frankolieferung).	Kreditoren	Kasse	10

31.05

Nr.	Sollbuchung	Habenbuchung	Betrag
1	Warenaufwand	Kreditoren	3 600
2	Kreditoren	Kasse	100
3	Debitoren	Warenertrag	8 000
4	Warenertrag	Kreditoren	140
5	Debitoren	Warenertrag	4 000
6	Kreditoren	Warenaufwand	500
7	Kreditoren	Warenaufwand	90
	Kreditoren	Post	2 910
8	Warenertrag	Debitoren	160
	Bank	Debitoren	7 840
9	Debitoren	Post	300
10	Fahrzeuge	Kreditoren	35 000
	Kreditoren	Fahrzeuge	9 000
	WB Fahrzeuge	Gewinn aus Veräusserung	3 000
	WB Fahrzeuge	Fahrzeuge	21 000
11	Privat	Warenaufwand	1 500
12	Debitoren	Warenertrag	1 400
13	Warenaufwand	Kreditoren	2 200
14	Post	Debitoren	800
	Debitorenverluste	Debitoren	3 500
15	Bank	Debitoren	1 350
	Warenertrag	Debitoren	50
16	Transitorische Aktiven	Warenaufwand	2 400
17	Kreditoren	Warenaufwand	60
18	Debitorenverluste	Delkredere	600
	Delkredere	Debitorenverluste	500
19	Privat	Fahrzeugaufwand	1 800
20	Zinsaufwand	Transitorische Passiven	2 000

31.06

Januar

Text	Buchung	Warenvorrat		Warenaufwand		Warenertrag	
Anfangsbestand 2 Stück	Warenvorrat/Bilanz	200					
Einkauf 10 Stück	Warenaufwand/Kasse			1 000			
Verkauf 10 Stück	Kasse/Warenertrag						1 500
Vorratsänderung 0 Stück	Keine Buchung						
Schlussbestand 2 Stück	Bilanz/Warenvorrat		**200**				
Saldo Warenaufwand	Erfolgsrechnung/Warenaufwand				**1 000**		
Saldo Warenertrag	Warenertrag/Erfolgsrechnung					**1 500**	
		200	200	1 000	1 000	1 500	1 500

Februar

Text	Buchung	Warenvorrat		Warenaufwand		Warenertrag	
Anfangsbestand 2 Stück	Warenvorrat/Bilanz	200					
Einkauf 10 Stück	Warenaufwand/Kasse			1 000			
Verkauf 6 Stück	Kasse/Warenertrag						900
Vorratsänderung +4 Stück	Warenvorrat /Warenaufwand	400			400		
Schlussbestand 6 Stück	Bilanz/Warenvorrat		**600**				
Saldo Warenaufwand	Erfolgsrechnung/Warenaufwand				**600**		
Saldo Warenertrag	Warenertrag/Erfolgsrechnung					**900**	
		600	600	1 000	1 000	900	900

März

Text	Buchung	Warenvorrat		Warenaufwand		Warenertrag	
Anfangsbestand 6 Stück	Warenvorrat/Bilanz	600					
Einkauf 10 Stück	Warenaufwand/Kasse			1 000			
Verkauf 12 Stück	Kasse/Warenertrag						1 800
Vorratsänderung –2 Stück	Warenaufwand/Warenvorrat		200	200			
Schlussbestand 4 Stück	Bilanz/Warenvorrat		**400**				
Saldo Warenaufwand	Erfolgsrechnung/Warenaufwand				**1 200**		
Saldo Warenertrag	Warenertrag/Erfolgsrechnung					**1 800**	
		600	600	1 200	1 200	1 800	1 800

31.07

a)

Erfolgsrechnung 20_1 (in Fr. 1000.–)

	Aufwand		Ertrag		
	Warenaufwand	650	Warenertrag	900	1. Stufe = Bruttogewinn
	Bruttogewinn	**250**			
		900		900	
Gemeinaufwand	Personalaufwand	140	Bruttogewinn	250	2. Stufe = Reingewinn
Gemeinaufwand	Raumaufwand	40			
Gemeinaufwand	Abschreibungsaufwand	15			
Gemeinaufwand	Zinsaufwand	5			
Gemeinaufwand	Übriger Aufwand	30			
	Reingewinn	**20**			
		250		250	

b)

Erfolgsrechnung 20_1 (in Fr. 1000.–)

		Warenertrag	900	1. Stufe = Bruttogewinn
	./.	Warenaufwand	– 650	
	=	**Bruttogewinn**	**250**	
Gemeinaufwand	./.	Personalaufwand	– 140	2. Stufe = Reingewinn
Gemeinaufwand	./.	Raumaufwand	– 40	
Gemeinaufwand	./.	Abschreibungsaufwand	– 15	
Gemeinaufwand	./.	Zinsaufwand	– 5	
Gemeinaufwand	./.	Übriger Aufwand	– 30	
	=	**Reingewinn**	**20**	

31.08

a)

Warenvorrat

Anfangsbestand	50		
Bestandeszunahme	10	**Schlussbestand (Saldo)**	**60**
	60		60

Warenaufwand

Wareneinkäufe	512	Retouren und Rabatte	15
Bezugskosten	20	Skonti	7
		Bestandeszunahme Warenvorrat	10
		Warenaufwand (Saldo)	**500**
	532		532

Warenertrag

Retouren und Rabatte	22	Warenverkäufe	820
Skonti	8		
Nettoerlös (Saldo)	790		
	820		820

b)

Einstandswert der eingekauften Waren	512 + 20 – 15 – 7 = 510
Zunahme Warenvorrat	10
Einstandswert der verkauften Waren	500
Warenaufwand	500
Nettoerlös	790
Bruttogewinn	290

31.09

Oktober

Text	Buchung	Warenvorrat		Warenaufwand		Warenertrag	
Anfangsbestand 100 Flaschen	Warenvorrat/Bilanz	300					
Einkauf 400 Flaschen	Warenaufwand/Kreditoren			1 200			
Verkauf 400 Flaschen	Debitoren/Warenertrag						2 000
Vorratsänderung 0 Flaschen	Keine Buchung						
Schlussbestand 100 Flaschen	Bilanz/Warenvorrat		**300**				
Saldo Warenaufwand	Erfolgsrechnung/Warenaufwand				**1 200**		
Saldo Warenertrag	Warenertrag/Erfolgsrechnung					**2 000**	
		300	300	1 200	1 200	2 000	2 000

November

Text	Buchung	Warenvorrat		Warenaufwand		Warenertrag	
Anfangsbestand 100 Flaschen	Warenvorrat/Bilanz	300					
Einkauf 800 Flaschen	Warenaufwand/Kreditoren			2 400			
Verkauf 600 Flaschen	Debitoren/Warenertrag						3 000
Vorratsänderung +200 Flaschen	Warenvorrat/Warenaufwand	600			600		
Schlussbestand 300 Flaschen	Bilanz/Warenvorrat		**900**				
Saldo Warenaufwand	Erfolgsrechnung/Warenaufwand				**1 800**		
Saldo Warenertrag	Warenertrag/Erfolgsrechnung					**3 000**	
		900	900	2 400	2 400	3 000	3 000

Dezember

Text	Buchung	Warenvorrat		Warenaufwand		Warenertrag	
Anfangsbestand 300 Flaschen	Warenvorrat/Bilanz	900					
Einkauf 900 Flaschen	Warenaufwand/Kreditoren			2 700			
Verkauf 1 000 Flaschen	Debitoren/Warenertrag						5 000
Vorratsänderung –100 Flaschen	Warenaufwand/Warenvorrat		300	300			
Schlussbestand 200 Flaschen	Bilanz/Warenvorrat		**600**				
Saldo Warenaufwand	Erfolgsrechnung/Warenaufwand				**3 000**		
Saldo Warenertrag	Warenertrag/Erfolgsrechnung					**5 000**	
		900	900	3 000	3 000	5 000	5 000

31.10

a)

Nr.	Geschäftsfall	Buchung	Warenvorrat		Warenaufwand		Warenertrag	
1	Anfangsbestand Vorräte 80	Warenvorrat/Bilanz	80					
2	Krediteinkäufe 500	Warenaufwand/Kreditoren			500			
3	Barverkäufe 850	Kasse/Warenertrag						850
4	Gutschriften für nachträglich erhaltene Rabatte 10	Kreditoren/Warenaufwand				10		
5	Rückzahlungen an Kunden für Retouren mangelhafter Ware 25	Warenertrag/Kasse					25	
6	Barzahlung für Eingangsfrachten zulasten Gartencenter 8	Warenaufwand/Kasse			8			
7	Barzahlung für Eingangsfrachten für Frankolieferungen 7	Kreditoren/Kasse (7)						
8	Gutschriften von Lieferanten wegen mangelhafter Lieferungen 20	Kreditoren/Warenaufwand				20		
9	Zahlungen an Lieferanten: ► Skonti 5	Kreditoren/Warenaufwand				5		
	► Bankbelastungen 455	Kreditoren/Bank (455)						
10	Rechnung Spediteur für Ausgangsfrachten zulasten Gartencenter 40	Warenertrag/Kreditoren					40	
11	Bankzahlungen für Löhne 180	Lohnaufwand/Bank (180)						
12	Indirekte Abschreibungen auf Sachanlagen 50	Abschreibungen/ WB Sachanlagen (50)						
13	Rechnungen für übrigen Aufwand wie Miete, Energieverbrauch, Dünger, Werbung 110	Übriger Aufwand/Kreditoren (110)						
14	Bankzahlungen von Rechnungen für übrigen Aufwand 115	Kreditoren/Bank (115)						
15	Korrekturbuchung Zunahme Warenvorrat	Warenvorrat/Warenaufwand	20			20		
16	Schlussbestand Vorräte gemäss Inventar 100	Bilanz/Warenvorrat		**100**				
17	Saldo Warenaufwand	Erfolgsrechnung/ Warenaufwand				**453**		
18	Saldo Warenertrag	Warenertrag/Erfolgsrechnung					**785**	
			100	100	508	508	850	850

b)

Erfolgsrechnung

	Warenertrag (Nettoerlös)	785
./.	Warenaufwand	– 453
=	**Bruttogewinn**	**332**
./.	Personalaufwand	– 180
./.	Abschreibungsaufwand	– 50
./.	Übriger Aufwand	– 110
=	**(Rein-)Verlust**	**– 8**

c)

- ☐ Totalbetrag aller Rechnungen an Kunden
- ☐ Einstandswert der verkauften Waren
- ☒ Nettoerlös aus dem Verkauf von Waren
- ☐ Bruttogewinn

d)

- ☐ Zahlungen an Lieferanten
- ☐ Einkauf von Waren zu Einstandspreisen
- ☒ Verkauf von Waren zu Einstandspreisen
- ☒ Warenaufwand

31.11

Aufgabe	Anfangsbestand	Schlussbestand	Vorratsänderung	Einstandswert der eingekauften Waren	Einstandswert der verkauften Waren (Warenaufwand)	Nettoerlös	Bruttogewinn
a)	50	50	0	500	500	800	300
b)	10	13	+ 3	80	77	100	23
c)	20	30	+ 10	150	140	200	60
d)	8	6	– 2	50	52	70	18
e)	14	20	+ 6	100	94	140	46
f)	30	25	– 5	200	205	300	95
g)	40	38	– 2	300	302	500	198
h)	15	19	+ 4	90	86	120	34
i)	17	14	– 3	113	116	160	44

31.12

a)

Zins (Skonto) für **20 Tage**	2 %
Zins für 360 Tage (Jahreszinsfuss)	**36 %**

$$\frac{2\,\% \cdot 360 \text{ Tage}}{20 \text{ Tage}} = 36\,\% \text{ p.a.}$$

b) Die meisten Zinsfüsse beziehen sich auf ein Jahr, damit sie sich miteinander vergleichen lassen (z. B. der Zinsfuss eines Sparkontos mit dem Zinsfuss einer Obligation oder eines Kontokorrents). Auch die Renditen beziehen sich auf ein Jahr.

c) Ja, weil der zugrunde liegende Jahreszinsfuss meist hoch ist (36 % in Aufgabe a).

d) Folgende drei Gründe sind am häufigsten:

- ▶ Der Lieferant will Anreiz dafür schaffen, dass der Kunde seine Rechnungen rasch begleicht.
- ▶ Der Lieferant braucht dringend Geld und kann dieses mangels Bonität nicht anderweitig beschaffen.
- ▶ Der Lieferant will das Delkredere-Risiko vermindern. (Er hofft, dass finanzschwache Kunden zuerst die Rechnungen mit Skontoabzug zahlen.)
- ▶ Der Skonto ist brachenüblich (z. B. Baubranche).

e) Grosse Unternehmen buchen Skontoabzüge oft als Zinsertrag, weil es sich beim Skonto um eine Zinsvergütung für vorzeitige Zahlung handelt, die losgelöst vom Warengeschäft betrachtet werden kann.

31.13

a)

Warenvorrat

Anfangsbestand	50	Abnahme	10
		Schlussbestand (Saldo)	**40**
	50		50

Warenaufwand

Lieferantenrechnungen	600	Rabatte	15
Frachtkosten	9	Skonti	20
Abnahme Warenvorrat	10	**Warenaufwand (Saldo)**	**584**
	619		619

Warenertrag

Frachtkosten	16	Kundenrechnungen	900
Rabatte	8		
Skonti	12		
Nettoerlös (Saldo)	**864**		
	900		900

b) Rabatte werden in der Rechnung ausgewiesen und die Rechnungen zum Nettobetrag erfasst, sodass Rabatte grundsätzlich nicht gebucht werden. Nur Gutschriften für nachträglich gewährte Rabatte führen zu Buchungen.

c)

	Warenertrag (Nettoerlös)	864
./.	Warenaufwand	– 584
=	**Bruttogewinn**	**280**

d) Der Bruttogewinn dient zur Deckung der Gemeinaufwände (wie Personalaufwand, Raumaufwand, Abschreibungsaufwand, Zinsaufwand) sowie eines angemessenen Gewinns.

31.14

Nr.	Vorratsänderung	Wareneinkäufe	Warenaufwand	Nettoerlös	Bruttogewinn	Gemeinaufwand	Erfolg
1	+ 30	200	170	280	110	90	+ 20
2	– 10	50	60	100	40	30	+ 10
3	+ 4	30	26	50	24	25	– 1
4	+ 15	120	105	150	45	50	– 5
5	– 8	60	68	90	22	20	+ 2
6	+ 2	66	64	60	– 4	15	– 19

31.15

Zins (Skonto) für 40 Tage	3 %
Zins für 360 Tage (Jahreszinsfuss)	27 %

$$\frac{3\,\% \cdot 360 \text{ Tage}}{40 \text{ Tage}} = 27\,\% \text{ p.a.}$$

31.16

Journal

Nr.	Text	Sollbuchung	Habenbuchung	Betrag
1	Wareneinkauf	Warenaufwand	Kreditoren	350
2	Bezugskosten	Warenaufwand	Kasse	23
3	Warenverkauf	Debitoren	Warenertrag	400
4	Gutschrift	Warenertrag	Debitoren	20
5	Skonto	Warenertrag	Debitoren	4
	Kundenzahlung	Post	Debitoren	196
6	Umsatzbonus	Kreditoren	Warenaufwand	5
7	Wareneinkauf	Warenaufwand	Kreditoren	140
8	Lieferantenzahlung	Kreditoren	Bank	135
	Kursdifferenz	Kreditoren	Warenaufwand	5
9	Skonto	Kreditoren	Warenaufwand	1
	Lieferantenzahlung	Kreditoren	Bank	49
10	Warenverkauf	Debitoren	Warenertrag	220
11	Kundenzahlung	Bank	Debitoren	210
	Kursdifferenz	Warenertrag	Debitoren	10
12	Storno der falschen Buchung	Post	Fahrzeugaufwand	70
	Richtige Buchung	Fahrzeuge	Kasse	63
13	Privater Warenbezug	Privat	Warenaufwand	4
14	Überweisung Konkursamt	Post	Debitoren	40
	Debitorenverlust	Debitorenverluste	Debitoren	160
15	Warenbezug als Kundengeschenk	Werbeaufwand	Warenaufwand	2
16	Bancomatbezug	Privat	Bank	1
17	Mietzinszahlung	Raumaufwand (Mietaufwand)	Bank	30
18	Rechnungsabgrenzung	Transitorische Aktiven	Raumaufwand (Mietaufwand)	20
19	Zinszahlung	Zinsaufwand	Bank	6
20	Rechnungsabgrenzung	Zinsaufwand	Transitorische Passiven	4
21	Privatrechnung	Privat	Post	11
22	Abschreibung Ladeneinrichtung	Abschreibungen	Wertberichtigung Mobiliar	9
23	Herabsetzung Delkredere	Delkredere	Debitorenverluste	3
24	Bankgutschrift Kontokorrentzinsen	Bank	Zinsertrag	39
	Verrechnungssteuer	Debitor VSt	Zinsertrag	21
25	Korrekturbuchung Warenvorrat	Warenaufwand	Warenvorrat	19
26	Eigenzins	Zinsaufwand	Privat	12
27	Saldo Privat	Privat	Eigenkapital	4

Exkurs

Laufende Lagerführung

31.20

a)

Datum	Geschäftsfall	Buchung	Warenvorrat		Warenaufwand		Warenertrag	
01.01.	Anfangsbestand 100 Stück zu Fr. 7	Warenvorrat/Bilanz	700					
12.01.	Krediteinkauf 1 000 Stück zu Fr. 7	Warenaufwand/Kreditoren			7 000			
23.01.	Kreditverkauf 800 Stück zu Fr. 10	Debitoren/Warenertrag						8 000
31.01.	Korrekturbuchung für Zunahme Warenvorrat	Warenvorrat/Warenaufwand	1 400			1 400		
31.01.	Warenvorrat gemäss Inventar 300 Stück zu Fr. 7	Bilanz/Warenvorrat		**2 100**				
	Saldo Warenaufwand	Erfolgsrechnung/Warenaufwand				**5 600**		
	Saldo Warenertrag	Warenertrag/Erfolgsrechnung					**8 000**	
			2 100	2 100	7 000	7 000	8 000	8 000

b)

Einstandspreis	Fr. 7/Stück
Einstandswert der eingekauften Waren	Fr. 7 000
Einstandswert der verkauften Waren	Fr. 5 600
Verkaufswert der verkauften Waren	Fr. 8 000
Warenaufwand	Fr. 5 600
Nettoerlös	Fr. 8 000
Bruttogewinn	Fr. 2 400

c)

Datum	Geschäftsfall	Buchung	Warenvorrat		Warenaufwand		Warenertrag	
01.01.	Anfangsbestand 100 Stück zu Fr. 7	Warenvorrat/Bilanz	700					
12.01.	Krediteinkauf 1 000 Stück zu Fr. 7	Warenvorrat/Kreditoren	7 000					
23.01.	Kreditverkauf 800 Stück zu Fr. 10	Debitoren/Warenertrag						8 000
	Verbrauch (= Abnahme des Warenvorrats)	Warenaufwand/Warenvorrat		5 600	5 600			
31.01.	Warenvorrat gemäss Inventar 300 Stück zu Fr. 7	Bilanz/Warenvorrat		**2 100**				
	Saldo Warenaufwand	Erfolgsrechnung/Warenaufwand				**5 600**		
	Saldo Warenertrag	Warenertrag/Erfolgsrechnung					**8 000**	
			7 700	7 700	5 600	5 600	8 000	8 000

d)

Nr.	Frage	Wareneinkauf als Warenaufwand	Wareneinkauf als Vorratszunahme
1	Nach welcher Methode zeigt das Konto Warenvorrat jederzeit den aktuellen (Soll-)Bestand?	☐	☒
2	Welche Buchungen sind bei einem Warenverkauf gegen Rechnung vorzunehmen?	Debitoren/Warenertrag	Debitoren/Warenertrag (Verkaufspreis) Warenaufwand/Warenvorrat (Einstandspreis)
3	Wie wird der Schlussbestand des Warenvorrats ermittelt?	Nur durch Inventur	Durch Inventur. Der (Soll-)Bestand ist auch aus der Buchhaltung ersichtlich (als Saldo des Kontos Warenvorrat).
4	Bei welcher Methode ist der Warenvorrat ein ruhendes Konto?	☒	☐
5	Welche Korrekturbuchung ist am Periodenende durchzuführen, wenn der Warenvorrat gegenüber dem Anfang abgenommen hat?	Warenaufwand/Warenvorrat	Keine
6	Bei welcher Methode ist meist eine Informatik-Unterstützung notwendig?	☐	☒

e1) Bei ruhender Führung des Warenvorrats wird bereits der Wareneinkauf als Warenaufwand (d.h. als Verbrauch) verbucht, sodass beim Warenverkauf nur noch die Ertragsbuchung gemacht werden muss.

e2) Meist besteht in einem Handelsbetrieb eine Vielzahl verschiedener Artikel, und die Transaktionen sind zahlreich. Dies führt zu sehr vielen Buchungen, da alle Einkäufe und Verkäufe artikelweise einzeln erfasst werden müssen und jeder Verkauf zu zwei Buchungen führt. Ausserdem lassen sich die Einstandspreise, die für eine Verkaufsbuchung benötigt werden, von Hand nur mit grossem Zeitaufwand ermitteln.

e3) Der Bestand gemäss Buchhaltung *sollte* mit dem effektiven Bestand gemäss Inventar übereinstimmen. In der Praxis treten indes Inventurdifferenzen auf (wegen Fehlbuchungen, Diebstahl oder Schwund).

31.21

a) Warenvorrat/Bilanz Fr. 42.–

b) Kasse/Warenertrag Fr. 20.–
Warenaufwand/Warenvorrat Fr. 14.–

c) Warenvorrat/Kreditoren Fr. 70.–

(Der Minimalbestand wird am 3. 1. 20_1 durch den Verkauf von 2 Packungen unterschritten, was zu einer Bestellung von 10 Packungen führt, die am nächsten Morgen geliefert werden.)

d) Der Bestand gemäss Buchhaltung beträgt 14, die Inventur ergibt 13, also besteht ein Manko von 1 Packung. Diese ist entweder gestohlen, oder beim Verkauf von den Angestellten aus Versehen nicht gescannt worden.

e) Warenaufwand/Warenvorrat Fr. 7.–

f) 7 Packungen (Anfangsbestand 6 + Einkäufe 30 ./. Verkäufe 28 ./. Manko 1) zu Fr. 7.– je Packung = Fr. 49.–

g)

	Warenertrag (28 verkaufte Packungen zum Verkaufspreis von Fr. 10.–)	Fr. 280.–
./.	Warenaufwand (28 verkaufte Packungen + 1 Manko zum Einstandspreis von Fr. 7.–)	Fr. 203.–
=	Bruttogewinn	Fr. 77.–

31.22

a)

Warenvorrat als ruhendes Konto

Datum	Geschäftsfall	Buchung	Warenvorrat		Warenaufwand		Warenertrag	
01.04.	Anfangsbestand 300 Stück	Warenvorrat/Bilanz	900					
15.04.	Krediteinkauf 2 000 Stück	Warenaufwand/Kreditoren			6 000			
24.04.	Kreditverkauf 2 200 Stück	Debitoren/Warenertrag						11 000
30.04.	Korrekturbuchung für Abnahme Warenvorrat	Warenaufwand/Warenvorrat		600	600			
30.04.	Warenvorrat gemäss Inventar	Bilanz/Warenvorrat		**300**				
	Saldo Warenaufwand	Erfolgsrechnung/ Warenaufwand				**6 600**		
	Saldo Warenertrag	Warenertrag/Erfolgsrechnung					**11 000**	
			900	900	6 600	6 600	11 000	11 000

Warenvorrat mit laufender Kontenführung

Datum	Geschäftsfall	Buchung	Warenvorrat		Warenaufwand		Warenertrag	
01.04.	Anfangsbestand 300 Stück	Warenvorrat/Bilanz	900					
15.04.	Krediteinkauf 2 000 Stück	Warenvorrat/Kreditoren	6 000					
24.04.	Kreditverkauf 2 200 Stück	Debitoren/Warenertrag						11 000
	Verbrauch Waren 2 200 Stück	Warenaufwand/Warenvorrat		6 600	6 600			
30.04.	Warenvorrat gemäss Inventar	Bilanz/Warenvorrat		**300**				
	Saldo Warenaufwand	Erfolgsrechnung/ Warenaufwand				**6 600**		
	Saldo Warenertrag	Warenertrag/Erfolgsrechnung					**11 000**	
			6 900	6 900	6 600	6 600	11 000	11 000

b)

Nr.	Aufgaben	Richtig	Falsch
1	Bei ruhender Führung des Warenvorrats werden bereits die Waren*einkäufe* als Aufwand verbucht, obwohl der Aufwand effektiv erst durch den Verkauf entsteht.	X	
2	Hauptvorteil der ruhenden Führung des Warenvorrats ist die Tatsache, dass der Arbeitsaufwand für die Warenbuchhaltung wesentlich geringer ist, weil deutlich weniger Buchungen getätigt werden müssen.	X	
3	Die Verbuchung mit laufender Kontenführung gibt den wirklichen Waren- und Wertefluss besser wieder.	X	
4	Ein Nachteil der laufenden Kontenführung besteht darin, dass sich allfällige Inventurdifferenzen nicht feststellen lassen.		X

31.23

a) Verbuchung der Wareneinkäufe als **Vorratszunahme**

Warenvorrat

Anfangsbestand	Verkäufe zu Einstandspreisen (Warenaufwand)
Einkäufe zu Einstandspreisen	Schlussbestand

Warenaufwand

Verkäufe zu Einstandspreisen (Warenaufwand)	Saldo = Warenaufwand

Warenertrag

Saldo = Nettoerlös	Verkäufe zu Verkaufspreisen

b) Verbuchung der Wareneinkäufe als **Warenaufwand**

Warenvorrat

Anfangsbestand	Schlussbestand
Vorratszunahme	

Warenaufwand

Einkäufe zu Einstandspreisen	Vorratszunahme
	Saldo = Warenaufwand (= Verkäufe zu Einstandspreisen)

Warenertrag

Saldo = Nettoerlös	Verkäufe zu Verkaufspreisen

Fussnote für rechte Seite

1 Da die Einstandspreise wahrscheinlich elektronisch erfasst wurden und die Ware möglicherweise vor Bezahlung der Lieferantenrechnung bereits wieder verkauft worden ist, werden in der Praxis die Einstandspreise (und damit der Warenvorrat) bei Rabatten und Skonti oft nicht nachträglich angepasst. Stattdessen werden Rabatte und Skonti bei laufender Kontenführung des Warenvorrats auf separaten Konti erfasst. Die Buchungen von Nr. 3 und 4 lauten in diesem Fall: Kreditoren/Rabatte 50, Kreditoren/Skonti 9. Die im Haben verbuchten Rabatte und Skonti stellen eine Warenaufwandsminderung dar; die Skonti können auch als Finanzertrag betrachtet werden.

31.24

Nr.	Geschäftsfall	Der Warenvorrat wird als ruhendes Konto geführt.	Die Veränderungen des Warenvorrats werden laufend erfasst.
1	Anfangsbestand Warenvorrat 40	Warenvorrat/Bilanz 40	Warenvorrat/Bilanz 40
2	Wareneinkauf auf Kredit 500	Warenaufwand/Kreditoren 500	Warenvorrat/Kreditoren 500
3	Gutschrift für nachträglichen Rabatt von 10 % auf der Rechnung von Nr. 2	Kreditoren/Warenaufwand 50	Kreditoren/Warenvorrat[1] 50
4	Bankzahlung der Rechnung von Nr. 2 unter Abzug von 2 % Skonto	Kreditoren/Warenaufwand 9 Kreditoren/Bank 441	Kreditoren/Warenvorrat[1] 9 Kreditoren/Bank 441
5	Warenverkauf auf Kredit (800 zu Verkaufspreisen, 640 zu Einstandspreisen)	Debitoren/Warenertrag 800	Debitoren/Warenertrag 800 Warenaufwand/Warenvorrat 640
6	Rechnung des Spediteurs für Transport der Sendung von Nr. 5 (Frankolieferung) 12	Warenertrag/Kreditoren 12	Warenertrag/Kreditoren 12
7	Gutschrift 100 für Rücksendung einwandfreier Ware durch den obigen Kunden (Marge wie bei Nr. 5)	Warenertrag/Debitoren 100	Warenertrag/Debitoren 100 Warenvorrat/Warenaufwand 80
8	Bankzahlung der Rechnung von Nr. 5 unter Abzug von 3 % Skonto	Warenertrag/Debitoren 21 Bank/Debitoren 679	Warenertrag/Debitoren 21 Bank/Debitoren 679
9	Bei einer Inventur unter dem Jahr wurde gegenüber der Buchhaltung ein Vorratsmanko von 3 festgestellt.	Eine solche Differenz lässt sich bei ruhender Kontenführung gar nicht feststellen, weil der Soll-Warenbestand nicht bekannt ist.	Warenaufwand/Warenvorrat 3
10	Kreditverkauf für EUR 100, Einstandswert CHF 110, Buchkurs 1.40	Debitoren/Warenertrag 140	Debitoren/Warenertrag 140 Warenaufwand/Warenvorrat 110
11	Banküberweisung des Kunden von Nr. 10 von EUR 50. Bankgutschrift zum Kurs von CHF 1.42/EUR.	Bank/Debitoren 71 Debitoren/Warenertrag 1	Bank/Debitoren 71 Debitoren/Warenertrag 1
12	Bewertung der Restschuld des Kunden von Nr. 10 am Jahresende. EUR-Kurse: Geld 1.36, Brief 1.38	Warenertrag/Debitoren 2	Warenertrag/Debitoren 2
13	Korrekturbuchung für Vorratsveränderung	Warenvorrat/Warenaufwand 25	Nach dieser Methode braucht es keine Korrekturbuchung, da das Konto Warenvorrat laufend nachgeführt wurde.
14	Schlussbestand Warenvorrat 65	Bilanz/Warenvorrat 65	Bilanz/Warenvorrat 65

[1] Die Fussnote ist auf der linken Seite.

b) Fabrikationsbetrieb

31.40

a) Ein Fabrikationsbetrieb kauft Material ein und stellt unter Einsatz von Arbeitskräften und Maschinen neue Produkte her (eine Schreinerei zum Beispiel Möbel, Fenster oder Türen). Ein Handelsbetrieb (zum Beispiel ein Möbelhändler) kauft fertige Möbel ein und verkauft diese unverändert weiter.

b)

Nr.	Vorrat	Materialvorrat	Unfertige Erzeugnisse	Fertige Erzeugnisse
1	Holz	X		
2	Halbfertige Stühle in der Werkstatt		X	
3	Beschläge (z. B. Scharniere, Türfallen, Türschlösser)	X		
4	Zum Verkauf bereit stehende Tische			X
5	In der Werkstatt stehende, fast fertige Fenster		X	
6	Nägel und Schrauben	X		

c) Durch Inventur am Ende einer Periode

d) Zu Herstellungskosten (OR 960a)

e)

Nr.	Aufwand	Herstellkosten	Keine Herstellkosten
1	Holzverbrauch	X	
2	Löhne für Schreiner	X	
3	Werbeaufwand		X
4	Löhne für Verwaltungsangestellte		X
5	Raumkosten für die Werkstatt	X	
6	Verbrauch von Leim, Nägeln und Schrauben	X	
7	Abschreibung Mobiliar Verkaufslokal		X
8	Reparaturen und Unterhalt des Maschinenparks	X	
9	Gewinnsteuern		X

f)

Nr.	Vorratszunahmen	Buchungen
1	Materialvorrat	Materialvorrat/Materialaufwand
2	Unfertige Erzeugnisse	Unfertige Erzeugnisse/Bestandesänderungen
3	Fertige Erzeugnisse	Fertige Erzeugnisse/Bestandesänderungen

31.41

a)

Materialvorrat

120	
Zunahme 80	**Saldo 200**
200	200

Unfertige Erzeugnisse

140	
Zunahme 50	**Saldo 190**
190	190

Fertige Erzeugnisse

200	Abnahme 60
	Saldo 140
200	200

b)

	Verlust vor Vorratsänderungen	– 40
+	Verminderung Materialaufwand (Aufwandsminderung)	80
+	Bestandesänderung unfertige Erzeugnisse (Ertrag)	50
./.	Bestandesänderung fertige Erzeugnisse (Ertragsminderung)	– 60
=	**Gewinn**	**30**

c) Die Zunahme des Materialvorrats bedeutet, dass mehr Material eingekauft als für die Fabrikation verbraucht wurde. Da die Materialeinkäufe bei ruhender Kontenführung als Materialaufwand erfasst worden sind, muss bei einer Vorratsänderung der Materialaufwand korrigiert werden.

Die Zunahme der unfertigen Erzeugnisse enthält eine Vielzahl verschiedener Aufwände (zum Beispiel Material, Löhne, Unterhalt und Reparaturen oder Abschreibungen), so dass sich als Gegenbuchung zur Vorratszunahme keine einzelne Aufwandsposition zuordnen lässt, weshalb die Vorratsänderung zu Herstellungskosten auf das separate Ertragskonto «Bestandesänderungen» zu buchen ist.

31.42

Nr.	Sollbuchung	Habenbuchung	Betrag
1	Materialaufwand	Kreditoren	2 800
2	Kreditoren	Materialaufwand	56
	Kreditoren	Bank	2 744
3	Gewinnvortrag	Gesetzliche Gewinnreserve	8 000
	Gewinnvortrag	Dividenden	40 000
	Dividenden	Kreditor VSt	14 000
	Dividenden	Bank	26 000
	Kreditor VSt	Post	14 000
4	Zinsaufwand	Bank	2 400
5	Debitoren	Produktionserlös[1]	9 800
6	Produktionserlös	Debitoren	300
7	Produktionserlös	Debitoren	190
	Bank	Debitoren	9 310
8	Raumaufwand	Post	6 000
9	Maschinen	WB Maschinen	10 000
	Abschreibungen	WB Maschinen	9 000
10	Zinsaufwand	Passive Rechnungsabgrenzung	400
11	Aktive Rechnungsabgrenzung	Raumaufwand	4 000
12	Delkredere (WB Debitoren)	Debitorenverluste	5 000
13	Materialaufwand	Materialvorrat	14 000
14	Bestandesänderungen	Unfertige Erzeugnisse	6 000
15	Fertige Erzeugnisse	Bestandesänderungen	9 000

[1] Verkaufsertrag Erzeugnisse

31.50

a)

Schlussbilanz vor Gewinnverbuchung 31.12.20_1

Aktiven			
Umlaufvermögen			
Kasse	67 000.00		
Bank	400 000.00		
Vorrat Kolonialwaren	265 000.00		
Vorrat Molkerei	44 000.00		
Vorrat Fleisch	50 000.00		
Vorrat Früchte/Gemüse	44 000.00		
Vorrat Non-Food	469 000.00	1 339 000.00	
Anlagevermögen			
Einrichtungen		670 000.00	2 009 000.00
Passiven			
Fremdkapital			
Kreditor Grossverteiler	203 000.00		
Übrige Kreditoren	17 000.00		
Darlehen Grossverteiler	800 000.00	1 020 000.00	
Eigenkapital			
Eigenkapital	989 000.00		
Privat	0.00	989 000.00	2 009 000.00

b)

Erfolgsrechnung 20_1

Ertrag			
Warenertrag Kolonialwaren	6 880 000.00		
Warenertrag Molkerei	3 100 000.00		
Warenertrag Fleisch	4 060 000.00		
Warenertrag Früchte/Gemüse	2 900 000.00		
Warenertrag Non-Food	8 900 000.00	25 840 000.00	

Aufwand			
Warenaufwand Kolonialwaren	5 848 000.00		
Warenaufwand Molkerei	2 635 000.00		
Warenaufwand Fleisch	3 248 000.00		
Warenaufwand Früchte/Gemüse	2 320 000.00		
Warenertrag Non-Food	6 230 000.00		
Personalaufwand	3 600 000.00		
Mietaufwand	800 000.00		
Unterhalt und Reparaturen	125 000.00		
Energieaufwand	90 000.00		
Werbeaufwand	140 000.00		
Übriger Betriebsaufwand	300 000.00		
Abschreibungen	80 000.00		
Zinsaufwand	75 000.00	25 491 000.00	
Gewinn			**349 000.00**

d)

	Eigenlohn	250 000.–
+	Eigenzins	30 000.–
+	Gewinn	349 000.–
=	Geschäftseinkommen	629 000.–

e)

Bruttogewinnmarge	$\frac{\text{Bruttogewinn} \cdot 100\%}{\text{Warenertrag}}$	$\frac{2\,670 \cdot 100\,\%}{8\,900}$	**30 %**

c)

Journal 20_1

Datum	Text	Beleg Nr.	Soll	Haben	Betrag
0	Eröffnung Kasse		1000	9100	57 000.00
0	Eröffnung Bank		1020	9100	370 000.00
0	Eröffnung Vorrat Kolonialwaren		1200	9100	243 000.00
0	Eröffnung Vorrat Molkerei		1201	9100	29 000.00
0	Eröffnung Vorrat Fleisch		1202	9100	38 000.00
0	Eröffnung Vorrat Früchte/Gemüse		1203	9100	24 000.00
0	Eröffnung Vorrat Non-Food		1204	9100	519 000.00
0	Eröffnung Einrichtungen		1510	9100	700 000.00
0	Eröffnung Kreditor Grossverteiler		9100	2000	353 000.00
0	Eröffnung übrige Kreditoren		9100	2001	27 000.00
0	Eröffnung Darlehen		9100	2400	1 000 000.00
0	Eröffnung Eigenkapital		9100	2800	600 000.00
1	Einkäufe Kolonialwaren		4200	2000	5 870 000.00
2	Korrekturbuchung Vorrat Kolonialwaren		1200	4200	22 000.00
3	Ertrag Kolonialwaren		1000	3200	6 880 000.00
4	Einkäufe Molkerei		4201	2000	2 650 000.00
5	Korrekturbuchung Vorrat Molkerei		1201	4201	15 000.00
6	Ertrag Molkerei		1000	3201	3 100 000.00
7	Einkäufe Fleisch		4202	2000	3 260 000.00
8	Korrekturbuchung Vorrat Fleisch		1202	4202	12 000.00
9	Ertrag Fleisch		1000	3202	4 060 000.00
10	Einkäufe Früchte/Gemüse		4203	2000	2 340 000.00
11	Korrekturbuchung Vorrat Früchte/Gemüse		1203	4203	20 000.00
12	Ertrag Früchte/Gemüse		1000	3203	2 900 000.00
13	Einkäufe Non-Food		4204	2000	6 180 000.00
14	Korrekturbuchung Vorrat Non-Food		4204	1204	50 000.00
15	Ertrag Non-Food		1000	3204	8 900 000.00
16	Bareinzahlungen		1020	1000	25 830 000.00
17	Rechnungen für Energiebezüge		6400	2001	90 000.00
18	Bankzahlungen für Löhne		5000	1020	3 350 000.00
19	Bankzahlungen an den Grossverteiler		2000	1020	20 450 000.00
20	Rechnungen für Unterhalt und Reparaturen		6100	2001	125 000.00
21	Kauf Kühlvitrine		1510	2001	50 000.00
22	Bankzahlungen für Mietzinsen		6000	1020	800 000.00
23	Bankzahlungen für übrigen Betriebsaufwand		6700	1020	300 000.00
24	Rechnungen für Werbung		6600	2001	140 000.00
25	Bankzahlungen an übrige Kreditoren		2001	1020	415 000.00
26	Rückzahlung Darlehen		2400	1020	200 000.00
27	Bankbelastung für Zinsaufwand		6900	1020	45 000.00
28	Abschreibung Ladeneinrichtung		6800	1510	80 000.00
29	Gutschrift Eigenlohn		5000	2850	250 000.00
30	Gutschrift Eigenzins		6900	2850	30 000.00
31	Privatbezüge		2850	1020	240 000.00
32	Übertrag Privat auf Eigenkapital		2850	2800	40 000.00
33	Gewinnbuchung		9000	2800	349 000.00

d) e) Die Lösungen sind auf der linken Seite.

Offenposten-Buchhaltung

32.01

a)

Nr.	Geschäftsfall	Mit Führung des Debitorenkontos Buchung	Debitoren		Warenertrag	
1	Anfangsbestand Debitoren (4 300)	Debitoren/Bilanz	4 300			
2	Bankzahlung von Kunden H. Ott (2 000)	Bank/Debitoren		2 000		
3a	Kreditverkauf an Kunde D. Morf (2 800)	Debitoren/Warenertrag	2 800			2 800
b	Rücknahme mangelhafter Ware (500)	Warenertrag/Debitoren		500	500	
c	Nachträglich gewährter Rabatt (300)	Warenertrag/Debitoren		300	300	
d	Skonto 2 % auf Rechnungsbetrag (40)	Warenertrag/Debitoren		40	40	
e	Bankzahlung Restbetrag (1 960)	Bank/Debitoren		1 960		
4a	Kreditverkauf an Kunde E. Lirk (8 200)	Debitoren/Warenertrag	8 200			8 200
b	Mängelrabatt an E. Lirk (700)	Warenertrag/Debitoren		700	700	
5	Bankzahlung von Kunde F. Lang (2 300)	Bank/Debitoren		2 300		
6	Veränderung des Debitorenbestandes gegenüber Anfangsbestand	keine Buchung				
7a	Schlussbestand auf Bilanz	Bilanz/Debitoren		**7 500**		
b	Saldo auf Erfolgsrechnung	Warenertrag/ER			**9 460**	
			15 300	15 300	11 000	11 000

Nr.	Geschäftsfall	Mit Offenposten-Buchhaltung Buchung	Debitoren		Warenertrag	
1	Anfangsbestand Debitoren (4 300)	Debitoren/Bilanz	4 300			
2	Bankzahlung von Kunden H. Ott (2 000)	Bank/Warenertrag				2 000
3a	Kreditverkauf an Kunde D. Morf (2 800)	keine Buchung				
b	Rücknahme mangelhafter Ware (500)	keine Buchung				
c	Nachträglich gewährter Rabatt (300)	keine Buchung				
d	Skonto 2 % auf Rechnungsbetrag (40)	keine Buchung				
e	Bankzahlung Restbetrag (1 960)	Bank/Warenertrag				1 960
4a	Kreditverkauf an Kunde E. Lirk (8 200)	keine Buchung				
b	Mängelrabatt an E. Lirk (700)	keine Buchung				
5	Bankzahlung von Kunde F. Lang (2 300)	Bank/Warenertrag				2 300
6	Veränderung des Debitorenbestandes gegenüber Anfangsbestand	Debitoren/Warenertrag	3 200			3 200
7a	Schlussbestand auf Bilanz	Bilanz/Debitoren		**7 500**		
b	Saldo auf Erfolgsrechnung	Warenertrag/ER			**9 460**	
			7 500	7 500	9 460	9 460

b)

Nr.	Geschäftsfall	Mit Führung des Kreditorenkontos Buchung	Kreditoren		Warenaufwand	
1	Anfangsbestand Kreditoren (7 400)	Bilanz/Kreditoren		7 400		
2	Bankzahlung an Kreditor J. Erni (5 300)	Kreditoren/Bank	5 300			
3a	Krediteinkauf bei P. Hug (3 800)	Warenaufwand/Kreditoren		3 800	3 800	
b	Rückgabe mangelhafter Waren (500)	Kreditoren/Warenaufwand	500			500
c	Skontoabzug 2 %	Kreditoren/Warenaufwand	66			66
d	Bankzahlung an P. Hug	Kreditoren/Bank	3 234			
4a	Rechnung von S. Kälin für Warenlieferung (1 750)	Warenaufwand/Kreditoren		1 750	1 750	
b	Nachträglich von S. Kälin erhaltener Rabatt (250)	Kreditoren/Warenaufwand	250			250
c	Bankzahlung des Restbetrages an S. Kälin	Kreditoren/Bank	1 500			
5	Bankzahlung an W. Hurni (2 100)	Kreditoren/Bank	2 100			
6	Rechnung von H. Haller für Warenlieferung (5 700)	Warenaufwand/Kreditoren		5 700	5 700	
7	Barzahlung für Wareneinkäufe (1 200)	Warenaufwand/Kasse			1 200	
8	Veränderung des Kreditorenbestandes gegenüber Anfangsbestand	keine Buchung				
9a	Schlussbestand auf Bilanz	Kreditoren/Bilanz	**5 700**			
b	Saldo auf Erfolgsrechnung	ER/Warenaufwand				11 634
			18 650	18 650	12 450	12 450

Nr.	Geschäftsfall	Mit Offenposten-Buchhaltung Buchung	Kreditoren		Warenaufwand	
1	Anfangsbestand Kreditoren (7 400)	Bilanz/Kreditoren		7 400		
2	Bankzahlung an Kreditor J. Erni (5 300)	Warenaufwand/Bank			5 300	
3a	Krediteinkauf bei P. Hug (3 800)	keine Buchung				
b	Rückgabe mangelhafter Waren (500)	keine Buchung				
c	Skontoabzug 2 %	keine Buchung				
d	Bankzahlung an P. Hug	Warenaufwand/Bank			3 234	
4a	Rechnung von S. Kälin für Warenlieferung (1 750)	keine Buchung				
b	Nachträglich von S. Kälin erhaltener Rabatt (250)	keine Buchung				
c	Bankzahlung des Restbetrages an S. Kälin	Warenaufwand/Bank			1 500	
5	Bankzahlung an W. Hurni (2 100)	Warenaufwand/Bank			2 100	
6	Rechnung von H. Haller für Warenlieferung (5 700)	keine Buchung				
7	Barzahlung für Wareneinkäufe (1 200)	Warenaufwand/Kasse			1 200	
8	Veränderung des Kreditorenbestandes gegenüber Anfangsbestand	Kreditoren/Warenaufwand	1 700			1 700
9a	Schlussbestand auf Bilanz	Kreditoren/Bilanz	**5 700**			
b	Saldo auf Erfolgsrechnung	ER/Warenaufwand				**11 634**
			7 400	7 400	13 334	13 334

32.02

a)

		Buchungen mit Führung der Debitoren- und Kreditorenkonten		Buchungen mit Offenposten-Buchhaltung	
Datum	Geschäftsfall	Buchung	Betrag	Buchung	Betrag
1. 12.	Rechnung von U. Kunz für Warenlieferung, Fr. 4 500.–	Warenaufwand/ Kreditoren	4 500	keine Buchung	
2. 12.	Barkauf von Waren bei P. Hugentobler, Fr. 1 700.–	Warenaufwand/Kasse	1 700	Warenaufwand/Kasse	1 700
3. 12.	Rechnung des Spediteurs Transportag für die Warenlieferung von U. Kunz, Fr. 160.–	Warenaufwand/ Kreditoren	160	keine Buchung	
10. 12.	Postüberweisung an Transportag, Fr. 160.–	Kreditoren/Post	160	Warenaufwand/Post	160
12. 12.	Rechnung von K. Meyer für gelieferte Waren, Fr. 3 860.–	Warenaufwand/ Kreditoren	3 860	keine Buchung	
17. 12.	Gutschrift von K. Meyer wegen Mängeln auf der Warenlieferung vom 12. 12., Fr. 360.–	Kreditoren/ Warenaufwand	360	keine Buchung	
18. 12.	Rechnung der Dubois SA, Lyon, für Warenlieferung, Fr. 5 100.–	Warenaufwand/ Kreditoren	5 100	keine Buchung	
20. 12.	Bankzahlung der Rechnung von K. Meyer unter Abzug von 3 % Skonto	Kreditoren/Warenaufwand Kreditoren/Bank	105 3 395	Warenaufwand/Bank	3 395
21. 12.	Warenverkäufe bar, Fr. 5 320.–	Kasse/Warenertrag	5 320	Kasse/Warenertrag	5 320
22. 12.	Kreditverkauf von Waren an U. Diebold, Fr. 3 720.–	Debitoren/Warenertrag	3 720	keine Buchung	
22. 12.	Postüberweisung an U. Kunz, Fr. 4 500.–	Kreditoren/Post	4 500	Warenaufwand/Post	4 500
23. 12.	Barzahlung Frachtkosten für die Frankolieferung an U. Diebold, Fr. 135.–	Warenertrag/Kasse	135	Warenertrag/Kasse	135
28. 12.	Rechnung an E. Teitler für verkaufte Waren, Fr. 2 750.–	Debitoren/Warenertrag	2 750	keine Buchung	
30. 12.	Nachträglich gewährter Rabatt an E. Teitler, Fr. 750.–	Warenertrag/Debitoren	750	keine Buchung	
30. 12.	Rechnung von K. Meyer für die gelieferten Waren, Fr. 4 350.–	Warenaufwand/Kreditoren	4 350	keine Buchung	
31. 12.	Barverkäufe von Waren, Fr. 880.–	Kasse/Warenertrag	880	Kasse/Warenertrag	880
31. 12.	Zunahme offene Kundenrechnungen	keine Buchung		Debitoren/Warenertrag	5 720
31. 12.	Zunahme offene Lieferantenrechnungen	keine Buchung		Warenaufwand/ Kreditoren	9 450
31. 12.	Übertrag der Debitoren auf die Bilanz	Bilanz/Debitoren	5 720	Bilanz/Debitoren	5 720
31. 12.	Übertrag der Kreditoren auf die Bilanz	Kreditoren/Bilanz	9 450	Kreditoren/Bilanz	9 450

Debitoren-Inventar 31. 12. 20_1

Datum	Kunde	Betrag
22. 12.	U. Diebold	3 720
28. 12.	E. Teitler	2 000
	Total	5 720

Kreditoren-Inventar 31. 12. 20_1

Datum	Lieferant	Betrag
18. 12.	Dubois SA., Lyon	5 100
30. 12.	K. Meyer	4 350
	Total	9 450

Hinweis: In der Praxis würde in den OP-Listen bei jeder Rechnung nebst dem Rechnungsdatum auch das Fälligkeitsdatum aufgeführt.

b)

		Buchungen mit Führung der Debitoren- und Kreditorenkonten		Buchungen mit Offenposten-Buchhaltung	
Datum	Geschäftsfall	Buchung	Betrag	Buchung	Betrag
1. 1.	Eröffnung der Debitoren	Debitoren/Bilanz	5 720	Debitoren/Bilanz	5 720
1. 1.	Eröffnung der Kreditoren	Bilanz/Kreditoren	9 450	Bilanz/Kreditoren	9 450
4. 1.	Rechnung von U. Dörig für Warenlieferung, Fr. 1 960.–	Warenaufwand/ Kreditoren	1 960	keine Buchung	
5. 1.	Rückgabe mangelhafter Ware an U. Dörig Gutschrift Fr. 860.–	Kreditoren/ Warenaufwand	860	keine Buchung	
7. 1.	Bankbelastung für die Zahlung an Dubois SA	Kreditoren/Bank	5 100	Warenaufwand/Bank	5 100
15. 1.	Ladenverkäufe bar, Fr. 2 210.–	Kasse/Warenertrag	2 210	Kasse/Warenertrag	2 210
19. 1.	Rechnung an LEIMTEX Ltd., New York, Fr. 2 408.–	Debitoren/ Warenertrag	2 408	keine Buchung	
20. 1.	Banküberweisung an U. Dörig unter Abzug von 2 % Skonto	Kreditoren/ Warenaufwand	22	keine Buchung	
		Kreditoren/Bank	1 078	Warenaufwand/Bank	1 078
22. 1.	Kreditverkauf von Waren an W. Helbling, Fr. 2 630.–	Debitoren/ Warenertrag	2 630	keine Buchung	
22. 1.	Postüberweisung an K. Meyer, Fr. 4 350.–	Kreditoren/Post	4 350	Warenaufwand/Post	4 350
28. 1.	Rechnung von T. Tobler für Warenlieferung, Fr. 6 200.–	Warenaufwand/ Kreditoren	6 200	keine Buchung	
30. 1.	Nachträglich von T. Tobler erhaltener Rabatt von 10 % wegen mangelhafter Lieferung	Kreditoren/ Warenaufwand	620	keine Buchung	
31. 1.	Bankgutschrift für die Zahlung von LEIMTEX Ltd.	Bank/Debitoren	2 408	Bank/Warenertrag	2 408

c)

- Rechnungen, die vom Lieferanten eintreffen, werden im Ordner «offene Lieferantenrechnungen» abgelegt.
- Der Ordner «offene Lieferantenrechnungen» muss regelmässig, d. h. mindestens einmal pro Monat bearbeitet werden. Sollen Rechnungen mit Skontoabzügen bezahlt werden, sind die Rechnungen sogar wöchentlich zu kontrollieren und zur Zahlung weiterzuleiten.
- Sobald die Belastungsanzeige für die Bezahlung einer Rechnung eintrifft, wird das auf der Rechnung vermerkt. Diese Rechnung wird dann im Ordner «bezahlte Lieferantenrechnungen» abgelegt.

32.03

Nr.	Aussagen zur Offenposten-Buchhaltung	
1	Bei der OP-Methode werden nur die Zahlungen verbucht.	X
2	Bei Zahlungen wird der Skonto ebenfalls verbucht.	
3	Die Barzahlung von Bezugskosten ist nicht zu verbuchen.	
4	Rabatte, Skonti oder Rücksendungen werden nicht verbucht.	X
5	Barverkäufe an Kunden werden nicht verbucht.	
6	Bankzahlungen an Lieferanten werden verbucht. Buchungssatz: Warenaufwand/Bank.	X
7	Banküberweisungen von Debitoren werden verbucht. Buchungssatz: Bank/Debitoren.	
8	Rücksendungen an Lieferanten werden verbucht. Buchungssatz: Kreditoren/Warenaufwand.	
9	Eine Abnahme des Debitorenbestandes wird beim Abschluss verbucht. Buchungssatz: Debitoren/Warenaufwand.	
10	Eine Zunahme des Bestandes an offenen Lieferantenrechnungen wird verbucht. Buchungssatz: Warenaufwand/Kreditoren.	X
11	Durch die Verbuchung der Bestandesabnahme an offenen Lieferantenrechnungen wird der Periodenerfolg verbessert.	X
12	Durch die Verbuchung der Bestandeszunahme bei den offenen Debitoren wird der Periodenerfolg verschlechtert.	

Mehrwertsteuer

33.01

a)

Holzsägerei

Die Sägerei verkauft Holz aus dem eigenen Wald an eine Schreinerei:

	Verkaufswert des Holzes	50 000.–
+	Mehrwertsteuer 8,0 %	4 000.–
	Faktura	54 000.–

MWST-Abrechnung

	Umsatzsteuer	4 000.–
./.	Vorsteuer	–.–
	Abzuliefernde MWST	4 000.–

Schreinerei

Die Schreinerei verarbeitet das Holz zu Möbeln und verkauft diese an einen Möbelhändler:

	Verkaufswert der Möbel	150 000.–
+	Mehrwertsteuer 8,0 %	12 000.–
	Faktura	162 000.–

MWST-Abrechnung

	Umsatzsteuer	12 000.–
./.	Vorsteuer	– 4 000.–
	Abzuliefernde MWST	8 000.–

Möbelhändler

Der Möbelhändler verkauft die Möbel an die Kunden:

	Verkaufswert der Möbel	210 000.–
+	Mehrwertsteuer 8,0 %	16 800.–
	Faktura	226 800.–

MWST-Abrechnung

	Umsatzsteuer	16 800.–
./.	Vorsteuer	– 12 000.–
	Abzuliefernde MWST	4 800.–

b)

	Mehrwert	Mehrwertsteuer
Sägerei	50 000 – 0 = 50 000	8,0 % von 50 000 = 4 000
Schreinerei	150 000 – 50 000 = 100 000	8,0 % von 100 000 = 8 000
Möbelhändler	210 000 – 150 000 = 60 000	8,0 % von 60 000 = 4 800
Total	210 000	8,0 % von 210 000 = 16 800

33.02

	Güter und Dienstleistungen	8,0 %	2,5 %	0 %
a)	Versicherungen			X
b)	Heizöl	X		
c)	Autoreparaturen	X		
d)	Weiterbildungskurse			X
e)	Theater- und Konzertbillette			X
f)	Fernseh- und Radiogebühren		X	
g)	Transportleistungen	X		
h)	Mobilien	X		
i)	Wohnungs- und Geschäftsmiete			X
k)	Arzt- und Spitalrechnungen			X
l)	Liegenschaftskäufe- und -verkäufe			X
m)	Zeitungen, Zeitschriften		X	
n)	Leitungswasser		X	
o)	Werbung	X		

33.03

Umsätze in Fr. (inklusive MWST)		MWST-Satz in %	MWST-Guthaben (Vorsteuer)	MWST-Schuld (Umsatzsteuer)	
Wareneinkauf	918 000	8,0	68 000		
Verkaufsschulung	1 240	0			
Blumenschmuck Laden und Büro	2 214	2,5	54		
Finanzaufwand	3 456	0			
Elektrisch und Heizung	1 890	8,0	140		
Warenverkäufe	1 285 200	8,0		95 396	
Einkauf Büromaterial	7 020	8,0	520		
Inseratewerbung	11 124	8,0	824		
Honorar an Treuhand-unternehmung	8 424	8,0	624		
Einkauf Mobilien	36 720	8,0	2 720		abzuliefernde MWST
Total	–	–	72 882	95 396	22 514

33.04

a) Von der Herstellung bis zum Verbrauch werden die Güter und Leistungen mehrmals besteuert, nämlich in jeder Phase, in welcher wieder ein Mehrwert geschaffen wird.

b) [X] Nach vereinbartem Entgelt bedeutet, dass die MWST aufgrund der Rechnungen an die Kunden abgerechnet wird.

[X] Nach vereinnahmtem Entgelt wird die Vorsteuer aufgrund der an die Lieferanten geleisteten Zahlungen abgerechnet.

[X] Die Abrechnung nach vereinnahmtem Entgelt ist vor allem bei Bargeschäften vorteilhaft.

[ ] Die MWST-Verwaltung wünscht die Abrechnung nach vereinnahmtem Entgelt, da sie so rascher zu ihren Steuergeldern kommt.

[X] Im Gegensatz zum vereinbarten Entgelt sind beim vereinnahmtem Entgelt die Rabatte, Skonti, Debitorenverluste und Rücknahmen mangelhafter Waren berücksichtigt.

[X] Die Abrechnung der MWST nach vereinbartem und nach vereinnahmtem Entgelt führt letztlich zur gleich hohen MWST-Belastung.

c) Abgerechnet wird am Ende jedes Quartals (bei Saldosteuersätzen halbjährlich). Der geschuldete Betrag muss innert 60 Tagen bezahlt werden.

d) Die Produkte sind dadurch für das Ausland billiger, was die internationale Konkurrenzfähigkeit der Schweiz erhöht. Als kleines Land ist die Schweiz auf Exporte angewiesen. Hohe Exporte wirken sich günstig auf die Beschäftigungslage aus.

e)
- Schulung, Ausbildung
- Kulturelle Veranstaltungen wie Konzerte, Theater, Kino
- Versicherungen
- Geld- und Kapitalverkehr
- Wohnungs- und Geschäftsmieten
- Arztkonsultationen, Heilbehandlungen

f) Bei steuerbefreiten Umsätzen (Exporte) ist ein Vorsteuerabzug möglich, nicht aber bei von der Steuer ausgenommenen Umsätzen. Diese bezwecken eine günstigere Deckung der Grundbedürfnisse.

33.05

a) **Netto-Methode**

Datum	Geschäftsverkehr		Buchung Soll	Haben	Betrag	Debitor Vorsteuer		Kreditor Umsatzsteuer	
11.1.	**Kauf Mobiliar** Kaufpreis	12 000	Mobiliar	Kreditoren	12 000				
	+ MWST 8,0 % Rechnung	960 12 960	Debitor Vorsteuer	Kreditoren	960	960			
23.1.	**Wareneinkauf** Kaufpreis	70 000	Warenaufwand	Kreditoren	70 000				
	+ MWST 8,0% Rechnung	5 600 75 600	Debitor Vorsteuer	Kreditoren	5 600	5 600			
Div.	**Warenverkäufe** Verkaufspreis	90 000	Kasse	Warenertrag	90 000				
	+ MWST 8,0 % Kassabelege	7 200 97 200	Kasse	Kreditor Umsatzsteuer	7 200				7 200
16.2.	**Energierechnungen** Nettobetrag	5 500	Energieaufwand	Kreditoren	5 500				
	+ MWST 8,0 % Rechnung	440 5 940	Debitor Vorsteuer	Kreditoren	440	440			
14.3.	**Wareneinkauf** Kaufpreis	40 000	Warenaufwand	Kreditoren	40 000				
	+ MWST 8,0 % Rechnung	3 200 43 200	Debitor Vorsteuer	Kreditoren	3 200	3 200			
Div.	**Warenverkäufe** Verkaufspreis	65 000	Kasse	Warenertrag	65 000				
	+ MWST 8,0 % Kassabelege	5 200 70 200	Kasse	Kreditor Umsatzsteuer	5 200				5 200
31.3.	**MWST-Abrechnung** Umsatzsteuerschuld ./. Vorsteuer-guthaben Abzuliefernde MWST	12 400 –10 200 2 200	Kreditor Umsatzsteuer	Debitor Vorsteuer	10 200		10 200	10 200	
4.5.	**Postüberweisung** der MWST netto	2 200	Kreditor Umsatzsteuer	Post	2 200			2 200	
						10 200	10 200	12 400	12 400

b) **Brutto-Methode**

Datum	Geschäftsverkehr		Buchung Soll	Buchung Haben	Betrag	Debitor Vorsteuer (Soll)	Debitor Vorsteuer (Haben)	Kreditor Umsatzsteuer (Soll)	Kreditor Umsatzsteuer (Haben)
11.1.	**Kauf Mobiliar** Kaufpreis + MWST 8,0 % Rechnung	 12 000 960 12 960	Mobiliar	Kreditoren	12 960				
23.1.	**Wareneinkauf** Kaufpreis + MWST 8,0 % Rechnung	 70 000 5 600 75 600	Warenaufwand	Kreditoren	75 600				
Div.	**Warenverkäufe** Verkaufspreis + MWST 8,0 % Kassabelege	 90 000 7 200 97 200	Kasse	Warenertrag	97 200				
16.2.	**Energierechnungen** Nettobetrag + MWST 8,0 % Rechnung	 5 500 440 5 940	Energieaufwand	Kreditoren	5 940				
14.3.	**Wareneinkauf** Kaufpreis + MWST 8,0 % Rechnung	 40 000 3 200 43 200	Warenaufwand	Kreditoren	43 200				
Div.	**Warenverkäufe** Verkaufspreis + MWST 8,0 % Kassabelege	 65 000 5 200 70 200	Kasse	Warenertrag	70 200				
31.3.	**Umsatzsteuer 1. Quartal**	12 400	Warenertrag	Kreditor Umsatzsteuer	12 400				12 400
	Vorsteuer 1. Quartal: Vorsteuer auf Mobiliar	 960	Debitor Vorsteuer	Mobiliar	960	960			
	Vorsteuer auf Energie	440	Debitor Vorsteuer	Energieaufwand	440	440			
	Vorsteuer auf Wareneinkauf	8 800	Debitor Vorsteuer	Warenaufwand	8 800	8 800			
31.3.	**MWST-Abrechnung** Umsatzsteuerschuld ./. Vorsteuerguthaben Abzuliefernde MWST	 12 400 –10 200 2 200	Kreditor Umsatzsteuer	Debitor Vorsteuer	10 200		10 200	10 200	
4.5.	**Postüberweisung** der MWST netto	2 200	Kreditor Umsatzsteuer	Post	2 200			2 200	
						10 200	10 200	12 400	12 400

33.06

a) **Netto-Methode**

Nr.	Geschäftsfall	Buchung		Betrag	Debitor Vorsteuer		Kreditor Umsatzsteuer	
1	Warenverkauf bar	Kasse	Warenertrag	872 000				
	MWST 8,0 %	Kasse	Kreditor Umsatzsteuer	69 760				69 760
2	Wareneinkäufe auf Kredit	Waren-aufwand	Kreditoren	614 400				
	Vorsteuer 8,0 %	Debitor Vorsteuer	Kreditoren	49 152	49 152			
3	Barkauf Lieferwagen	Fahrzeuge	Kasse	44 800				
	Vorsteuer 8,0 %	Debitor Vorsteuer	Kasse	3 584	3 584			
4	Kreditkauf Ladeneinrichtung	Mobiliar	Kreditoren	31 200				
	Vorsteuer 8,0 %	Debitor Vorsteuer	Kreditoren	2 496	2 496			
5	Energie-, Werbung- und Telefonrechnungen	Übriger Aufwand	Kreditoren	18 400				
	Vorsteuer 8,0 %	Debitor Vorsteuer	Kreditoren	1 472	1 472			
6	Postzahlungen für Zeit-schriften, TV-Gebühren	Übriger Aufwand	Post	800				
	Vorsteuer 2,5 %	Debitor Vorsteuer	Post	20	20			
7	**MWST-Abrechnung** Umsatzsteuerschuld 69 760 ./. Vorsteuerguthaben – 56 724 Abzuliefernde MWST 13 036	Kreditor Umsatzsteuer	Debitor Vorsteuer	56 724		56 724	56 724	
8	Banküberweisung MWST	Kreditor Umsatzsteuer	Bank	13 036		13 036	13 036	
					56 724	56 724	69 760	69 760

b) **Brutto-Methode**

Nr.	Geschäftsfall	Buchung		Betrag	Debitor Vorsteuer		Kreditor Umsatzsteuer	
1	Warenverkauf bar	Kasse	Warenertrag	941 760				
2	Wareneinkäufe auf Kredit	Waren-aufwand	Kreditoren	663 552				
3	Barkauf Lieferwagen	Fahrzeuge	Kasse	48 384				
4	Kreditkauf Ladeneinrichtung	Mobiliar	Kreditoren	33 696				
5	Energie-, Werbung- und Telefonrechnungen	Übriger Aufwand	Kreditoren	19 872				
6	Postzahlungen für Zeit-schriften, TV-Gebühren	Übriger Aufwand	Post	820				
7	**Umsatzsteuer 3. Quartal** Warenverkauf	Warenertrag	Kreditor Umsatzsteuer	69 760				69 760
	Vorsteuer 3. Quartal Wareneinkauf	Debitor Vorsteuer	Warenauf-wand	49 152	49 152			
	Lieferwagen	Debitor Vorsteuer	Fahrzeuge	3 584	3 584			
	Ladeneinrichtung	Debitor Vorsteuer	Mobiliar	2 496	2 496			
	Energie, Werbung, Telefon	Debitor Vorsteuer	Übriger Aufwand	1 472	1 472			
	Zeitschriften	Debitor Vorsteuer	Übriger Aufwand	20	20			
8	**MWST-Abrechnung** Umsatzsteuerschuld 69 760 ./. Vorsteuerguthaben 56 724 Abzuliefernde MWST 13 036	Kreditor Umsatzsteuer	Debitor Vorsteuer	56 724		56 724	56 724	
9	Banküberweisung MWST	Kreditor Umsatzsteuer	Bank	13 036			13 036	
					56 724	56 724	69 760	69 760

33.07

Nr.	Text	Buchung	Debitoren (Soll)	Debitoren (Haben)	Kreditor Umsatzsteuer (Soll)	Kreditor Umsatzsteuer (Haben)
1	Kreditwarenverkauf inkl. MWST, Fr. 75 600	Debitoren/Warenertrag	70 000			
		Debitoren/Kreditor Umsatzsteuer	5 600			5 600
2	Gutschrift für gewährten Rabatt von 10 % inkl. MWST	Warenertrag/Debitoren		7 000		
		Kreditor Umsatzsteuer/Debitoren		560	560	
3	Bankzahlung des Kunden unter Abzug von 2 % Skonto	Warenertrag/Debitoren		1 260		
		Kreditor Umsatzsteuer/Debitoren		101	101	
		Bank/Debitoren		66 679		
4	Salden	–			**4 939**	
			75 600	75 600	5 600	5 600

33.08

Nr.	Text	Buchung	Debitor Vorsteuer (Soll)	Debitor Vorsteuer (Haben)	Kreditoren (Soll)	Kreditoren (Haben)
1	Kreditwareneinkauf inkl. MWST, Fr. 86 400	Warenaufwand/Kreditoren				80 000
		Debitor Vorsteuer/Kreditoren	6 400			6 400
2	Gutschrift für erhaltenen Rabatt von 20 % inkl. MWST	Kreditoren/Warenaufwand			16 000	
		Kreditoren/Debitor Vorsteuer		1 280	1 280	
3	Bankzahlung an den Lieferanten unter Abzug von 3 % Skonto	Kreditoren/Warenaufwand			1 920	
		Kreditoren/Debitor Vorsteuer		154	154	
		Kreditoren/Bank			67 046	
4	Salden	–		**4 966**		
			6 400	6 400	86 400	86 400

33.09

Nr.	Geschäftsfall	Buchungssatz Soll	Haben	Betrag
1	Kreditverkäufe von Freizeitkleidern Fr. 66 960 inkl. MWST	Debitoren	Warenertrag	62 000
		Debitoren	Kreditor Umsatzsteuer	4 960
2	Gutschriften für zurückgenommene Waren und gewährte Rabatte, Fr. 1 944 inkl. MWST	Warenertrag	Debitoren	1 800
		Kreditor Umsatzsteuer	Debitoren	144
3	Postzahlungen von Kunden, Fr. 39 400	Post	Debitoren	39 400
4	Krediteinkäufe von Kleidern, Fr. 24 300 inkl. MWST	Warenaufwand	Kreditoren	22 500
		Debitor Vorsteuer	Kreditoren	1 800
5	Zahlungen an Kleiderlieferanten:	Kreditoren	Warenaufwand	600
	▶ Skontoabzüge inkl. MWST Fr. 648	Kreditoren	Debitor Vorsteuer	48
	▶ Bankbelastungen Fr. 22 500	Kreditoren	Bank	22 500
6	Lohnzahlungen per Bank, Fr. 19 180	Lohnaufwand	Bank	19 180
7	G. Frei entnimmt dem Geschäft Kleider für private Zwecke, Einstandswert Fr. 756 inkl. MWST	Privat	Warenaufwand	700
		Privat	Debitor Vorsteuer	56
8	Postzahlung für Mietzinse, Fr. 4 600	Raumaufwand	Post	4 600
9	Eine Forderung von Fr. 1 134 inkl. MWST gegenüber einem Kunden ist vollständig abzuschreiben.	Debitorenverluste	Debitoren	1 050
		Kreditor Umsatzsteuer	Debitoren	84
10	Barkauf eines Lieferwagens, Fr. 34 560 inkl. MWST	Fahrzeuge	Kasse	32 000
		Debitor Vorsteuer	Kasse	2 560
11	Indirekte Abschreibung der Fahrzeuge, Fr. 8 300	Abschreibungen	Wertberichtigung Fahrzeuge	8 300
12	Verrechnung Eigenzins, 3 % auf dem Eigenkapital von Fr. 50 000	Zinsaufwand	Privat	1 500
13	Verrechnung der Vorsteuer mit der Umsatzsteuer	Kreditor Umsatzsteuer	Debitor Vorsteuer	4 312
14	Banküberweisung der geschuldeten MWST	Kreditor Umsatzsteuer	Bank	476
15	Übertrag Privatkonto	Privat	Eigenkapital	744
16	Das Delkredere wird von Fr. 7 500 auf Fr. 6 000 herabgesetzt.	Delkredere	Debitorenverluste	1 500

33.10

Journal 20_3

Nr.	Text	Buchungssatz Soll	Haben	Betrag
1	An Kunden versandte Honorarrechnungen Fr. 388 800 inkl. MWST 8,0 %	Debitoren	Honorarertrag	360 000
		Debitoren	Kreditor Umsatzsteuer	28 800
2	Bankzahlungen von Kunden, Fr. 370 000	Bank	Debitoren	370 000
3	Bankzahlungen für private Rechnungen von R. Weidmann, Fr. 14 000	Privat	Bank	14 000
4	Bankzahlungen für Personalaufwand inkl. Sozialleistungen, Fr. 252 000	Personalaufwand	Bank	252 000
5	Rechnungen für übrigen Aufwand ► Nettobetrag 73 000	Übriger Aufwand	Kreditoren	73 000
	► MWST 4 100	Debitor Vorsteuer	Kreditoren	4 100
6	Bankzahlungen an Kreditoren, Fr. 78 000	Kreditoren	Bank	78 000
7	Verrechnung der Vorsteuer mit der Umsatzsteuer	Kreditor Umsatzsteuer	Debitor Vorsteuer	4 100
8	Banküberweisung für MWST-Schulden, Fr. 21 000	Kreditor Umsatzsteuer	Bank	21 000
9	Gutschrift Eigenzins: 2,5 % auf Anfangsbestand	Zinsaufwand	Privat	3 750
10	Abschreibung der Einrichtungen: 40 % des Buchwerts	Abschreibungen	Einrichtungen	15 200
11	Saldierung Privatkonto	Eigenkapital	Privat	10 250
12	Übertrag des Jahresgewinns	Erfolgsrechnung	Eigenkapital	16 050

Hauptbuch 20_3

Bank

A	5 000		14 000
	370 000		252 000
			78 000
			21 000
		S	**10 000**
	375 000		375 000

Debitoren

A	120 000		370 000
	360 000		
	28 800	S	**138 800**
	508 800		508 800

Debitor Vorsteuer

4 100	4 100

Einrichtungen

A	38 000		15 200
		S	**22 800**
	38 000		38 000

Kreditoren

	78 000	A	7 000
			73 000
S	**6 100**		4 100
	84 100		84 100

Kreditor Umsatzsteuer

	4 100	A	6 000
	21 000		28 800
S	**9 700**		
	34 800		34 800

Eigenkapital

	10 250	A	150 000
S	**155 800**		16 050
	166 050		166 050

Privat

14 000	3 750
	10 250
14 000	14 000

Personalaufwand

252 000	S	**252 000**

Zinsaufwand

3 750	S	**3 750**

Abschreibungen

15 200	S	**15 200**

Übriger Aufwand

73 000	S	**73 000**

Honorarertrag

S	**360 000**	360 000

Schlussbilanz 31.12.20_3

Bank	10 000	Kreditoren	6 100
Debitoren	138 800	Kreditor Umsatzsteuer	9 700
Einrichtungen	22 800	Eigenkapital	155 800
	171 600		171 600

Erfolgsrechnung 20_3

Personalaufwand	252 000	Honorarertrag	360 000
Zinsaufwand	3 750		
Abschreibungen	15 200		
Übriger Aufwand	73 000		
Gewinn	**16 050**		
	360 000		360 000

33.11

a) Rechnung an Kunde P. Hochmann, Wetzikon, für den Verkauf von Waren, Fr. 1 944 inkl. 8,0 % MWST

Soll	Haben	Betrag
1100	3200	1 800
1100	2200	144

b) Gutschrift an Kunde P. Hochmann, Wetzikon, für die Rücksendung mangelhafter Ware, Fr. 270 inkl. 8,0 % MWST

Soll	Haben	Betrag
3200	1100	250
2200	1100	20

c) Das Konkursverfahren gegen R. Bremi, Maur, ist abgeschlossen:

- ▶ Forderungsbetrag total inkl. 8,0 % MWST Fr. 15 660
- ▶ Bankgutschrift für Konkursdividende Fr. 1 512
- ▶ Abzuschreibender Betrag (Verlustschein) inkl. 8,0 % MWST Fr. 14 148

Soll	Haben	Betrag
1020	1100	1 512
3800	1100	13 100
2200	1100	1 048

d) Privater Warenbezug durch H. Koch zum Einstandswert, Fr. 675 inkl. 8,0 % MWST

Soll	Haben	Betrag
2850	4200	625
2850	1170	50

e) Einkauf von Waren auf Kredit bei Musicimport, Zürich, für Fr. 25 650 inkl. 8,0 % MWST

Soll	Haben	Betrag
4200	2000	23 750
1170	2000	1 900

f) Gutschriftsanzeige der Bank für erhaltene Kontokorrentzinsen Fr. 351.– (Die Verrechnungssteuer ist auch zu verbuchen.)

Soll	Haben	Betrag
1020	6950	351
1176	6950	189

33.12

Journal

Nr.	Text	Soll	Haben	Betrag
1	Kleidereinkauf netto MWST	Warenaufwand Debitor Vorsteuer	Kreditoren Kreditoren	27 000 2 160
2	Transportkosten netto MWST	Warenaufwand Debitor Vorsteuer	Kreditoren Kreditoren	150 12
3	Skonto netto MWST auf Skonto Bankzahlung	Kreditoren Kreditoren Kreditoren	Warenaufwand Debitor Vorsteuer Bank	1 350 108 27 702
4	Verkauf netto MWST	Kasse Kasse	Warenertrag Kreditor Umsatzsteuer	250 20
5	Bankgutschrift Darlehen	Bank	Darlehen	40 000
6	Regale netto MWST	Mobiliar (oder Einrichtungen) Debitor Vorsteuer	Kreditoren Kreditoren	8 000 640
7	Bankbelastung Halbjahreszins vom 30. 9.	Zinsaufwand	Bank	1 000
8	Halbjahresmiete Oktober bis März	Raumaufwand	Bank	7 200
9	Privatbezug MWST	Privat Privat	Warenaufwand Debitor Vorsteuer	200 16
10	Rabatt netto MWST auf Rabatt	Kreditoren Kreditoren	Mobiliar (oder Einrichtungen) Debitor Vorsteuer	800 64
11	Barzahlung Debitorenverlust netto MWST	Kasse Debitorenverluste Kreditor Umsatzsteuer	Debitoren Debitoren Debitoren	324 300 24
12	Rabatt netto MWST	Kreditoren Kreditoren	Warenaufwand Debitor Vorsteuer	450 36
13	Bancomatbezug	Privat	Bank	500
14	Fahrzeugservice netto MWST	Fahrzeugaufwand Debitor Vorsteuer	Kreditoren Kreditoren	950 76
15	Verrechnung Vorsteuer mit Umsatzsteuer	Kreditor Umsatzsteuer	Debitor Vorsteuer	41 400
16	Banküberweisung Umsatzsteuer	Kreditor Umsatzsteuer	Bank	21 000
17	Abschreibung Ladeneinrichtung	Abschreibungen	WB Mobiliar (oder WB Einrichtungen)	2 800
18	Aufgelaufene Zinsen	Zinsaufwand	Passive Rechnungsabgrenzung	500
19	Vorausbezahlte Miete	Aktive Rechnungsabrenzung	Raumaufwand	3 600
20	Erhöhung Delkredere	Debitorenverluste	Delkredere (WB Debitoren)	1 300
21	Zinsgutschrift netto Verrechnungssteuer	Bank Debitor VSt	Zinsertrag Zinsertrag	273 147
22	Korrekturbuchung Zunahme Warenvorrat	Warenvorrat	Warenaufwand	4 200
23	Gutschrift Eigenzins	Zinsaufwand	Privat	3 000
24	Übertrag Privatkonto	Privat	Eigenkapital	7 900
25	Gewinnverbuchung	Erfolgsrechnung	Eigenkapital	8 500

33.13

a) ☐ Fr. 2 008 000 ☐ Fr. 3 012 000 ☒ Fr. 5 020 000

b) ☐ Fr. 43 000 ☐ Fr. 65 000 ☒ Fr. 109 000

c) ☐ Vierteljährlich ☒ Halbjährlich ☐ Jährlich

d)

Nr.	Betriebsart	Umsatz inkl. MWST	Saldosteuersatz	Abzuliefernde MWST
1	Buchhandlung	1 500 400.–	0,6 %	9 002.40
2	Drogerie	1 145 000.–	1,3 %	14 885.–
3	Eisenwaren- und Haushaltartikelgeschäft	795 000.–	2,1 %	16 695.–
4	Möbelgeschäft	1 360 800.–	2,1%	28 576.80
5	Weinhandel	657 200.–	1,3 %	8 543.60
6	Auto-Occasionen bis 3,5 t	1 675 000.–	0,6 %	10 050.–
7	Maurerarbeiten	437 500.–	4,4 %	19 250.–
8	Zügelunternehmen	879 000.–	4,4 %	38 676.–
9	Chemische Reinigung	486 500.–	5,2 %	25 298.–
10	Malerei/Tapeziererei	674 000.–	5,2 %	35 048.–
11	Anwaltsbüro	1 480 000.–	6,1 %	90 280.–
12	Temporärfirma	1 090 500.–	6,7 %	73 063.50

e) Da der Möbelhändler sehr viel Vorsteuer auf den bezogenen Waren geltend machen kann und seine Wertschöpfung auf den gehandelten Waren klein ist, fällt auch der Saldosteuersatz entsprechend tief aus. Im Gegensatz dazu ist die eigene Wertschöpfung bei einer Anwaltskanzlei fast 100% des Verkaufswertes und die abziehbare Vorsteuer sehr gering, was sich in einem entsprechend hohen Saldosteuersatz niederschlägt.

33.14

Datum	Geschäftsverkehr	Buchung Soll	Buchung Haben	Betrag	Kreditor Umsatzsteuer (Soll)	Kreditor Umsatzsteuer (Haben)	Honorarertrag (Soll)	Honorarertrag (Haben)
Div.	**Honorarrechnungen** Nettopreis 460 000 + MWST 8,0 % 36 800 Rechnungen 496 800	Debitoren	Honorarertrag	496 800				496 800
10.6.	**Mobiliarkauf** Kaufpreis 20 000 + MWST 8,0 % 1 600 Rechnung 21 600	Mobiliar	Kreditoren	21 600				
20.6.	**Energierechnungen** Nettobetrag 2 500 + MWST 8,0 % 200 Rechnung 2 700	Energieaufwand	Kreditoren	2 700				
30.6.	**MWST-Abrechnung** MWST 5,2 % vom Honorarumsatz von Fr. 496 800	Honorarertrag	Kreditor Umsatzsteuer	25 834		25 834	25 834	
2.7.	Postüberweisung der geschuldeten MWST	Kreditor Umsatzsteuer	Post	25 834	25 834			
	Saldo						**470 966**	
					25 834	25 834	496 800	496 800

33.15

a)

Abzuliefernde MWST	4,4 % von 324 000	**14 256**

b)

	Umsatzsteuer	324 000 : 108 % • 8 %		24 500
./.	Vorsteuer Material	75 600 : 108 % • 8 %	– 5 600	
./.	Vorsteuer Unterhalt und Reparaturen	12 960 : 108 % • 8 %	– 960	
./.	Vorsteuer Energie	4 104 : 108 % • 8 %	– 304	
./.	Vorsteuer Werbung	1 188 : 108 % • 8 %	– 88	– 6 952
	Total			**17 048**

c)

	Reparaturertrag	300 000
./.	Betriebsaufwand total ohne Personalaufwand	– 128 372
=	**Maximaler Personalaufwand**	**171 628**

33.16

Journal

Nr.	Text	Soll	Haben	Betrag
1	Rechnung an S. Dürr für ausgeführte Gartenarbeiten, Fr. 4 455.– inkl. 8,0 % MWST	Debitoren	Ertrag Gartenarbeiten	4 455.–
2	Barkauf einer Motorsense im Obino-Markt in Zürich, Fr. 529.20 inkl. 8,0 % MWST	Werkzeuge	Kasse	529.20
3	Rechnung der Garage Züger AG für Servicearbeiten am Geschäftsauto, Fr. 912.60 inkl. 8,0 % MWST	Fahrzeugaufwand	Kreditoren	912.60
4	Rechnung der Hoffmannn AG, Rüti, für den Einkauf von Pflanzen, Fr. 2 931.50 inkl. 2,5 % MWST	Warenaufwand	Kreditoren	2 931.50
5	Banküberweisung der aus dem ersten Halbjahr geschuldeten Mehrwertsteuer, Fr. 5 120.–	Kreditor Umsatzsteuer	Bank	5 120.–
6	Privater Barbezug ab dem Bankkonto des Geschäfts, Fr. 1 000.–	Privat	Bank	1 000.–
7	Bankgutschrift für die Zahlung von S. Dürr (Nr. 1) abzüglich 2 % Skonto	Ertrag Gartenarbeiten	Debitoren	89.10
		Bank	Debitoren	4 365.90
8	Bankgutschrift für Zinsen auf dem Kontokorrentkonto, netto Fr. 292.50. Verrechnungssteuer auch buchen.	Bank	Zinsertrag	292.50
		Debitor VSt	Zinsertrag	157.50
9	Barverkauf des bisherigen Geschäftsautos: ▶ Anschaffungswert exkl. MWST Fr. 45 000.– ▶ Kumulierte Abschreibung Fr. 36 000.– ▶ Verkaufspreis inkl. MWST Fr. 6 480.–	Kasse	Fahrzeuge	6 000.–
		Kasse	Kreditor Umsatzsteuer	480.–
		Abschreibungen	Wertberichtigung Fahrzeuge	3 000.–
		Wertberichtigung Fahrzeuge	Fahrzeuge	39 000.–
10	Bezahlung von Privatrechnungen übers Bankkonto des Geschäfts, Fr. 3 830.–	Privat	Bank	3 830.–
11	Mehrwertsteuerabrechnung für das zweite Halbjahr: Der MWST-pflichtige Umsatz beträgt Fr. 114 000.–. Saldosteuersatz 4,4 %	Ertrag Gartenarbeiten	Kreditor Umsatzsteuer	5 016.–
12	Indirekte Abschreibung Fahrzeuge, Fr. 6 000.–	Abschreibungen	Wertberichtigung Fahrzeuge	6 000.–
13	Rechnungsabgrenzung von Zinsen. ▶ Passivdarlehen Fr. 30 000.– ▶ Zinsfuss p. a. 5% ▶ Jährlicher Zinstermin 30. 08.	Zinsaufwand	Passive Rechnungsabgrenzung	500.–
14	Eigenzins 2,5 % auf Eigenkapital von Fr. 80 000.–	Zinsaufwand	Privat	2 000.–
15	Ausgleich (Übertrag) Privatkonto: Sollüberschuss Fr. 5 800.–	Eigenkapital	Privat	5 800.–
16	Verbuchung des Jahresgewinns von Fr. 24 800.–	Erfolgsrechnung	Eigenkapital	24 800.–

33.17

Buchstabe	Umschreibung
G	Die Steuer wird in jeder Phase, bei der eine Wertschöpfung erfolgt, neu erhoben.
K	Von einer Unternehmung geschaffener Mehrwert.
H	Die Steuer wird aufgrund der eingegangenen Zahlungen erhoben.
M	Die Steuer wird auf konsumierten Gütern und Leistungen erhoben, nicht direkt auf Einkommen und/ oder Vermögen. Die Steuereinnahmen gehen an den Bund.
E	Die laufenden Einkäufe und Verkäufe werden inklusive MWST verbucht. Die MWST Abrechnung erfolgt Ende des Quartals aufgrund der verbuchten Umsätze inkl. MWST.
B	Güter und Leistungen, die zur erleichterten Deckung der Grundbedürfnisse nicht mit MWST belastet werden. Vorsteuerabzüge sind nicht möglich.
L	Die auf dem Verkaufsumsatz geschuldete Mehrwertsteuer.
C	Die MWST auf den laufenden Einkäufen und Verkäufen wird sofort verbucht. Die Umsatzkonten zeigen die Beträge ohne MWST.
D	Auf empfangenen Lieferungen und Leistungen bezahlte Mehrwertsteuer. Kann von bezahlter Umsatzsteuer in Abzug gebracht werden.
A	Die Steuer wird aufgrund der ausgestellten Rechnungen erhoben.
I	Exporte werden zur Erhöhung der internationalen Konkurrenzfähigkeit nicht mit MWST belastet. Vorsteuerabzüge sind möglich.
F	Zur vereinfachten Abrechnung wird der Umsatz mittels eines branchenabhängigen Steuersatzes besteuert, ohne dass die Vorsteuer ermittelt und verrechnet werden muss.

33.18

a)

Journal 20_4

Datum	Geschäftsfall	Buchung	Materialaufwand		Fabrikateertrag	
10.10.	Rechnung von F. Künzi für eine Granitlieferung, Fr. 6 500.–	keine Buchung				
12.10.	Krediteinkauf von Marmor bei Pusceddu SA, Fr. 4 730.–	keine Buchung				
23.10.	Rechnung an Familie R. Stark für eine Gartenskulptur. Fr. 3 200.–	keine Buchung				
4.11.	Zahlung von Kunde R. Stark unter Abzug von 2 % Skonto, Fr. 3 136.–	Bank/Fabrikateertrag				3 136
3.12.	Bankbelastung für Überweisung an P. Pusceddu, Fr. 4 730.–	Materialaufwand/Bank	4 730			
5.11.	Bankbelastung für die Zahlungen an Kreditor F. Künzi, Fr. 6 500.–	Materialaufwand/Bank	6 500			
9.11.	Rechnung an P. Widmer für einen Grabstein, Fr. 4 700.–	keine Buchung				
12.11.	P. Widmer wird ein Mängelrabatt von Fr. 500.– gewährt.	keine Buchung				
15.11.	Gutschriftanzeige für Zahlung von P. Widmer unter Abzug von 2% Skonto, Fr. 4 116.–.	Bank/Fabrikateertrag				4 116
29.11.	Rechnung von Splügen AG für eine Steinlieferung, Fr. 5 600.–	keine Buchung				
30.11.	Rechnung der Planzer AG für Auslieferungen an die Kunden R. Stark und P. Widmer. Es wurde Frankolieferung vereinbart, Fr. 300.–.	keine Buchung				
4.12.	Rechnung an Museum GmbH für Sockellieferung, Fr. 3 580.–	keine Buchung				
5.12.	Rechnung an Kunde K. Helbling für drei Treppenfiguren, Fr. 6 420.–	keine Buchung				
20.12.	Bankbelastung für Zahlung an Planzer AG, Skontoabzug 3 %	Fabrikateertrag/Bank			291	
31.12.	MWST-Abrechnung: Umsatzsteuer auf Fabrikateertrag	Fabrikateertrag/ Kreditor Umsatzsteuer			516	
31.12.	MWST-Abrechnung: Vorsteuer auf Materialaufwand	Debitor Vorsteuer/ Materialaufwand		832		
31.12.	Zunahme offene Debitoren	Debitoren/ Fabrikateertrag				10 000
31.12.	Zunahme offene Kreditoren	Materialaufwand/ Kreditoren	5 600			
31.12.	Abgrenzung Umsatzsteuer auf noch nicht vereinnahmtem Umsatz (offene Debitoren)	Fabrikateertrag/PRA			741	
31.12.	Abgrenzung Vorsteuer auf noch nicht bezahltem Materialaufwand (offene Kreditoren)	ARA/Materialaufwand		415		
31.12.	Salden	Diverse Buchungen		**15 583**	**15 704**	
			16 830	16 830	17 252	17 252

Debitoren-Inventar 31. 12. 20_4

Datum	Kunde	Betrag
4.12.	Museum GmbH	3 580
5.12.	K. Helbling	6 420
	Total	10 000

Kreditoren-Inventar 31. 12. 20_4

Datum	Lieferant	Betrag
29.11.	Splügen AG	5 600
	Total	5 600

b)

Journal 20_5

Datum	Geschäftsfall	Buchung	Materialaufwand Soll	Materialaufwand Haben	Fabrikateertrag Soll	Fabrikateertrag Haben
1. 1.	Rückbuchung Umsatzsteuer	PRA/Fabrikateertrag				741
1. 1.	Rückbuchung Vorsteuer	Materialaufwand/ARA	415			
3. 1.	Kreditverkauf einer Steinskulptur an S. Nef, Fr. 4 860.–	keine Buchung				
6. 1.	Bankgutschrift für Zahlung Museum GmbH, Fr. 3 580.–	Bank/Fabrikateertrag				3 580
8. 1.	Bankbelastung für Zahlung an Splügen AG, Fr. 5 600.–	Materialaufwand/Bank	5 600			
15. 1.	Rechnung von F. Künzi für eine Granitlieferung, Fr. 4 150.–	keine Buchung				
23. 1.	Bankgutschrift für die Überweisung von K. Helbling, Fr. 6 420.–	Bank/Fabrikateertrag				6 420
30. 1.	Das Guthaben gegenüber Kunde S. Nef von Fr. 4 860.– inkl. MWST ist definitiv verloren und abzuschreiben.	Debitorenverluste/ Fabrikateertrag				4 500
31. 1.	Kreditverkauf eines Zierbrunnens an M. Pölsterli, Fr. 5 390.–	keine Buchung				

33.19

Nr.	Sollbuchung	Habenbuchung	Betrag
1	Debitoren	Warenertrag	13 000
	Debitoren	Kreditor MWST (Umsatzsteuer)	1 040
	Warenertrag	Debitoren	3 000
	Kreditor MWST (Umsatzsteuer)	Debitoren	240
	Warenertrag	Debitoren	200
	Kreditor MWST (Umsatzsteuer)	Debitoren	16
	Bank	Debitoren	10 584
2	Bank	Debitoren	1 596
	Debitorenverluste	Debitoren	4 800
	Kreditor MWST (Umsatzsteuer)	Debitoren	384
3	Debitor MWST (Vorsteuer)	Kreditoren (Kreditor Zoll)	560
4	Fahrzeuge	Kreditoren	46 000
	Debitor MWST (Vorsteuer)	Kreditoren	3 680
	Kreditoren	Fahrzeuge	10 000
	Kreditoren	Kreditor MWST (Umsatzsteuer)	800
	WB Fahrzeuge	Ausserordentlicher Ertrag	2 000
	WB Fahrzeuge	Fahrzeuge	25 000
	Kreditoren	Kasse	15 000
5	Privat	Kreditoren (Kreditor Kreditkarte)	43.20
	Werbeaufwand	Kreditoren (Kreditor Kreditkarte)	35.00
	Debitor MWST (Vorsteuer)	Kreditoren (Kreditor Kreditkarte)	2.80
6	Kreditor MWST (Umsatzsteuer)	Bank	17 233
7	Bank	Zinsertrag	585
	Debitor VSt (oder Privat)	Zinsertrag	315
8	Privat	Fahrzeugaufwand	2 400
	Privat	Debitor MWST (Vorsteuer)	192
9	Warenaufwand	Warenvorrat	5 000
10	Kreditor MWST (Umsatzsteuer)	Debitor MWST (Vorsteuer)	28 200
11	Delkredere (WB Debitoren)	Debitorenverluste	750
12	Zinsaufwand	Passive Rechnungsabgrenzung	250
13	Abschreibungen	WB Mobiliar	2 500
14	Warenertrag	Debitoren	350

33.20

a)

Gartenbauarbeiten	4,4 % von Fr. 172 800	7 603.20
+ Pflanzenlieferungen	0,6 % von Fr. 28 700	172.20
= **Abzuliefernde MWST**		**7 775.40**

b)

Umsatzsteuer			
Gartenbauarbeiten	172 800 : 108% · 8%	12 800	
+ Pflanzenlieferungen	28 700 : 102,5% · 2,5%	700	13 500
Vorsteuer			
./. Pflanzenlieferungen	22 550 : 102,5% · 2,5%	– 550	
./. Dünger, Saatgut	2 460 : 102,5% · 2,5%	– 60	
./. Diverses	1 728 : 108% · 8%	– 128	
./. Heckenschere	972 : 108% · 8%	– 72	– 810
Geschuldete MWST			**12 690**

33.50

Erfolgsrechnung 20_6

Ertrag		
Ertrag Brillenverkauf	270 000.00	
Debitorenverluste	– 2 000.00	268 000.00
Aufwand		
Aufwand Brillengestelle	54 000.00	
Aufwand Gläser	66 000.00	
Lohnaufwand	60 000.00	
Raumaufwand	36 000.00	
Unterhalt und Reparaturen	4 500.00	
Verwaltungsaufwand	3 000.00	
Werbeaufwand	1 500.00	
Übriger Betriebsaufwand	16 000.00	
Abschreibungen	13 000.00	
Zinsaufwand	4 305.00	258 305.00
Gewinn		9 695.00

Bilanz 31. 12. 20_6

Aktiven			
Umlaufvermögen			
Bank	12 150.00		
Debitoren	22 440.00		
Debitor Vorsteuer	0.00		
Vorrat Brillengestelle	50 000.00	84 590.00	
Anlagevermögen			
Mobile Sachanlagen	52 000.00	52 000.00	
			136 590.00
Passiven			
Fremdkapital			
Kreditoren	20 200.00		
Kreditor Umsatzsteuer	5 390.00	25 590.00	
Eigenkapital			
Eigenkapital	111 000.00		
Privat	0.00	111 000.00	
			136 590.00
Gewinn			0.00

Journal 20_6

Datum	Buchungstext	Beleg Nr.	Soll	Haben	Betrag
0	Eröffnung Bank		1020	9100	2 800.00
0	Eröffnung Debitoren		1100	9100	26 000.00
0	Eröffnung Vorrat Brillengestelle		1200	9100	50 000.00
0	Eröffnung mobile Sachanlagen		1500	9100	60 000.00
0	Eröffnung Kreditoren		9100	2000	12 200.00
0	Eröffnung Kreditor Umsatzsteuer		9100	2200	3 600.00
0	Eröffnung Eigenkapital		9100	2800	123 000.00
1	Brillenverkauf		1100	3000	270 000.00
1	MWST auf Brillenverkauf		1100	2200	21 600.00
2	Einkauf von Brillengestellen		4000	2000	54 000.00
2	Vorsteuer auf Brillengestell-Einkauf		1170	2000	4 320.00
3	Zahlung von Kunden		1020	1100	293 000.00
4	Mietzinszahlung		6000	1020	36 000.00
5	Privatbezüge von der Bank		2850	1020	14 000.00
6	Einkauf von Brillengläsern		4001	2000	66 000.00
6	Vorsteuer auf Einkauf von Brillengläsern		1170	2000	5 280.00
7	Unterhalt und Reparaturen		6100	2000	4 500.00
7	Vorsteuer auf Unterhalt und Reparaturen		1170	2000	360.00
8	Inserate		6600	2000	1 500.00
8	Vorsteuer auf Inseraten		1170	2000	120.00
9	Überweisung auf privates Bankkonto		2850	1020	72 000.00
10	Buchhaltungsarbeiten Treuhänderin		6500	2000	3 000.00
10	Vorsteuer auf Buchhaltungsarbeiten		1170	2000	240.00
11	Kauf Scheitelwertbrech-Messgerät		1500	2000	5 000.00
11	Vorsteuer auf Scheitelwertbrech-Messgerät		1170	2000	400.00
12	Abschreibung Debitorenforderung		3800	1100	2 000.00
12	MWST-Abschreibung Debitoren		2200	1100	160.00
13	Übriger Betriebsaufwand		6700	2000	16 000.00
13	Vorsteuer auf übriger Betriebsaufwand		1170	2000	1 280.00
14	Zahlung von Kreditoren		2000	1020	154 000.00
15	Verrechnung Vorsteuer mit Umsatzsteuer		2200	1170	12 000.00
16	Zahlungen Umsatzsteuerschulden		2200	1020	7 650.00
17	Eigenzins		6900	2850	4 305.00
18	Eigenlohn		5000	2850	60 000.00
19	Abschreibungen Sachanlagen		6800	1500	13 000.00
20	Übertrag Privatkonto		2800	2850	21 695.00
21	Gewinnbuchung		9000	2800	9 695.00

Kalkulation im Handel

34.01

a)

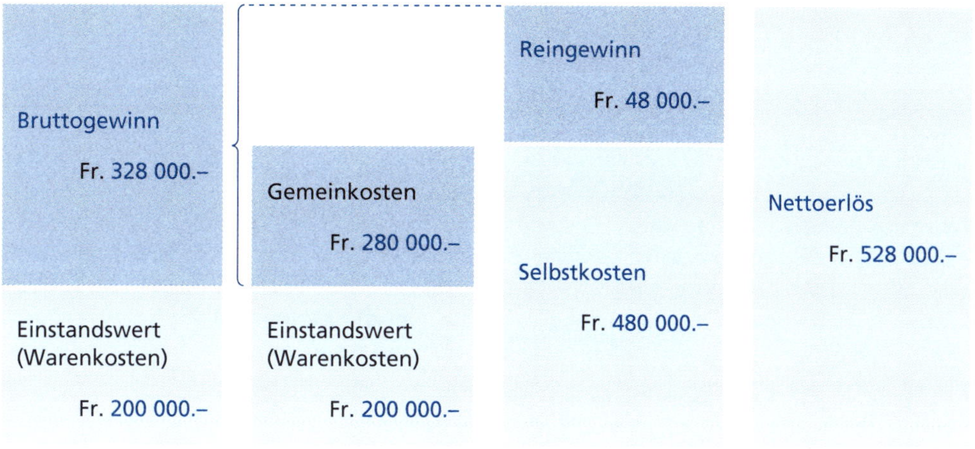

b)

Gesamtkalkulation		Gemeinkosten-Zuschlag	Reingewinn-Zuschlag	Bruttogewinn-Zuschlag	Einzelkalkulation Kleid
Einstandswert	**200 000.–**	100 %		100 %	**100.–**
+ Gemeinkosten	**280 000.–**	140 %			**140.–**
= Selbstkosten	**480 000.–**	240 %	100 %	164 %	**240.–**
+ Reingewinn	**48 000.–**		10 %		**24.–**
= Nettoerlös	**528 000.–**		110 %	264 %	**264.–**

c)

$$\text{Gemeinkostenzuschlag} = \frac{\text{Gemeinkosten} \cdot 100\,\%}{\text{Einstandswert}}$$

$$\text{Reingewinnzuschlag} = \frac{\text{Reingewinn} \cdot 100\,\%}{\text{Selbskosten}}$$

$$\text{Bruttogewinnzuschlag} = \frac{\text{Bruttogewinn} \cdot 100\,\%}{\text{Einstandswert}}$$

$$\text{Bruttogewinnmarge} = \frac{\text{Bruttogewinn} \cdot 100\,\%}{\text{Nettoerlös}}$$

d)

Nettoerlös	Fr. 264.–	100,0 %
MWST	Fr. 21.12	8,0 %
Verkaufspreis inklusive MWST	Fr. 285.12	108,0 %

34.02

a)

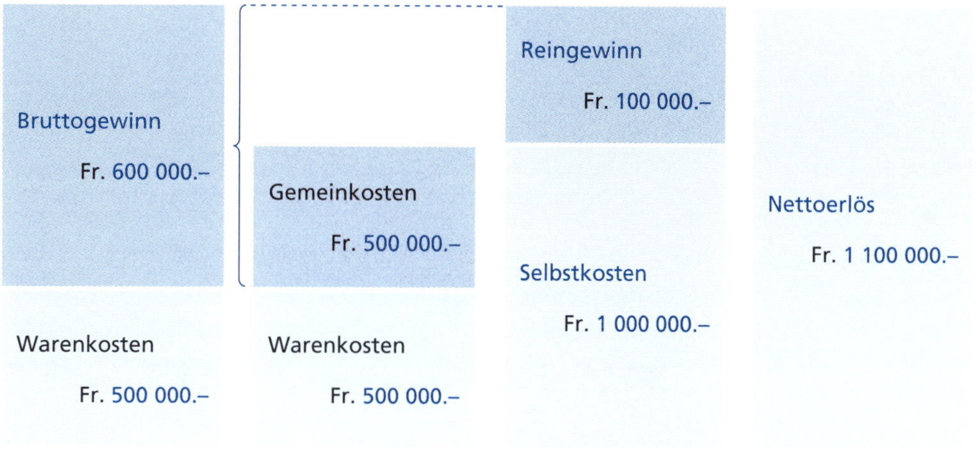

b)

Bruttogewinnzuschlag	$\frac{\text{Bruttogewinn} \cdot 100\%}{\text{Warenkosten}}$	$\frac{600000 \cdot 100\%}{500000}$	120 %
Gemeinkostenzuschlag	$\frac{\text{Gemeinkosten} \cdot 100\%}{\text{Warenkosten}}$	$\frac{500000 \cdot 100\%}{500000}$	100 %
Reingewinnzuschlag	$\frac{\text{Reingewinn} \cdot 100\%}{\text{Selbstkosten}}$	$\frac{100000 \cdot 100\%}{1000000}$	10 %

c)

Variante 1

Einstandspreis	Fr.	80.–	100 %	
+ Gemeinkosten	Fr.	80.–	100 %	
= Selbstkosten	Fr.	160.–	200 %	100 %
+ Reingewinn	Fr.	16.–		10 %
= Verkaufspreis ohne MWST	Fr.	176.–		110 %

Variante 2

Einstandspreis	Fr.	80.–	100 %
+ Bruttogewinn	Fr.	96.–	120 %
= Verkaufspreis ohne MWST	Fr.	176.–	220 %

d)

Nettoerlös	Fr. 176.–	100,0 %
MWST	Fr. 14.10	8,0 %
Bruttoverkaufspreis inklusive MWST	Fr. 190.10	108,0 %

e)

Bruttogewinnmarge	$\frac{\textbf{Bruttogewinn} \cdot \textbf{100\%}}{\textbf{Nettoerlös}}$	$\frac{600\,000 \cdot 100\,\%}{1\,100\,000}$	54,55 %

34.03

a) Für die Lösung wird mit einem angenommenen Einstandspreis von Fr. 100.– gerechnet:

Einstandspreis	Fr.	100.–	100 %		
+ Gemeinkosten	Fr.	50.–			
= Selbstkosten	Fr.	150.–	BG = 80 %	100 %	
+ Reingewinn	Fr.	30.–		20 %	**16,67 %**
= Nettoerlös	Fr.	180.–	180 %	120 %	100 %

b) Gemäss Aufstellung unter a) betragen die Gemeinkosten 50 % des Einstandspreises:

Gemeinkosten	Fr.	125 000.–	50 %
Einstandswert	Fr.	250 000.–	100 %
Nettoerlös (Umsatz)	**Fr.**	**450 000.–**	180 %

c)

Gemeinkosten	Fr.	125 000.–	
+ Reingewinn	Fr.	24 000.–	
= Bruttogewinn	Fr.	149 000.–	80 %
Einstand = Warenaufwand	**Fr.**	**186 250.–**	100 %

34.04

Einzelkalkulation

	Einstandspreis	Fr. 200.–	100 %	
+	Gemeinkosten	Fr. 100.–	50 %	
=	Selbstkosten	Fr. 300.–	150 % →	100 %
+	Reingewinn	Fr. 60.–		20 %
=	Nettoerlös	Fr. 360.–	98 % ←	120 %
+	Skonto	Fr. 7.35	2 %	
=	Rechnungsbetrag	Fr. 367.35	100 % →	90 %
+	Abholrabatt	Fr. 40.82		10 %
=	Bruttoverkaufspreis ohne MWST	Fr. 408.17		100 %
+	MWST	Fr. 32.65		8,0 %
=	Bruttoverkaufspreis mit MWST	Fr. 440.82		108,0 %

b)

Einstandspreis	Fr. 200.–	100 %
+ Bruttogewinn	Fr. 160.–	80 %
= Nettoerlös	Fr. 360.–	180 %

c) Weil vom kleinen Wert (Einstandspreis) zum grossen Wert (Bruttoverkaufspreis) gerechnet wird.

d) Weil die Basis für den Reingewinnzuschlag nicht der Einstandspreis ist, sondern die Selbstkosten.

e) Der Bruttogewinn zeigt die Differenz zwischen An- und Verkaufspreis, bzw. wie viel nach der Deckung der Gemeinkosten zur Erzielung eines Reingewinns übrig bleibt.

f) Bruttoverkaufspreis

34.05

Warenaufw. (Einstandswert) + Gemeinkosten	Selbstkosten
Selbstkosten + Reingewinn	Nettoerlös
Gemeinkosten + Reingewinn	Bruttogewinn
Bruttogewinn ./. Gemeinkosten	Reingewinn
Reingewinn in Prozenten der Selbstkosten	Reingewinnzuschlag
Selbstkosten ./. Warenaufw. (Einstandswert)	Gemeinkosten
Bruttogewinn in Prozenten des Warenaufwandes	Bruttogewinnzuschlag
Selbstkosten ./. Gemeinkosten	Warenaufwand (Einstandswert)
Gemeinkosten in Prozenten des Warenaufwandes	Gemeinkostenzuschlag
Nettoerlös + Skonto	Rechnungsbetrag
Rechnungsbetrag + Rabatt	Bruttoverkaufspreis
Bruttogewinn in Prozenten des Nettoerlöses	Bruttogewinnmarge

34.06

Einstandspreis	Fr. 800.–	100 %	
+ Gemeinkosten	Fr. 400.–	50 %	Bruttogewinnzuschlag = 60 %
= Selbstkosten	Fr. 1 200.–	150 %	
+ Reingewinn	Fr. 80.–	10 %	
= Nettoerlös	Fr. 1 280.–	160 %	

$$\text{Reingewinnzuschlag} = \frac{80 \cdot 100\,\%}{1\,200} = 6{,}67\,\%$$

34.07

Aufgabe	Nettoerlös	Skonto	Rechnungsbetrag	Rabatt	Listenpreis (Bruttoverkaufspreis)
a)	2 444.40	3 %	2 520.–	10 %	2 800.–
b)	490.–	2 %	500.–	20 %	625.–
c)	665.–	5 %	700.–	12 1/2 %	800.–
d)	177.30	1 1/2 %	180.–	25 %	240.–
e)	390.–	2 1/2 %	400.–	16 2/3 %	480.–

34.08

	Einstands-preis	Gemeinkosten		Selbst-kosten	Reingewinn		Nettoerlös	Bruttogewinn	
		in Fr.	in % des Ein-standes		in Fr.	in % der Selbst-kosten		in Fr.	in % des Ein-standes
a)	4 000.–	1 200.–	30 %	5 200.–	650.–	12 1/2 %	5 850.–	1 850.–	46 1/4 %
b)	1 600.–	1 600.–	100 %	3 200.–	400.–	12 1/2 %	3 600.–	2 000.–	125 %
c)	150.–	120.–	80 %	270.–	90.–	33 1/3 %	360.–	210.–	140 %
d)	500.–	250.–	50 %	750.–	150.–	20%	900.–	400.–	80 %
e)	210.–	140.–	66 2/3 %	350.–	– 35.–	– 10 %	315.–	105.–	50 %
f)	2 000.–	400.–	20 %	2 400.–	400.–	16 1/3 %	2 800.–	800.–	40 %
g)	36.–	12.–	33 1/3 %	48.–	6.–	12 1/2 %	54.–	18.–	50 %
h)	3 500.–	4 900.–	140 %	8 400.–	– 2 100.–	– 25 %	6 300.–	2 800.–	80 %
i)	150.–	225.–	150 %	375.–	75.–	20 %	450.–	300.–	200 %
k)	180.–	360.–	200 %	540.–	90.–	16 2/3 %	630.–	450.–	250 %
l)	300.–	300.–	100 %	600.–	– 180.–	– 30 %	420.–	120.–	40 %
m)[1]	396.–	264.–	66 2/3 %	660.–	132.–	20%	792.–	396.–	100 %

[1] Lösung: $5/3\,x \cdot 1{,}2 = x + 396$
$2x = x + 396$
$x = 396$

34.09

a)

	Listenpreis des Lieferanten	Fr.	850.–	100 %	
./.	Mengenrabatt	Fr.	85.–	10 %	
=	Rechnungsbetrag des Lieferanten	Fr.	765.–	90 % →	100 %
./.	Skonto	Fr.	22.95		3 %
	Zahlung an den Lieferanten	Fr.	742.05	100 % ←	97 %
+	Bezugskosten	Fr.	89.05	12 %	
=	Einstandspreis	Fr.	831.10	112 % →	100 %
+	Bruttogewinn	Fr.	249.33		30 %
=	Nettoerlös	Fr.	1 080.43	95 % ←	130 %
+	Spezialrabatt	Fr.	56.86	5 %	
=	Bruttoverkaufspreis ohne MWST	Fr.	1 137.29	100 %	
+	MWST	Fr.	90.98	8,0 %	
=	Bruttoverkaufspreis mit MWST	Fr.	1 228.27	8,0 %	

b) Da es sich bei allen Zu- und Abschlägen um feste Prozentsätze handelt, lässt sich der Faktor errechnen, mit welchem der Nettoerlös zu dividieren ist, um direkt auf den Listenpreis beim Lieferanten zu schliessen.

$$\text{Faktor (Schlüsselzahl)} = \frac{\text{Nettoerlös}}{\text{Listenpreis Lieferant}} = \frac{1\,080.43}{850.–} = 1.2711$$

$$\text{Listenpreis beim Lieferanten} = \frac{1\,000}{1.2711} = 786.72$$

Ein anderer Lösungsweg ist die Anwendung des Dreisatzes: $= \frac{850 \cdot 1\,000}{1\,080.43} = 786.72$

34.10

a)	Einstandspreis	Fr.	100.–	100 %		Gesamtzuschlag 143,2 %
	+ Gemeinkosten	Fr.	30.–	30 %		
	= Selbstkosten	Fr.	130.–	130 %	100 %	
	+ Reingewinn	Fr.	13.–		10 %	
	= Nettoerlös	Fr.	143.–	98 %	110 %	
	+ Skonto	Fr.	2.92	2 %		
	= Rechnungsbetrag	Fr.	145.92	100 %	60 %	
	+ Wiederverkaufsrabatt	Fr.	97.28		40 %	
	= Bruttoverkaufspreis	Fr.	243.20		100 %	
b)	Einstandspreis	Fr.	40.–	100 %		
	Listenpreis	Fr.	97.30	243,2 %		
c)	Listenpreis	Fr.	89.–	243,2 %		
	Einstandspreis	Fr.	36.60	100 %		

34.11

a)	Einstandspreis	Fr.	100.–	100 %		
	+ Bruttogewinn	Fr.	50.–	50 %		
	= Nettoerlös	Fr.	150.–	150 %	100 %	
	./. Reingewinn	– Fr.	30.–		– 20 %	25 %
	= Selbstkosten	Fr.	120.–		80 % →	100 %
b)	Gemeinkosten	Fr.	146 300.–	20 %		
	Nettoerlös (Umsatz)	Fr.	1 097 250.–	150 %		
c)	Reingewinn	Fr.	50 000.–			
	+ Gemeinkosten	Fr.	146 300.–			
	= Bruttogewinn	Fr.	196 300.–	50 %		
	Warenaufwand	Fr.	392 600.–	100 %		

34.12

a)

	Warenaufwand	Fr. 720 000.–	40 %	
+	Bruttogewinnmarge	Fr. 1 080 000.–	60 %	
=	Nettoerlös	Fr. 1 800 000.–	100 %	120 %
./.	Reingewinn	– Fr. 300 000.–		– 20 %
=	Selbstkosten	Fr. 1 500 000.–		100 %
	Gemeinkosten	Fr. 780 000.–	(Selbstkosten ./. Warenaufwand)	

b)

Warenaufwand	Fr. 720 000.–	100 %
Bruttogewinn	Fr. 1 080 000.–	150 %

c)

	Gemeinkosten neu	Fr. 858 000.–	
+	Reingewinn	Fr. 300 000.–	
=	Bruttogewinn neu	Fr. 1 158 000.–	60 %
	Nettoerlös (Verkaufsumsatz)	Fr. 1 930 000.–	100 %

34.13

a)

	Ankaufspreis = EUR 1 250.– zum Kurs 1.35	Fr. 1 687.50
+	Bezugskosten	Fr. 168.75
=	Einstandspreis	Fr. 1 856.25

b)

	Einstandspreis	Fr. 90.–	100 %	
+	Bruttogewinn	Fr. 45.–	50 %	
=	Nettoerlös	Fr. 135.–	150 %	90 %
+	Rabatt	Fr. 15.–		10 %
=	Listenpreis ohne MWST	Fr. 150.–		100 %
+	MWST	Fr. 12.–		8,0 %
=	Listenpreis mit MWST	Fr. 162.–		108,0 %

c)

Einstandspreis	Fr. 90.–	100 %	
Listenpreis mit MWST	Fr. 162.–	180 %	Der Gesamtzuschlag beträgt 80 %.

d)

Listenpreis mit MWST	Fr. 180.–	180 %
Einstandspreis	Fr. 100.–	100 %

34.14

	Gewinn-Pferd			Verlust-Pferd		
Selbstkosten		Fr. 20 000.–	100 %		Fr. 30 000.–	100 %
Gewinn/Verlust	+	Fr. 4 000.–	20 %	–	Fr. 6 000.–	– 20 %
Nettoerlös		Fr. 24 000.–	120 %		Fr. 24 000.–	80 %

Der Pferdehändler verliert gesamthaft Fr. 2000.–.

34.15

a) **Gesamtkalkulation**

	Einstandspreis	Fr. 449 000.–	100 %		Bruttogewinn 49,5 %
+	Gemeinkosten	Fr. 134 700.–	30 %		
=	Selbstkosten	Fr. 583 700.–	130 %	100 %	
+	Reingewinn	Fr. 87 555.–		15 %	
=	Nettoerlös	Fr. 671 255.–		115 %	

b) und c) **Einzelkalkulation**

	Ankaufspreis	Fr. 21.50			
+	Bezugskosten	Fr. 3.30			
=	Einstandspreis	Fr. 24.80	100 %		
+	Gemeinkosten	Fr. 7.44	30 %		
=	Selbstkosten	Fr. 32.24	130 %	100 %	
+	Reingewinn	Fr. 4.84		15 %	
=	Nettoerlös	Fr. 37.08		115 %	100 %
+	MWST	Fr. 2.97			8,0 %
=	Listenpreis mit MWST	Fr. 40.05			108,0 %

34.16

	Bruttokreditankauf für 6 Stück	5 940.–	100 %	
	./. Rabatt	– 1 980.–	– 33 1/3 %	
a)	= **Rechnungsbetrag**	**3 960.–**	66 2/3 %	100 %
	./. Skonto	– 118.80		– 3 %
b)	= **Zahlung/Einstandspreis**	**3 841.20**		97 %
	Einstandspreis pro Stück	640.20		
	+ Bruttogewinn	150.–		
c)	= **Nettoerlös**	**790.20**		
	+ Verkaufssonderkosten	81.–		
	= **Zahlung**	**871.20**	98 %	
	+ Skonto	17.80	2 %	
	= **Rechnung**	**889.–**	100%	85 %
	+ Rabatt	156.90		15 %
d)	= **Listenpreis**	**1 045.90**		100 %

34.17

a)	Nettoerlös	Fr. 9.80	98 %	
	+ Skonto	Fr. –.20	2 %	
	= Rechnungsbetrag	Fr. 10.–	100 %	90 %
	+ Abholrabatt	Fr. 1.11		10 %
	= Bruttoverkaufspreis	Fr. 11.11		100 %
	+ MWST	Fr. 0.89		8,0 %
	= BVP mit MWST	Fr. 12.–		108,0 %

b) 12 Flaschen zu Fr. 12.– = Fr. 144.–

c)	Nettoerlös	Fr. 9.80	100 %	
	+ MWST	Fr. –.78	8,0 %	
	= Nettoerlös mit MWST	Fr. 10.58	108,0 %	
	Listenpreis mit MWST	Fr. 12.–		100 %
	Gesamtrabatt	Fr. 1.42		11,83 %

d)	Kauf	6 Flaschen	100 %
	./. Rabatt	– 1 Flasche	16 2/3 %
	= Zahlung	5 Flaschen	83 1/3 %

34.18

Nr.	Aussage	Richtig	Aussage ist falsch, weil …
1	Unter Kalkulation versteht man vor allem das Errechnen der Selbstkosten und des Nettoerlöses.	X	
2	Die Zuschlagssätze lassen sich aus der Einzelkalkulation ableiten.		Die Zuschlagssätze sind aus der Gesamtkalkulation ableitbar.
3	Kosten und Erlöse sind Begriffe aus der Kalkulation, Aufwand und Ertrag aus der Finanzbuchhaltung.	X	
4	In der Einzelkalkulation werden nur die Kosten für einen Artikel oder eine Leistung erfasst.	X	
5	Wird vom grossen zum kleinen Wert gerechnet, spricht man von aufbauender Kalkulation.		Umgekehrt, vom grossen zum kleinen Wert ist abbauend.
6	Der Einstandswert der verkauften Waren entspricht dem Warenaufwand.	X	
7	Die Bruttogewinnmarge ist ein Synonym für Bruttogewinnzuschlag.		Die Bruttogewinnmarge bezieht sich auf den Nettoerlös, der Bruttogewinnzuschlag auf den Einstandspreis.
8	Die aufbauende Einzelkalkulation kommt v. a. bei Waren ohne Marktpreis zur Anwendung.	X	
9	Die wichtigsten Gemeinkosten sind die Waren-, Personal-, Raum- und Abschreibungskosten.		Die Warenkosten gehören nicht zu den Gemeinkosten.
10	Der Bruttogewinnzuschlag ergibt sich aus der Addition von Gemeinkosten- und Reingewinnzuschlag		Zuschlagssätze dürfen nicht addiert werden, da sich der Reingewinnzuschlag auf die Selbstkosten und nicht auf den Einstand bezieht.
11	Im Nettoerlös ist die MWST noch nicht eingerechnet.	X	
12	Wird ein Rabatt gewährt, vermindert sich auch die abzuliefernde MWST um denselben Prozentsatz.	X	
13	Häufig wird der Nettoerlös auch als Verkaufsumsatz bezeichnet.	X	

Mehrstufige Erfolgsrechnung

35.01

Erfolgsrechnung 20_1

	Warenertrag		200
./.	Warenaufwand		– 140
=	**Bruttogewinn**		**60**
./.	Personalaufwand		– 40
./.	Mietaufwand		– 10
./.	Übriger Betriebsaufwand		– 25
=	**Betriebsverlust**		**– 15**
+	Betriebsfremder Ertrag (Liegenschaftenertrag)	neutraler Aufwand und Ertrag	45
./.	Betriebsfremder Aufwand (Liegenschaftenaufwand)		– 20
+	Ausserordentlicher Ertrag		30
=	**Unternehmungsgewinn**		**40**

35.02

Nr.	Buchung	Brutto-gewinn	Betriebs-gewinn	Unternehmens-gewinn
1	Debitoren/Warenertrag	+	+	+
2	Personalaufwand/Bank	0	–	–
3	Ausserordentlicher Aufwand/Post	0	0	–
4	Warenaufwand/Kreditoren	–	–	–
5	Privat/Fahrzeugaufwand	0	+	+
6	Debitor Vorsteuer/Kreditoren	0	0	0
7	Wertberichtigung Maschinen/ Abschreibungen	0	+	+
8	Delkredere/Debitorenverluste	+	+	+

35.03

Erfolgsrechnung

	Warenertrag	300
./.	Debitorenverluste	– 2
./.	Warenaufwand	– 160
=	**Bruttogewinn**	**138**
./.	Personalaufwand	– 60
./.	Raumaufwand	– 35
./.	Abschreibungen	– 12
./.	Übriger Betriebsaufwand	– 40
=	**Betriebsverlust**	**– 9**
+	Betriebsfremder Ertrag	47
./.	Betriebsfremder Aufwand	– 13
./.	Ausserordentlicher Aufwand	– 8
./.	Steueraufwand	– 4
=	**Unternehmensgewinn**	**13**

35.04

Erfolgsrechnung

	Fabrikateertrag (Produktionserlös)	700
+	Bestandesänderungen Fabrikatevorräte[1]	20
=	**Produktionsertrag**	**720**
./.	Materialaufwand	– 230
./.	Personalaufwand	– 200
./.	Raumaufwand	– 70
./.	Abschreibungen	– 50
./.	Übriger Betriebsaufwand	– 110
=	**Betriebsgewinn**	**60**
+	Neutraler Ertrag	32
./.	Neutraler Aufwand	– 12
./.	Steueraufwand	– 16
=	**Unternehmensgewinn**	**64**

1 Bestandesänderungen an unfertigen und fertigen Erzeugnissen.

35.05

a)

Erfolgsrechnung

	Warenertrag	300
./.	Warenaufwand	– 160
=	**Bruttogewinn**	**140**
./.	Personalaufwand	– 67
./.	Raumaufwand	– 20
./.	Unterhalt und Reparaturen	– 2
./.	Fahrzeugaufwand	– 6
./.	Energie- und Entsorgungsaufwand	– 3
./.	Werbeaufwand	– 11
./.	Sonstiger Betriebsaufwand	– 18
./.	Abschreibungen	– 17
=	**Betriebsergebnis vor Zinsen und Steuern (EBIT)**	**– 4**
./.	Zinsaufwand	– 10
=	**Betriebsergebnis vor Steuern**	**– 14**
+	Betriebsfremder Ertrag	30
./.	Betriebsfremder Aufwand	– 12
+	Ausserordentlicher Ertrag	21
=	**Unternehmensgewinn vor Steuern**	**25**
./.	Direkte Steuern	– 5
=	**Unternehmensgewinn**	**20**

b) Der mehrstufige Erfolgsausweis ermöglicht eine differenziertere Analyse der unternehmerischen Tätigkeit.

Im obigen Beispiel ist die Betriebstätigkeit (der Sportartikelhandel als Haupttätigkeit der Unternehmung) Verlust bringend.

Der per Saldo resultierende Unternehmensgewinn ist nur dank positiver Einflüsse betriebsfremder Tätigkeiten (zum Beispiel Vermietung von Liegenschaften oder Wertschriftengeschäfte) und ausserordentlichem Ertrag (zum Beispiel Gewinn auf Veräusserung von Anlagevermögen) zustande gekommen. Im Anhang zur Jahresrechnung (OR 959c) müssen zu diesen Positionen zusätzliche Angaben gemacht werden.

35.06

a)

Erfolgsrechnung		KMU
Warenertrag	600	32
./. Warenaufwand	– 330	42
= **Bruttogewinn**	**270**	
./. Personalaufwand	– 90	50
./. Mietaufwand	– 40	60
./. Unterhalt Reparaturen und Ersatz	– 6	61
./. Fahrzeugaufwand	– 22	62
./. Energie- und Entsorgungsaufwand	– 5	64
./. Werbeaufwand	– 32	66
./. Übriger Betriebsaufwand	– 36	67
./. Abschreibungen	– 25	68
= **Betriebsergebnis vor Zinsen und Steuern (EBIT)**	**14**	
./. Zinsaufwand	– 20	69
= **Verlust Hauptbetrieb**	**– 6**	
+ Ertrag aus Nebenbetrieben (Liegenschaftenertrag)	40	75
./. Aufwand aus Nebenbetrieben (Liegenschaftenaufwand)	– 28	75
= **Betriebsgewinn vor Steuern**	**6**	
+ Ausserordentlicher Ertrag	1	80
./. Ausserordentlicher Aufwand	– 7	80
+ Betriebsfremder Ertrag	21	82
./. Betriebsfremder Aufwand	– 8	82
= **Unternehmensgewinn vor Steuern**	**13**	
./. Direkte Steuern	– 3	89
= **Unternehmensgewinn**	**10**	

b) Die Nummern sind im KMU-Kontenrahmen so geordnet, dass sich automatisch eine mehrstufige Erfolgsrechnung ergibt, wenn die Konten in der Reihenfolge der Kontennummern aufgelistet werden. Dabei können Zwischenergebnisse je nach Branche und Informationsbedürfnissen nach Belieben gebildet werden.

KMU-Kontenrahmen

Betrieb		Neutraler Unternehmensbereich	
Hauptbetrieb (hier Warenhandel)	**Nebenbetrieb** (hier Betriebsliegenschaft)	**Ausserordentlich**	**Betriebsfremd**
Kontenklassen 3, 4, 5 und 6	Kontenklassen 7	Kontenklasse 8	Kontenklasse 8

Lohnabrechnung

36.01

Bezeichnung der Sozialversicherung	Ab-kürzung	Zweck	Beiträge in % des Bruttolohnes		
			Arbeit-nehmer	Arbeit-geber	Total
Alters- und Hinterlassenen-versicherung	AHV	Schutz gegen die wirtschaftlichen Folgen von Alter und Tod in Form von Alters-, Witwen- und Waisen-renten.	4,2 %	4,2 %	8,4 %
Invalidenversicherung	IV	Schutz gegen die Folgen von Erwerbsunfähigkeit durch körperlichen oder geistigen Gesundheitsschaden.	0,7 %	0,7 %	1,4 %
Erwerbsersatzordnung	EO	Anspruch von Dienstpflichtigen auf Erwerbsausfallentschädigung während des Militär- oder Zivilschutzdienstes und von erwerbstätigen Frauen während 14 Wochen nach der Niederkunft.	0,25 %	0,25 %	0,5 %
Verwaltungskostenbeitrag	VK	Verwaltungskostenbeitrag der Arbeitgeber auf den gesamten AHV/IV/EO-Abgaben an die Ausgleichskassen.	–	0,309 %	0,309 %
Arbeitslosenversicherung und Insolvenzentschädigung	ALV	Absicherung gegen Arbeitslosigkeit und Zahlungsunfähigkeit des Arbeitgebers.	1,1 %	1,1 %	2,2 %
Berufsunfallversicherung	BU	Versicherungsschutz gegen Folgen von Unfällen während der Arbeitszeit und auf dem Arbeitsweg.	–	0,1–1 %	0,1–1 %
Nichtberufsunfallversicherung	NBU	Versicherungsschutz gegen Folgen von Unfällen während der Freizeit.	0,5–1 %	–	0,5–1 %
Pensionskasse	PK	Berufliche Vorsorge (2. Säule, BVG) als Ergänzung zur staatlichen Vorsorge. Umfasst Alters-, Witwen- und Waisen- sowie Invalidenrente.	5–7 % vom Bruttolohn minus Koordinationsabzug	5–10 % vom Bruttolohn minus Koordinationsabzug	10–17 %
Familienausgleichskasse	FAK	Sozialer Ausgleich durch Auszahlung von Kinder- und Ausbildungszulagen bis zum vollendeten 25. Altersjahr an Arbeitnehmer und Selbstständig-erwerbende.	–	je nach Kanton 1–3 %	1–3 %

36.02

a)

Bank Trust AG, Zürich

Lohnabrechnung
Valuta 25. 11. 20_1
Periode 11. 20_1

Frau
R. Dreifuss
Hölderliweg 9
8000 Zürich

Bruttolohn					8 000.–	
Kinderzulagen					–.–	8 000.–
	Abzüge					
	AHV, IV, EO	5,15 %	von	8 000.–	412.–	
	ALV	1,1 %	von	8 000.–	88.–	
	PK	6,0 %	von	5 952.–	357.–	
	NBU	0,8 %	von	8 000.–	64.–	921.–
Nettolohn	Überweisung auf Konto X 3271-0128.693					7 079.–

b)

		Betrag	Lohnaufwand		Sozialversicherungs-aufwand		Kreditoren AHV, IV, EO, ALV, PK, UV	
	Bruttolohn	8 000.–						
Arbeitnehmer-beiträge	AHV-Beitrag 5,15 %	412.–	412					412
	ALV-Beitrag 1,1 %	88.–	88					88
	Pensionskassenbeitrag 6 % von 5 952.–	357.–	357					357
	NBU-Beitrag 0,8 %	64.–	64					64
	Nettolohn	7 079.–	7 079					
Arbeitgeber-beiträge	AHV-Beitrag 5,15 %	412.–			412			412
	Verwaltungskosten 0,309 %	25.–			25			25
	ALV-Beitrag 1,1 %	88.–			88			88
	Pensionskassenbeitrag 8 % von 5 952.–	476.–			476			476
	BU-Beitrag 0,6 %	48.–			48			48
	Salden			8 000		1 049	1 970	
			8 000	8 000	1 049	1 049	1 970	1 970

c) Arbeitnehmerbeiträge = Fr. 921.– = 11,51 % des Bruttolohns

d) Arbeitgeberbeiträge = Fr. 1 049.– = 13,11 % des Bruttolohns

e) Sozialversicherungsbeiträge total = Fr. 1 970.– = 24,63 % des Bruttolohns

f) Monatlicher Personalaufwand = Fr. 8 000.– + Fr. 1 049.– = Fr. 9 049.–

36.03

Journal

Nr.	Geschäftsfall	Buchung Soll	Haben	Betrag
1	Postüberweisung des Nettogehaltes	Lohnaufwand	Post	52 770.–
2	Die Sozialversicherungsbeiträge der Arbeitnehmer für AHV, IV, EO und ALV werden verbucht.	Lohnaufwand	Kreditor AHV, IV, EO, ALV	3 750.–
3	Die NBU-Prämien von 0,8 % der Bruttolohnsumme von Fr. 60 000.– werden abgerechnet und den Arbeitnehmern belastet.	Lohnaufwand	Kreditor UV	480.–
4	Arbeitnehmerbeitrag an die Pensionskasse	Lohnaufwand	Kreditor PK	3 000.–
5	Arbeitgeberbeitrag an die Pensionskasse	Sozialversicherungsaufwand	Kreditor PK	4 800.–
6	Die Prämien für die Berufsunfallversicherung werden der SUVA gutgeschrieben.	Sozialversicherungsaufwand	Kreditor UV	520.–
7	Einem Studenten werden für seine Mithilfe beim Austeilen von Werbeprospekten Fr. 1350.– bar ausbezahlt.	Lohnaufwand	Kasse	1 350.–
8	Die Arbeitgeberbeiträge für AHV, IV, EO und ALV werden der Ausgleichskasse inklusive des Verwaltungskostenbeitrages gutgeschrieben.	Sozialversicherungsaufwand	Kreditor AHV, IV, EO, ALV	3 935.–
9	An die AHV-Ausgleichskasse werden die geschuldeten Beiträge für das letzte Quartal durch die Post überwiesen.	Kreditor AHV, IV, EO, ALV	Post	23 055.–
10	Banküberweisung der geschuldeten Pensionskassenbeiträge	Kreditor PK	Bank	23 400.–
11	Ein Mitarbeiter hat Militärdienst geleistet. Von der EO erhalten wir eine Bankgutschrift für den Arbeitsausfall.	Bank	Lohnaufwand	3 850.–
12	Einem Vertreter werden die Auto- und Hotelspesen auf sein Bankkonto gutgeschrieben (MWST vernachlässigen).	Übriger Aufwand	Bank	1 825.–
13	Die Prämien für die Unfallversicherung werden an die SUVA durch die Post überwiesen.	Kreditor UV	Post	3 000.–

36.04

Text		Lohnaufwand		Sozialversicherungsaufwand		Kreditoren Sozialversicherungen	
Übertrag (April und Mai)		60 000		9 210			17 100
Bruttolohnsumme (Juni)	36 000.–						
Arbeitnehmerbeiträge:							
AHV, IV, EO	1 854.–	1 854					1 854
ALV	396.–	396					396
PK	1 660.–	1 660					1 660
NBU	216.–	216					216
Nettolohn	31 874.–	31 874					
Arbeitgeberbeiträge:							
AHV, IV, EO	1 854.–			1 854			1 854
Verwaltungskostenbeitrag	90.–			90			90
ALV	396.–			396			396
PK	2 380.–			2 380			2 380
BU	180.–			180			180
Überweisung durch Post	26 126.–					26 126	
Saldi			96 000		14 110		
		96 000	96 000	14 110	14 110	26 126	26 126

b) Fr. 36 000.– + Fr. 4 900.– = Fr. 40 900.–

36.05

a)

Bruttolohn				12 000.–	
Kinderzulagen				250.–	12 250.–
Abzüge					
AHV, IV, EO	5,15 %	von	12 000.–	618.–	
ALV	1,1 %	von	10 500.–	115.50	
	0,5 %	von	1 500.–	7.50	
PK	7,0 %	von	9 953.–	696.70	
NBU	1,0 %	von	10 500.–	105.–	1 542.70
Nettolohn					10 707.30

b)

Journal

Text	Buchung Soll	Haben	Betrag
Kinderzulage	Kreditor FAK	Lohnaufwand	250.–
Arbeitnehmerbeitrag AHV, IV, EO	Lohnaufwand	Kreditor AHV, IV, EO, ALV	618.–
Arbeitnehmerbeitrag ALV	Lohnaufwand	Kreditor AHV, IV, EO, ALV	123.–
Arbeitnehmerbeitrag PK	Lohnaufwand	Kreditor PK	696.70
NBU-Betrag	Lohnaufwand	Kreditor UV	105.–
Banküberweisung Nettolohn	Lohnaufwand	Bank	10 707.30

c)

Journal

Text	Buchung Soll	Haben	Betrag
Arbeitgeberbeitrag AHV, IV, EO	Sozialversicherungsaufwand	Kreditor AHV, IV, EO, ALV	618.–
Verwaltungskosten 0,309%	Sozialversicherungsaufwand	Kreditor AHV, IV, EO, ALV	37.10
Arbeitgeberbeitrag ALV	Sozialversicherungsaufwand	Kreditor AHV, IV, EO, ALV	123.–
Arbeitgeberbeitrag PK	Sozialversicherungsaufwand	Kreditor PK	895.75
BU-Beitrag	Sozialversicherungsaufwand	Kreditor UV	84.–
Familienausgleichskasse	Sozialversicherungsaufwand	Kreditor FAK	180.–

36.06

a)

	Beitrag in %	Romeo Alfeo	Meier Daniel	Märki Thomas	Total
Bruttolohn		6 000.–	5 000.–	4 500.–	15 500.–
Kinderzulagen (Fr. 250.–/Kind)		500.–	250.–	–.–	750.–
Arbeitnehmerbeiträge					
AHV, IV, EO	5,15 %	309.–	257.50	231.75	798.25
ALV	1,1 %	66.–	55.–	49.50	170.50
PK	6 % vom versicherten Lohn	237.15	177.15	147.15	561.45
NBU	0,8 %	48.–	40.–	36.–	124.–
Nettolohn	–	5 839.85	4 720.35	4 035.60	14 595.80

Arbeitgeberbeiträge					
AHV, IV, EO	5,15 %	–	–	–	798.25
Verwaltungskostenbeitrag	0,309 %	–	–	–	47.90
ALV	1,1 %	–	–	–	170.50
PK	8 % vom versicherten Lohn	–	–	–	748.60
BU	1,0 %	–	–	–	155.–
FAK	1,5 %	–	–	–	232.50
Total Sozialleistungen	–	–	–	–	2 152.75

b)

Buchung		Lohnaufwand		Sozialversicherungs-aufwand		Kreditoren AHV, IV, EO, ALV, FAK, UV, PK	
Kreditor FAK/Lohnaufwand	750.–		750.–			750.–	
Lohnaufwand/Kreditor AHV, IV, EO	798.25	798.25					798.25
Lohnaufwand/Kreditor ALV	170.50	170.50					170.50
Lohnaufwand/Kreditor PK	561.45	561.45					561.45
Lohnaufwand/Kreditor UV	124.–	124.–					124.–
Lohnaufwand/Liquide Mittel	14 595.80	14 595.80					
Sozialversicherungsaufwand/ Kreditor AHV, IV, EO	798.25			798.25			798.25
Sozialversicherungsaufwand/ Kreditor AHV, IV, EO	47.90			47.90			47.90
Sozialversicherungsaufwand/ Kreditor ALV	170.50			170.50			170.50
Sozialversicherungsaufwand/ Kreditor PK	748.60			748.60			748.60
Sozialversicherungsaufwand/ Kreditor UV	155.–			155.–			155.–
Sozialversicherungsaufwand/ Kreditor FAK	232.50			232.50			232.50
Saldi			**15 500.–**		**2 152.75**	**3 056.95**	
		16 250.–	16 250.–	2 152.75	2 152.75	3 806.95	3 806.95

37

Immobilien

37.01

Geschäftsfall	Buchung	Bestandeskonten: Immobilien		Hypotheken		Erfolgskonten: Immobilienaufwand		Immobilienertrag	
Kauf									
Anzahlung mit eigenen Mitteln	Immobilien/Bank	500 000							
Restfinanzierung durch Hypothekardarlehen zu 3,5 %	Immobilien/ Hypotheken	1 000 000			1 000 000				
Handänderungssteuer und Grundbuchgebühren (16 000)	Immobilien/Bank	16 000							
Aufwände									
Unterhalt und Reparaturen (2 000)	Immobilien-aufwand/Bank					2 000			
Gebühren, Abgaben und Versicherungen (2 500)	Immobilien-aufwand/Bank					2 500			
Heizung, Strom allgemein (1 400)	Immobilien-aufwand/Bank					1 400			
Hypothekarzinsen (?)	Immobilien-aufwand/Bank					35 000			
Verwaltungsaufwand (3 300)	Immobilien-aufwand/Bank					3 300			
Reinigung und Hauswartung (4 800)	Immobilien-aufwand/Bank					4 800			
Abschreibungen (8 000)	Immobilienauf-wand/Immobilien		8 000			8 000			
Erträge									
Mieteinnahmen (36 000)	Bank/ Immobilienertrag								36 000
Mietwert Geschäft (24 000)	Mietaufwand/ Immobilienertrag								24 000
Mietwert Privatwohnung (20 000)	Privat/ Immobilienertrag								20 000
Abschluss									
Salden	Diverse Buchungen		**1 508 000**	**1 000 000**			**57 000**	**80 000**	
		1 516 000	1 516 000	1 000 000	1 000 000	57 000	57 000	80 000	80 000

Bilanz 31.12.20_3 (Auszug)

Immobilien	1 508 000	Hypotheken	1 000 000

Erfolgsrechnung für 20_3 (Auszug)

Immobilienaufwand	57 000	Immobilienertrag	80 000
Gewinn	**23 000**		
	80 000		80 000

b) Gebühren und Abgaben sind zu bezahlen für Kehrichtabfuhr (Grundgebühr), Wasserzins, Abwassergebühren (Kanalisation) und Liegenschaftssteuer. Versicherungsprämien fallen an für Gebäudeversicherung, Haftpflichtversicherung, Wasserschaden, Glasbruch usw.

c) Würden keine Mietwerte fürs Geschäft und die privat genutzte Wohnung verrechnet, wären die Erträge in der Immobilienrechnung viel zu tief ausgewiesen und ergäben ein falsches Bild.

37.02

a)

Nr.	Geschäftsfall	Betrag	Buchung	
			Aus Sicht des Käufers	Aus Sicht des Verkäufers
1	Kauf bzw. Verkauf der Liegenschaft in Wädenswil	900 000	Immobilien/Kreditoren	Debitoren/Immobilien
2	Übernahme der 1. Hypothek vom Verkäufer	500 000	Kreditoren/Hypotheken	Hypotheken/Debitoren
3	Gewährung einer 2. Hypothek durch den Verkäufer	100 000	Kreditoren/Hypotheken	Aktivhypothek/Debitoren
4	Der Käufer übernimmt den Heizölvorrat.	2 000	Immobilienaufwand/ Kreditoren	Debitoren/ Immobilienaufwand
5	Die Handänderungs- und Notariatskosten betragen für Käufer und Verkäufer je 9 350.– und werden durch die Bank beglichen.	9 350	Immobilien/Bank	Immobilienaufwand/Bank
6	Übergabe von Aktien aus dem Depot des Käufers zum Kurswert	50 000	Kreditoren/Wertschriften	Wertschriften/Debitoren
7	Die Restschuld wird durch Bankcheck beglichen.	252 000	Kreditoren/Bank	Bank/Debitoren

b)

Nr.	Geschäftsfall	Betrag	Buchung
1	Rechnung der Wärmetechnik GmbH für den Einbau einer neuen Heizung. Die Hälfte des Betrages ist als Wertsteigerung, die andere Hälfte als Unterhalt zu verbuchen.	100 000	Immobilienaufwand/Kreditoren (50 000) Immobilien/Kreditoren (50 000)
2	Für Ausbesserungsarbeiten, die nach der Liegenschaftsübernahme durch den Maler vorgenommen wurden, trifft eine Rechnung ein. Der Betrag ist nicht zu aktivieren.	8 000	Immobilienaufwand/Kreditoren

c)

Nr.	Geschäftsfall	Betrag	Buchung
1	Stromrechnung für die F. Linder (Geschäft)	100	Energieaufwand/Kreditoren
2	Stromrechnung für die Privatwohnung Linder (wird später übers Geschäft bezahlt)	120	Privat/Kreditoren
3	Stromrechnung Treppenhaus, Vorplatz und Kellerräumlichkeiten	30	Immobilienaufwand/Kreditoren

d)

Nr.	Geschäftsfall	Betrag	Buchung
1	Mietwert des Geschäftslokals	12 000	Mietaufwand/Immobilienertrag
2	Mietwert der Privatwohnung Familie Linder	10 000	Privat/Immobilienertrag
3	Ausstehende Mietzinse von Mieter X	2 000	Aktive Rechnungsabgrenzung/Immobilienertrag
4	Von Mieter Y vorausbezahlte Mietzinse	1 000	Immobilienertrag/Passive Rechnungsabgrenzung
5	Bankzahlung des Halbjahreszinses für die zu 3,5 % verzinsliche 1. Hypothek (Zinstermine 30. 6. und 31. 12.)	8 750	Immobilienaufwand/Bank
6	Aufgelaufener Hypothekarzins für die zu 4 % verzinsliche 2. Hypothek (Zinstermine 31. 3. und 30. 9.)	1 000	Immobilienaufwand/Passive Rechnungsabgrenzung
7	Indirekte Abschreibung des Geschäftsmobiliars	1 500	Abschreibungen/Wertberichtigungen Mobiliar
8	Direkte Abschreibung der Liegenschaft	5 000	Immobilienaufwand/Immobilien

37.03

a)

Journal

Datum	Geschäftsfall	Buchung	Immobilien		Immobilienaufwand		Immobilienertrag	
Div.	Übertrag	Diverse Buchungen	2 100 000		32 200			74 525
01. 12.	Bankbelastung der Hypothekarzinsen 4 % vom 31. 5. bis 30. 11. (Hypothek Fr. 1 200 000.–)	Immobilienaufwand/ Bank			24 000			
03. 12.	Rechnung für Unterhaltsarbeiten von Fr. 2300.–	Immobilienaufwand/ Kreditoren			2 300			
05. 12.	Bankgutschrift Monatsmietzinsen, Fr. 6775.–	Bank/ Immobilienertrag						6 775
07. 12.	Rechnung für Heizöl, Fr. 3470.–	Immobilienaufwand/ Kreditoren			3 470			
15. 12.	Mietzinsbelastung ▶ Kosmetikschule Fr. 36 000.–	Mietaufwand/ Immobilienertrag						36 000
	▶ Privat Wüscher Fr. 19 200.–	Privat/Immobilienertrag						19 200
17. 12.	Rechnung der Pulito AG für Hauswart- und Reinigungsarbeiten, Fr. 700.–	Immobilienaufwand/ Kreditoren			700			
18. 12.	Rechnung für Fr. 48 800.– der Bau GmbH für die Erneuerung der Nasszellen und Toiletten. 50 % des Betrages sind zu aktivieren.	Immobilienaufwand/ Kreditoren			24 400			
		Immobilien/ Kreditoren	24 400					

Journal

Datum	Geschäftsfall	Buchung	Immobilien		Immobilien-aufwand		Immobilien-ertrag	
Div.	Übertrag	Diverse Buchungen	2100000		87 070			136 500
19.12.	Bankbelastung für Abgaben, Versicherungen und Gebühren für das 4. Quartal, Fr. 720.–	Immobilienaufwand/ Bank			720			
27.12.	Bankbelastung für Stromverbrauch (Treppenhausbeleuchtung, Waschmaschine usw.), Fr. 180.–	Immobilienaufwand/ Bank			180			
28.12.	Bankzahlung an Kreditoren Fr. 16 370.–	Kreditoren/Bank						
31.12.	Die Heizkosten werden weiterverrechnet an: ▶ Mieter Fr. 1 650.– ▶ Geschäft Fr. 940.– ▶ Privat Fr. 710.–	Debitoren/ Immobilienaufwand				1 650		
		Energieaufwand/ Immobilienaufwand				940		
		Privat/ Immobilienaufwand				710		
31.12.	Die geschuldeten Hypothekarzinsen sind abzugrenzen.	Immobilienaufwand/ PRA			4 000			
31.12.	Der Heizölvorrat beträgt am Jahresende Fr. 3000.–	ARA/ Immobilienaufwand				3 000		
31.12.	Die Hypothek wird um Fr. 50 000.– amortisiert.	Hypotheken/Bank						
31.12.	Auf dem Buchwert der Liegenschaft wird 1 % abgeschrieben.	Immobilienaufwand/ Immobilien		21 244	21 244			
31.12.	Salden	Diverse Buchungen		2103156		106 914	136 500	
			2124400	2124400	113 214	113 214	136 500	136 500

Der Liegenschaftsgewinn beträgt 136 500 – 106 914 = **29 586**

b)

Bruttorendite	Bruttoertrag / Kapitaleinsatz	136 500 / 2 100 000	**6,50 %**

c)

Eigenkapitalrendite	Liegenschaftserfolg / Eigenkapital	29 586 / 900 000	**3,29 %**

d) Im Unterschied zur Bruttorendite, die über Jahre mit grosser Konstanz das Verhältnis zwischen Mietzinseinnahmen und investiertem Kapital wiedergibt, kann die Nettorendite von Jahr zu Jahr grossen Schwankungen unterworfen sein. Je nachdem, welche Unterhalts- und Renovationsarbeiten durchgeführt werden, fällt die Nettorendite grösser oder kleiner aus. Sie kann vom Hauseigentümer stark gesteuert werden und ist deshalb weniger aussagekräftig

37.04

a) Die Buchungen für die Nachträge lauten:

1. Privat Hug/Mietzinsertrag	19 200.–
2. Raumaufwand/Mietzinsertrag	15 000.–
3. Zinsaufwand/Passive Rechnungsabgrenzung	4 000.–
4. Mietzinsertrag/Passive Rechnungsabgrenzung	1 200.–
5. Aktive Rechnungsabgrenzung/Versicherungen	1 000.–
6. Aktive Rechnungsabgrenzung/Energieaufwand	2 100.–
7. Personalaufwand/Privat Hug	8 000.–
8. Unterhalt und Rep./Passive Rechnungsabgrenzung	15 310.–

	Provisorische Erfolgsrechnung		Nachträge		Definitive Erfolgsrechnung	
	Aufwand	Ertrag	Soll	Haben	Aufwand	Ertrag
Verkaufsertrag		880 000				880 000
Reparaturertrag		220 000				220 000
Mietzinsertrag		34 800	1 200	19 200 + 15 000		67 800
Warenaufwand	640 000				640 000	
Personalaufwand	280 000		8 000		288 000	
Raumaufwand	15 000		15 000		30 000	
Unterhalt und Rep.	9 100		15 310		24 410	
Versicherungen	9 400			1 000	8 400	
Energieaufwand	14 250			2 100	12 150	
Übriger Betriebsaufwand	7 500				7 500	
Abschreibungen	32 000				32 000	
Zinsaufwand	29 340		4 000		33 340	
Gewinn	**98 210**				**92 000**	
	1 134 800	1 134 800			1 167 800	1 167 800

b)

	Definitive Erfolgsrechnung Aufwand	Ertrag	Musik (Hauptbetrieb) Aufwand	Ertrag	Liegenschaft (Nebenbetrieb) Aufwand	Ertrag
Verkaufsertrag		880 000		880 000		
Reparaturertrag		220 000		220 000		
Mietzinsertrag		67 800				67 800
Warenaufwand	640 000		640 000			
Personalaufwand	288 000		278 400		9 600	
Raumaufwand	30 000		30 000			
Unterhalt und Rep.	24 410		2 400		22 010	
Versicherungen	8 400		5 600		2 800	
Energieaufwand	12 150		10 450		1 700	
Übriger Betriebs-aufwand	7 500		6 200		1 300	
Abschreibungen	32 000		23 500		8 500	
Zinsaufwand	33 340		9 340		24 000	
Erfolg	**92 000**		**94 110**			**2 110**
	1 167 800	1 167 800	1 100 000	1 100 000	69 910	69 910

c)

Erfolgsrechnung für 20_3

	Verkaufsertrag	880 000
+	Reparaturertrag	220 000
=	**Betriebsertrag**	**1 100 000**
./.	Warenaufwand	– 640 000
./.	Personalaufwand	– 278 400
./.	Mietaufwand	– 30 000
./.	Unterhalt und Reparaturen	– 2 400
./.	Versicherungen	– 5 600
./.	Energieaufwand	– 10 450
./.	Übriger Betriebsaufwand	– 6 200
./.	Abschreibungen	23 500
./.	Zinsaufwand	– 9 340
=	**Betriebsgewinn ohne Nebenbetriebe**	**94 110**
+	Liegenschaftsertrag (Immobilienertrag)	67 800
./.	Liegenschaftsaufwand (Immobilienaufwand)	– 69 910
=	**Unternehmungsgewinn**	**92 000**

37.05

a)

Kaufpreis	1 300 000
./. 1. Hypothek	600 000
./. 2. Hypothek	300 000
= Eigenkapital	**400 000**

b) Bruttoertrag = 1 300 000.– : 100 • 7 = **91 000.–**

c)

Bruttoertrag	91 000
./. Zinsen 1. Hypothek	21 000
./. Zinsen 2. Hypothek	12 000
./. übriger Aufwand	36 000
= Gewinn	**22 000**

d) Eigenkapital-Rendite = $\frac{22\,000.–}{400\,000.–}$ = **5,5 %**

e) Die Bruttorendite verändert sich nicht, da ja die Mieteinnahmen unverändert bleiben.

f) Der Gewinn vermindert sich um 900 000.– • 0,5 % = 4500.– auf 17 500.–.

Eigenkapital-Rendite = $\frac{17\,500.–}{400\,000.–}$ = **4,375 %**

g) Erhöhung = 0,5 % • 400 000.– = 2000.–

Die Mieteinnahmen müssten auf Fr. 93 000.– erhöht werden, d. h. um $\frac{2\,000.–}{91\,000.–}$ = **2,2 %**

Wertschriften

38.01

a)

Kaufabrechnung

	200 Namenaktien Phoenix AG zum Kurs 350	70 000
+	Spesen	680
=	Endbetrag der Bankabrechnung, Valuta 18. Oktober[1]	70 680

b)

Datum	Text	Buchung	Wertschriftenbestand		Wertschriftenaufwand		Wertschriftenertrag	
18.10.	Aktienkauf, Kurswert	Wertschriftenbestand/Bank	70 000					
	Aktienkauf, Spesen	Wertschriftenaufwand/Bank			680			

38.02

a)

Verkaufsabrechnung

	800 Inhaberaktien Chemie AG zum Kurs 40	32 000
./.	Spesen	– 320
=	Endbetrag der Bankabrechnung, Valuta 14. November	31 680

b) Beim Kauf müssen die Spesen zum Kurswert hinzugezählt werden, da sie den Kauf verteuern. Beim Verkauf werden die Spesen vom Kurswert abgezählt, da sie den Verkaufserlös schmälern.

c)

Datum	Text	Buchung	Wertschriftenbestand		Wertschriftenaufwand		Wertschriftenertrag	
14.11.	Aktienverkauf, Kurswert	Bank/Wertschriftenbestand		32 000				
	Aktienverkauf, Spesen	Wertschriftenaufwand/Bank			320			

d) Mit dem Kauf von Aktien bezweckt eine Unternehmung:

- überschüssige Liquidität ertragsbringend anzulegen (Dividendenerträge und Kursgewinne), oder
- sich am Kapital einer anderen Unternehmung zu beteiligen, um langfristig einen massgeblichen Einfluss auf sie auszuüben und an ihrem wirtschaftlichen Erfolg teilzuhaben.

[1] In den Schulbeispielen tragen die Transaktionen meist das Datum des Ausführungstags. In der Praxis werden die Käufe und Verkäufe oft ein paar Werktage nach Ausführung valutiert.

38.03

a) 5 % von Fr. 60 000.– = Fr. 3000.–

b) Dem Käufer (weil er die Obligationen am 30. 06. 20_4 besitzt).

c)

Marchzinsberechnung

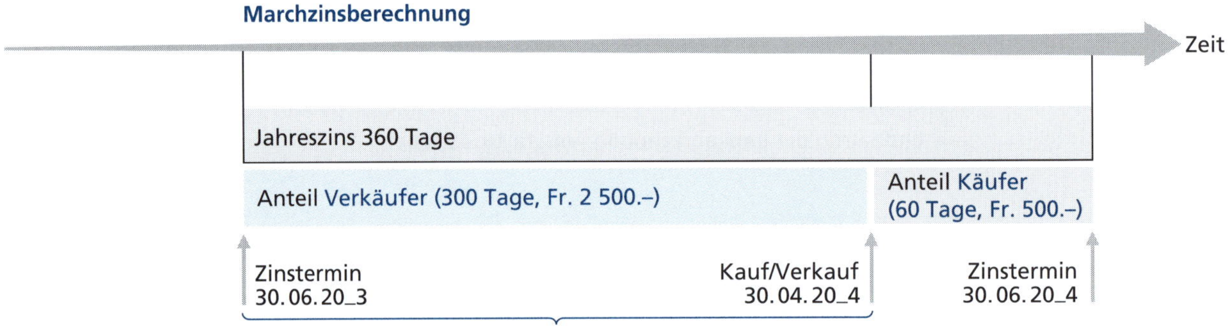

Marchzins	$\frac{\text{Fr. } 60\,000.– \cdot 5 \cdot 300}{100 \cdot 360}$	Fr. 2 500.–

d)

Kaufabrechnung

Fr. 60 000.– 5 % Elektrizitätswerke AG 20_1 bis 20_9 zum Kurs 103 %	61 800.–
Marchzins vom 30. 06. 20_3 bis 30. 04. 20_4 = 300 Tage	2 500.–
= Zwischentotal	64 300.–
Spesen	540.–
= Endbetrag der Bankabrechnung, Valuta 30. 04. 20_4	64 840.–

e)

Journal und Hauptbuch

Datum	Geschäftsfall	Buchung	Wertschriftenbestand		Wertschriftenaufwand		Wertschriftenertrag	
30. 04.	Obligationenkauf, Kurswert	Wertschriftenbestand/ Bank	61 800					
	Obligationenkauf, Marchzins	Wertschriftenertrag/ Bank					2 500	
	Obligationenkauf, Spesen	Wertschriftenaufwand/ Bank			540			

f) Der Käufer wird am nächsten Zinstermin den Zinscoupon für das ganze Jahr einlösen und als Wertschriftenertrag verbuchen. Die Besitzesdauer ist aber kein ganzes Jahr, weshalb der dem Verkäufer bezahlte Marchzins eine Verkleinerung des Wertschriftenertrags darstellt.

38.04

a)

Verkaufsabrechnung

	Fr. 100 000.– 4 % Schweizerische Eidgenossenschaft 20_1 bis 20_9 zum Kurs 105 %	105 000.–
+	Marchzins vom 31.07.20_3 bis 31.10.20_3 = 90 Tage	1 000.–
=	Zwischentotal	106 000.–
./.	Spesen	– 980.–
=	Endbetrag der Bankabrechnung, Valuta 31.10.20_3	105 020.–

Detailberechnungen zum Marchzins

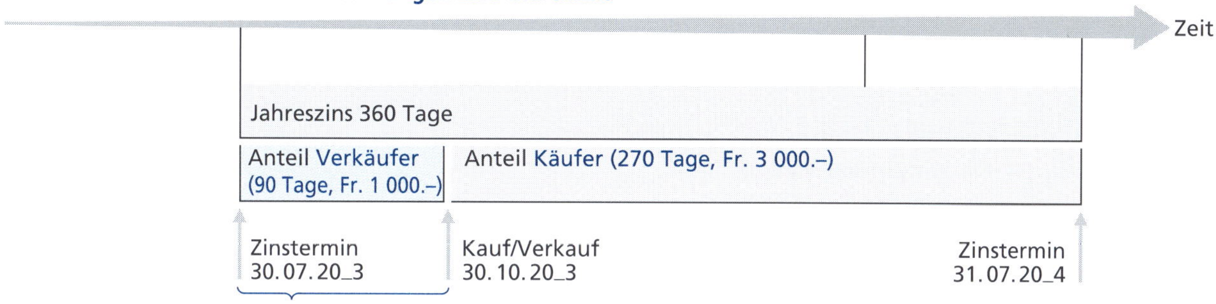

Marchzins	$\frac{\text{Fr. } 100\,000.– \cdot 4 \cdot 90}{100 \cdot 360}$	Fr. 1 000.–

b) Weil sich durch den Marchzins der Verkaufserlös für den Verkäufer erhöht und sich gleichzeitig der Kaufpreis für den Käufer vergrössert, muss der Marchzins immer zum Kurswert addiert werden.

c)

Journal und Hauptbuch

Datum	Geschäftsfall	Buchung	Wertschriftenbestand		Wertschriftenaufwand		Wertschriftenertrag	
31.10.	Obligationenverkauf, Kurswert	Bank/ Wertschriftenbestand		105 000				
	Obligationenverkauf, Marchzins	Bank/ Wertschriftenertrag						1 000
	Obligationenverkauf, Spesen	Wertschriftenaufwand/ Bank			980			

d) Im Unterschied zu den Obligationen ist es beim Kauf oder Verkauf von Aktien nicht möglich, eine «Marchdividende» zu berechnen, da die Dividende im Zeitpunkt des Aktienkaufs noch nicht feststeht, weil sie vom Geschäftsergebnis des laufenden Jahres und vom nächsten Generalversammlungsbeschluss abhängig ist: Kauft jemand eine Aktie *vor* der Generalversammlung, so erhält er nach der Generalversammlung die beschlossene Dividende; kauft er die Aktie *nach* der Generalversammlung, bekommt er im laufenden Jahr keine Dividende.

38.05

a)

Kaufabrechnung

400 Aktien zum Kurs 200.–	80 000.–
+ Spesen	800.–
= Endbetrag der Bankabrechnung, Valuta 23.04.20_2	80 800.–

Journal und Hauptbuch

Datum	Geschäftsfall	Buchung	Wertschriftenbestand		Wertschriftenaufwand		Wertschriftenertrag	
23.04.	Aktienkauf, Kurswert	Wertschriftenbestand/ Bank	80 000					
	Aktienkauf, Spesen	Wertschriftenaufwand/ Bank			800			

b)

Verkaufsabrechnung

Fr. 200000.– 3% Obligation 20_1 bis 20_9 zum Kurs 96%	192 000.–
+ Marchzins vom 31. Mai 20_3 bis 31. März 20_4 (300 Tage)	5 000.–
= Zwischentotal	197 000.–
./. Spesen	– 1 700.–
= Endbetrag der Bankabrechnung, Valuta 31. März 20_4	195 300.–

Journal und Hauptbuch

Datum	Geschäftsfall	Buchung	Wertschriftenbestand		Wertschriftenaufwand		Wertschriftenertrag	
31.03.	Obligationenverkauf/ Kurswert	Bank/ Wertschriftenbestand		192 000				
	Obligationenverkauf/ Marchzins	Bank/ Wertschriftenertrag						5 000
	Obligationenverkauf/ Spesen	Wertschriftenaufwand/ Bank			1 700			

38.06

Datum	Geschäftsfall	Buchung	Wertschriftenbestand		Wertschriftenaufwand		Wertschriftenertrag	
13.03.	Aktienkauf, Kurswert	Wertschriftenbestand/ Bank	120 000					
	Aktienkauf, Spesen	Wertschriftenaufwand/ Bank			1 200			
24.04.	Bankgutschrift Dividende	Bank/ Wertschriftenertrag						1 950
	Verrechnungssteuer	Debitor VSt/ Wertschriftenertrag						1 050
07.12.	Depotgebühren	Wertschriftenaufwand/ Bank			130			
31.12.	Kursgewinn Aktien	Wertschriftenbestand/ Wertschriftenertrag	6 000					6 000
	Abschluss	Diverse		**126 000**		**1 330**	**9 000**	
			126 000	126 000	1 330	1 330	9 000	9 000

38.07

a)

Datum	Geschäftsfall	Buchung	Wertschriftenbestand		Wertschriftenaufwand		Wertschriftenertrag	
01.01.	Anfangsbestand	Wertschriftenbestand/ Bilanz	810 000					
	Rückbuchung abgelaufener Zins[1]	Wertschriftenertrag/ Aktive Rechnungsabgrenzung					15 000	
20.02.	Aktienverkauf, Kurswert	Bank/ Wertschriftenbestand		95 000				
	Aktienverkauf, Spesen	Wertschriftenaufwand/ Bank			950			
	Aktienverkauf, Kursgewinn	Wertschriftenbestand/ Wertschriftenertrag	5 000					5 000
10.04.	Nettodividende 65 %	Bank/ Wertschriftenertrag						1 300
	Verrechnungssteuer 35 %	Debitor VSt/ Wertschriftenertrag						700
30.06.	Nettozins 65 %	Bank/ Wertschriftenertrag						19 500
	Verrechnungssteuer 35 %	Debitor VSt/ Wertschriftenertrag						10 500
30.09.	Obligationenverkauf, Kurswert	Bank/ Wertschriftenbestand		204 000				
	Obligationenverkauf, Marchzins	Bank/ Wertschriftenertrag						2 500
	Obligationenverkauf, Spesen	Wertschriftenaufwand/ Bank			2 200			
	Obligationenverkauf, Kursverlust	Wertschriftenaufwand/ Wertschriftenbestand		6 000	6 000			
10.12.	Depotgebühr	Wertschriftenaufwand/ Bank			600			
31.12.	Aufgelaufene Obligationenzinsen	Aktive Rechnungsabgrenzung/ Wertschriftenertrag						10 000
	Kursgewinn Aktien	Wertschriftenbestand/ Wertschriftenertrag	15 000					15 000
	Kursverlust Obligationen	Wertschriftenaufwand/ Wertschriftenbestand		4 000	4 000			
	Salden	Diverse		**521 000**		**13 750**	**49 500**	
			830 000	830 000	13 750	13 750	64 500	64 500

[1] Aufgelaufener Zins vom 30.6. bis 31.12.20_1 = Fr. 600 000.– • 0,5 Jahre = Fr. 15 000.–

b)

Realisierter Kursverlust

Titel	Kurswert gemäss Eröffnungsbilanz	Kurswert beim Verkauf	Kursdifferenz	
1000 Namenaktien Pharma AG	90 000.–	95 000.–	Kursgewinn	5 000.–
Fr. 200 000.– Kanton Bern	210 000.–	204 000.–	Kursverlust	– 6 000.–
Total	300 000.–	299 000.–	Kursverlust	– 1 000.–

Unrealisierter Kursgewinn

Titel	Kurswert gemäss Eröffnungsbilanz	Kurswert gemäss Schlussbilanz	Kursdifferenz	
1000 Namenaktien Pharma AG	90 000.–	105 000.–	Kursgewinn	15 000.–
Fr. 400 000.– Kanton Bern	420 000.–	416 000.–	Kursverlust	– 4 000.–
Total	510 000.–	521 000.–	Kursgewinn	11 000.–

38.08

Nr.	Sollbuchung	Habenbuchung	Betrag
1	Warenaufwand	Kreditoren	5 000
	Debitor MWST (Vorsteuer)	Kreditoren	400
2	Kreditoren	Warenaufwand	100
	Kreditoren	Debitor MWST (Vorsteuer)	8
	Kreditoren	Bank	5 292
3	Debitoren	Warenertrag	2 600
4	Bank	Debitoren	1 310
	Debitoren	Warenertrag	10
	Warenertrag	Debitoren	30
5	Debitor MWST (Vorsteuer)	Kreditoren (Kreditor Zoll)	120
6	Bank	Debitoren	1 480
	Debitorenverluste	Debitoren	4 000
	Kreditor MWST (Umsatzsteuer)	Debitoren	320
7	Lohnaufwand	Bank	35 500
	Lohnaufwand	Kreditor Sozialversicherungen	4 500
	Sozialaufwand	Kreditor Sozialversicherungen	4 820

		Arbeitnehmer-Beiträge	Arbeitgeber-Beiträge
AHV/IV/EO/ALV	6,25 %	2 500	2 500
Verwaltungskostenbeitrag	Fr. 80		80
Berufsunfall	0,6%		240
Nichtberufsunfall	0,5%	200	
Pensionskasse	–	1 800	2 000
Total	–	4 500	4 820

8	Kasse	Fahrzeuge	13 500
	Kasse	Kreditor MWST (Umsatzsteuer)	1 080
	WB Fahrzeuge	Ausserordentlicher Ertrag	1 500
	WB Fahrzeuge	Fahrzeuge	16 500
9	Kreditor MWST (Umsatzsteuer)	Bank	9 428
10	Wertschriften(bestand)	Bank	98 000
	Wertschriftenertrag	Bank	750
	Wertschriftenaufwand	Bank	990

Belastungsanzeige für den Kauf von Wertschriften per 31.08.

Kurswert	98 000
Marchzins vom 30.6. bis 31.8 = 60 Tage	750
Schlusswert	98 750
Spesen (ca. 1 % des Schlusswerts)	990
Endbetrag der Bankabrechnung	99 740

Nr.	Sollbuchung	Habenbuchung	Betrag
11	Privat	Kreditoren (Kreditor Kreditkarte)	162
	Werbeaufwand	Kreditoren (Kreditor Kreditkarte)	100
	Debitor MWST (Vorsteuer)	Kreditoren (Kreditor Kreditkarte)	8
12	Bank	Zinsertrag	455
	Debitor VSt (oder Privat)	Zinsertrag	245
13	Zinsaufwand	Privat	15 000
14	Privat	Fahrzeugaufwand	2 500
	Privat	Debitor MWST (Vorsteuer)	200
15	Kreditor MWST (Umsatzsteuer)	Debitor MWST (Vorsteuer)	17 100
16	Warenvorrat	Warenaufwand	8 000
17	Privat	Liegenschaftsertrag (Immobilienertrag)	36 000
	Raumaufwand (Mietaufwand)	Liegenschaftsertrag (Immobilienertrag)	84 000
18	Delkredere	Debitorenverluste	500
19	Zinsaufwand	Passive Rechnungsabgrenzung	400
20	Abschreibungen	WB EDV-Anlagen	4 000

Exkurs

Die Rendite von Wertpapieren

38.20

a)

Rendite	$\frac{\text{Jahresertrag}}{\text{Kapitaleinsatz}}$	$\frac{4}{800}$	**0,5 %**

b) Die Dividendenrendite ist sehr gering (verglichen z.B. mit einer Kapitalanlage in Form von Obligationen). Der Investor erhofft sich zusätzlich zur Dividende einen Kursgewinn.

38.21

a)

Kapitalanlagen

Sparkonto bei der UBS	**200 Namenaktien der Biotech AG zum Kurs 500.–**
Die Rendite entspricht dem Zinsfuss von 2 %. (Ausrechnung: 2000 : 100000 • 100 % = 2 %)	Die Dividendenrendite beträgt 1 %. (Ausrechnung: 5 : 500 • 100% = 1 %)

b) Die Anlage auf dem Sparkonto ist sicherer und unterliegt grundsätzlich keinen Kursschwankungen.

Bei den Aktien besteht die Chance auf Kursgewinne, was die Rendite sehr erhöhen könnte. Allerdings ist bei Aktien auch das Risiko von Kursverlusten sehr hoch. Ausserdem fallen beim Kauf und Verkauf von Aktien Spesen von je etwa 1 % an, was aber bei Renditerechnungen meist nicht berücksichtigt wird.

Vergleichen Sie auch die Überlegungen zum magischen Dreieck der Kapitalanlage (im Theorieteil).

38.22

a)

Rendite	$\frac{\text{Jahresertrag}}{\text{Kapitaleinsatz}}$	$\frac{6}{200}$	**3 %**

Berechnung des Jahresertrags

	Dividende		6.–
+/–	Kursdifferenz	Verkaufskurs 200.– ./. Kaufkurs 200.–	0.–
=	Jahresertrag		6.–

b)

Rendite	$\frac{\text{Jahresertrag}}{\text{Kapitaleinsatz}}$	$\frac{56}{200}$	**28 %**

Berechnung des Jahresertrags

	Dividende		6.–
+	Kursgewinn	Verkaufskurs 250.– ./. Kaufkurs 200.–	50.–
=	Jahresertrag		56.–

c)

Rendite	$\frac{\text{Jahresertrag}}{\text{Kapitaleinsatz}}$	$\frac{-14}{200}$	**– 7 %**

Berechnung des Jahresertrags

	Dividende		6.–
./.	Kursverlust	Verkaufskurs 180.– ./. Kaufkurs 200.–	– 20.–
=	Jahresertrag		– 14.–

38.23

a)

Rendite	$\frac{\text{Jahresertrag}}{\text{Kapitaleinsatz}}$	$\frac{6\,000}{80\,000}$	**7,5 %**

Berechnung des Jahresertrags

Dividende	200 • (12 + 10 + 13)	7 000.–
+ Kursgewinn	200 • (Verkaufskurs 470.– ./. Kaufkurs 400.–)	14 000.–
= Ertrag in 3 1/2 Jahren		21 000.–
Jahresertrag	21 000 : 3,5 Jahre	6 000.–

b)

Rendite	$\frac{\text{Jahresertrag}}{\text{Kapitaleinsatz}}$	$\frac{30}{400}$	**7,5 %**

Berechnung des Jahresertrags

Dividende	12 + 10 + 13	35.–
+ Kursgewinn	Verkaufskurs 470.– ./. Kaufkurs 400.–	70.–
= Ertrag in 3 1/2 Jahren		105.–
Jahresertrag	105 : 3,5 Jahre	30.–

Bemerkung: Bei 200 Aktien ist der Jahresertrag 200-mal grösser, aber auch die Kapitalanlage 200-mal höher. Der Faktor 200 kürzt sich bei der Renditeberechnung weg, sodass kein Einfluss auf die Rendite besteht.

In der Praxis wird bei Renditerechnungen immer mit einer Aktie gerechnet, da dies einfacher und übersichtlicher ist.

38.24

Der Prozentsatz der Dividendenausschüttung bezieht sich auf den Nominalwert der Aktie. Die Dividende beträgt demnach Fr. 4.– (d. h. 40 % von Fr. 10.–). Die Dividendenrendite (das ist die Rendite ohne Berücksichtigung von Kursgewinnen oder -verlusten) dieser Aktie beträgt:

Rendite	$\frac{\text{Jahresertrag}}{\text{Kapitaleinsatz}}$	$\frac{4}{200}$	**2 %**

Diese Rendite ist bescheiden, wenn man das mit dem Kauf von Aktien verbundene Risiko von Kursverlusten berücksichtigt. Mit sicheren Obligationen könnte meist eine höhere Rendite erzielt werden.

38.25

Aufgabe	Titel	Dividenden	Kaufkurs	Verkaufskurs	Besitzdauer	Jahresertrag	Rendite
a)	Bank AG	20 + 25 + 25 = 70	800	850	3 Jahre	70 + 50) : 3 = 40	40 : 800 = **5 %**
b)	Holding AG	40	1 000	1 080	16 Monate	(40 + 80) : 16 • 12 = 90	90 : 1 000 = **9 %**
c)	Fabrik AG	6 + 6 + 8 = 20	600	640	3 Jahre 4 Monate	(20 + 40) : 40 • 12 = 18	18 : 600 = **3 %**
d)	Handel AG	3 + 2 = 5	300	235	4 Jahre	5 – 65) : 4 = – 15	– 15 : 300 = **– 5 %**

38.26

Rendite	$\frac{\text{Jahresertrag}}{\text{Kapitaleinsatz}}$	$\frac{4}{95}$	**4,21 %**

Berechnung des Jahresertrags

	Jahreszins	3 % des Nominalwerts von 100	3.–
+	Kursgewinn pro Jahr	(97,5 – 95) : 2,5 Jahre	1.–
=	Jahresertrag		4.–

38.27

a)

Rendite	$\frac{\text{Jahresertrag}}{\text{Kapitaleinsatz}}$	$\frac{4{,}25}{98}$	**4,34 %**

Berechnung des Jahresertrags

	Jahreszins	4 % des Nominalwerts von 100	4.–
+	Kursgewinn pro Jahr	(100 – 98) : 8 Jahre	0.25
=	Jahresertrag		4.25

b)

Rendite	$\frac{\text{Jahresertrag}}{\text{Kapitaleinsatz}}$	$\frac{4{,}67}{98}$	**4,77 %**

Berechnung des Jahresertrags

	Jahreszins	4 % des Nominalwerts von 100	4.–
+	Kursgewinn pro Jahr	(102 – 98) : 6 Jahre	0.67
=	Jahresertrag		4.67

38.28

Aufgabe	Titel	Zinsfuss	Kaufkurs	Verkaufskurs	Besitzdauer	Jahresertrag	Rendite
a)	Schweizerische Eidgenossenschaft	4 %	101 %	102 %	2 Jahre	4 + [(102 – 101) : 2] = 4.50	4,5 : 101 = **4,46%**
b)	Kanton Basel	5 %	105 %	101 %	4 Jahre	5 + [(101 – 105) : 4] = 4.–	4 : 105 = **3,81 %**
c)	Zürcher Kantonalbank	2 1/2 %	90 %	100 %	5 Jahre	2,5 + [(100 – 90) : 5] = 4.50	4,5 : 90 = **5 %**
d)	Kraftwerk Eglisau AG	7 %	110 %	106 %	40 Monate	7 + [(106 – 110) : 40 • 12] = 5.80	5,8 : 110 = **5,27 %**

38.29

a)

	Bruttozins 100 %	2 000.–
./.	Verrechnungssteuer 35 %	– 700.–
=	Nettozins 65 %	1 300.–

Zinsfuss	$\frac{\text{Bruttozins}}{\text{Nominalwert}}$	$\frac{2\,000}{50\,000}$	**4 %**

b) Bank /Wertschriftenertrag 1 300.–
Debitor VSt/Wertschriftenertrag 700.–

c)

	Variable Depotgebühr	1,25 ‰ von 52 000.–	65.–
+	Fixe Depotgebühr		20.–
=	Totale Depotgebühr		85.–

Wertschriftenaufwand/Bank 85.–

d) Gemäss OR 667 Abs. 1 dürfen Wertschriften mit Kurswert höchstens zum Durchschnittskurs des Monats vor dem Bilanzstichtag bewertet werden, d. h. zum Kurs 104 %, Kurswert Fr. 52 000.–.

e)

Rendite	$\frac{\text{Jahresertrag}}{\text{Kapitaleinsatz}}$	$\frac{5}{97}$	**5,15 %**

Berechnung des Jahresertrags

	Jahreszins	4 %	4.–
+	Kursgewinn pro Jahr	(101,3 – 97) : 1 548 Tage • 360 Tage	1.–
=	Jahresertrag		5.–

f)

Bankabrechnung über den Verkauf von Wertschriften

	Fr. 50 000.– 4 % Kanton St. Gallen 20_1 bis 20_9 Zinstermin 12. August, zum Kurs 101,3 %	50 650.–
+	Marchzins vom 12.08. bis 24.10. 20_6 (72 Tage)	400.–
=	Zwischentotal	51 050.–
./.	Spesen (1 % von 51 050.–)	– 510.50
=	Endbetrag der Bankabrechnung, Valuta 24. Oktober 20_6	50 539.50

g)

Bank /Wertschriftenbestand	50 650.–	
Bank /Wertschriftenertrag	400.–	
Wertschriftenaufwand/Bank	510.50	
Wertschriftenaufwand/Wertschriftenbestand	350.–	(Kursverlust 0,7 % von 50 000.–)

h) Sofern das allgemeine Zinsniveau (marktüblicher Zinsfuss) für erstklassige Schuldner wie der Kanton St. Gallen bei der Emission der Anleihe am 24. Oktober 20_1 genau 4 % betrug, wurde die Anleihe zu einem Kurs von 100 % ausgegeben.

Das allgemeine Zinsniveau für erstklassige Schuldner stieg bis am 6. Juli 20_2 auf etwa 4 1/2 % an, weshalb der Kurs auf 97 % sank. Anleihen mit einem Zinsfuss unter dem Marktzinsniveau werden unter pari (d. h. unter dem Nominalwert) gehandelt.

Das Marktzinsniveau sank bis Ende 20_4 deutlich unter 4 %, sodass diese Obligation über pari (über dem Nominalwert) gehandelt wurde.

38.30

Aufgabe	Titel	Dividenden bzw. Zinsfuss	Kaufkurs	Verkaufskurs	Besitzdauer	Rendite
a)	Hotel AG	12	400	420	1 Jahr	8 %
b)	Transport AG	10 + 10 = 20	500	540	2 Jahre	6 %
c)	Pharma AG	4 + 5 + 7 = 16	200	230	2 Jahre 108 Tage	10 %
d)	Industrie AG	7 + 4 + 3 + 6 = 20	300	340	4 Jahre	5 %
e)	Stadt Rafz	6 %	100 %	97 %	18 Monate	4 %
f)	Eidgenossenschaft	3 %	100 %	103 %	3 Jahre	4 %
g)	RegioBank AG	5%	100 %	104,8 %	2 Jahre 144 Tage	7 %
h)	Airline AG	4 %	80 %	86 %	3 Jahre	7,50 %

Lösungshinweise finden Sie auf der nächsten Seite.

Lösungshinweise

a) Jahresertrag = 8 % von 400 = 32
Dividende = Jahresertrag ./. Kursgewinn = 32 – 20 = 12

b) Jahresertrag = 6 % von 500 = 30
Gesamtertrag = 2 Jahre zu 30 = 60
Kursgewinn = Gesamtertrag ./. Dividende = 60 – 20 = 40

c) Jahresertrag = 10 % von 200 = 20
Gesamtertrag = 2,3 Jahre zu 20 = 46
Gesamte Dividenden = Gesamtertrag ./. Kursgewinn = 46 – 30 = 16

d) x = gesuchter Kaufkurs
Gesamtertrag = 4 Jahre zu 5 % von x = 20 % von x = 0,2x
Kursgewinn = Gesamtertrag ./. Dividenden = 0,2x – 20
x = Verkaufskurs ./. Kursgewinn ⇔ x = 340 – 0,2x + 20 ⇔ 1,2x = 360 ⇔ x = 300

e) Jahresertrag = 4 % von 100 = 4
Jahreszins = Jahresertrag + jährlicher Kursverlust
= 4 + (100 – 97) : 18 • 12 = 4 + 2 = 6

f) Jahresertrag = 4 % von 100 = 4
Jährlicher Kursgewinn = Jahresertrag ./. Jahreszins = 4 – 3 = 1
Besitzdauer = Kursgewinn total : jährlicher Kursgewinn
= (103 – 100) : 1 = 3 Jahre

g) Jahresertrag = 7 % von 100 = 7
Jährlicher Kursgewinn = Jahresertrag ./. Zinsertrag = 7 – 5 = 2
Kursgewinn total = jährlicher Kursgewinn • Besitzdauer
= 2 • 2,4 Jahre = 4,8

h) x = gesuchter Kaufkurs
Jahresertrag = 7,5 % von x = 0,075x
Kursgewinn (1. Gleichung) = 3 Jahre • (Jahresertrag ./. Jahreszins)
= 3 • (0,075x – 4) = 0,225x – 12
Kursgewinn (2. Gleichung) = 86 – x
Kursgewinn (1. Gleichung) = Kursgewinn (2. Gleichung)
⇔ 0,225x – 12 = 86 – x ⇔ 1,225x = 98 ⇔ x = 80

38.31

Rendite Die Chance auf eine hohe Rendite ist gross, beträgt doch allein die Dividendenrendite schon 20 % (0,4 : 2). Ausserdem sind noch Kursgewinne in Aussicht gestellt worden.

Sicherheit Leider ist das Risiko des Kapitalverlusts ebenfalls sehr hoch. Es besteht der klassische Zielkonflikt zur Rendite: Es ist grundsätzlich nicht möglich, ohne Risiko eine hohe Rendite zu erzielen.

Liquidität Da die Aktien nicht börsenkotiert sind, lassen sie sich nicht ohne weiteres verkaufen.

4. Teil Buchführungsvorschriften, stille Reserven und Aufbau des Rechnungswesens

Buchführungsvorschriften

41.01

Kreuzen Sie die Aussagen zu den obligationenrechtlichen Vorschriften zur Buchführung und Rechnungslegung als richtig an, oder geben Sie eine Begründung.

Nr.	Aussage	Richtig	Begründung bei falscher Aussage
1	Buchführungspflichtig ist, wer im Handelsregister eingetragen ist.		Buchführungspflichtig sind grundsätzlich alle juristischen Personen sowie Einzelunternehmen und Personengesellschaften ab Fr. 500 000 Umsatz (OR 957).
2	Die Geschäftsbücher, die Buchungsbelege, der Geschäftsbericht und der Revisionsbericht sind während 10 Jahren aufzubewahren	X	
3	Die Rechnungslegung erfolgt in einer Landessprache.		Auch Englisch ist zugelassen (OR 958d).
4	Die Rechnungslegung erfolgt in Landeswährung (CHF) oder in der für die Geschäftstätigkeit wesentlichen Währung (wobei in diesem Fall zusätzlich die Umrechnung in Landeswährung angegeben werden muss).	X	
5	Die Jahresrechnung setzt sich immer zusammen aus Bilanz, Erfolgsrechnung, Anhang sowie Geldflussrechnung.		Eine Geldflussrechnung muss nur erstellt werden, wenn die Unternehmung zu einer ordentlichen Revision verpflichtet ist (OR 961). Einzelunternehmen und Personengesellschaften können unter Umständen auf den Anhang verzichten (OR 959c).
6	Für Bilanz und Erfolgsrechnung bestehen Mindestgliederungsvorschriften.	X	
7	Der Geschäftsbericht muss innerhalb von sechs Monaten nach Ablauf des Geschäftsjahres erstellt und im Falle von Aktiengesellschaften den Aktionären und Mitarbeitern vorgelegt werden.		Nur die Aktionäre erhalten einen Geschäftsbericht, nicht aber die Mitarbeiter. (OR 958: Genehmigung des Geschäftsberichts durch das zuständige Organ, das ist die Generalversammlung.)
8	Grössere Unternehmen (Bilanzsumme > 10 Millionen, Umsatz > 20 Millionen, Mitarbeiterzahl > 250) müssen einen Abschluss nach anerkanntem Standard erstellen, zum Beispiel nach Swiss GAAP FER.		Diese Pflicht besteht grundsätzlich nur für börsenkotierte Unternehmen. Ausserdem kann ein solcher Abschluss von den Gesellschaftern verlangt werden (OR 962).

41.02

a) Das ist ein Verstoss gegen das Verrechnungsverbot von OR 958c Ziff. 7.

Ausserdem werden die Gliederungsvorschriften für die Bilanz von OR 959a nicht eingehalten.

b) Das Gebot der Klarheit von OR 958c Ziff. 1 ist verletzt.

Ausserdem müssen gemäss den Gliederungsvorschriften für die Bilanz von OR 959a Ziff. 2 Sachanlagen und immaterielle Werte separat ausgewiesen werden.

c) Die Verbindlichkeiten sind nicht vollständig aufgeführt (OR 958c Ziff. 2).

d) Ausserordentlicher, einmaliger oder periodenfremder Aufwand muss in der Erfolgsrechnung separat aufgeführt werden (OR 959b). Allerdings ist im vorliegenden Fall die Verrechnung mit den Abschreibungen in Ordnung, weil es sich um einen unwesentlichen Betrag handelt (OR 958c Ziff. 4).

e) Es handelt sich um einen Verstoss gegen die Stetigkeit in Darstellung und Bewertung (OR 958c Ziff. 6).

Ein Wechsel ist in der Praxis möglich, er muss indes gemäss OR 959c Abs. 1 Ziff. 1 im Anhang offengelegt werden.

f) Das ist ein Verstoss gegen das Verrechnungsverbot von OR 958c Ziff. 7.

Ausserdem müssen gemäss den Gliederungsvorschriften für die Erfolgsrechnung von OR 959b Aufwände und Erträge separat ausgewiesen werden.

g) Das Vorsichtsprinzip erlaubt eine Unterbewertung von Aktiven und eine Überbewertung von Verbindlichkeiten (OR 958c Ziff. 5).

Verdeutlicht wird das Prinzip im vorliegenden Fall in OR 960a, wonach die Vorräte höchstens zu den Anschaffungs- oder Herstellungskosten bilanziert werden dürfen. Eine Unterbewertung ist erlaubt und bei den KMUs aus steuerlichen Gründen weit verbreitet.

h) Nach den Grundsätzen von Klarheit und Verständlichkeit von OR 958c Ziff. 1 ist das Weglassen von Rappen sogar wünschenswert, weil sich der Leser einen besseren Überblick verschaffen kann und nicht durch unbedeutende Ziffern vom Wesentlichen abgelenkt wird. Allenfalls könnte im vorliegenden Fall sogar eine Darstellung in Fr. 1000 ins Auge gefasst werden.

i) Das ist ein Verstoss gegen das Prinzip der Vollständigkeit von OR 958c Ziff 2.

Im Übrigen verlangt OR 960e Abs. 2 ausdrücklich die Bildung von Rückstellungen für vergangene Ereignisse, die einen künftigen Mittelabfluss erwarten lassen.

k) Die Bewertung ist korrekt, da von der Fortführung der Unternehmenstätigkeit ausgegangen werden kann (OR 958a Abs. 1).

41.03

a) Eigentlich nur beim Schweizer Geld in der Kasse.

b) Es ist möglich, dass einige Debitoren nicht bezahlen werden und somit Debitorenverluste entstehen. Wie hoch dieser Betrag ist, lässt sich im Zeitpunkt der Bilanzerrichtung nicht genau sagen. Daher handelt es sich bei der Festsetzung des Delkrederes immer um eine Schätzung. Bei Debitoren in fremder Währung stellt sich zusätzlich das Problem der Wahl des Umrechnungskurses.

   Der Wert eines Fahrzeugs muss immer geschätzt werden. Abschreibungen und Wertberichtigungen hängen von vielen Faktoren ab, hauptsächlich von der erwarteten Nutzungsdauer.

c) Die Verbindlichkeiten sind grundsätzlich zum Nennwert einzusetzen (OR 960e Abs. 1), weshalb bei Kreditoren, passiven Rechnungsabgrenzungen, Bankkontokorrenten oder Hypotheken in CHF grundsätzlich kein Bewertungsspielraum besteht.

   Bei Verbindlichkeiten in fremder Währung ist ein Ermessensspielraum bei der Festsetzung der Umrechnungskurse vorhanden.

   Der grösste Bewertungsspielraum besteht bei den Rückstellungen, die mindestens so hoch sein müssen, wie der erwartete Mittelabfluss. Zu hohe Rückstellungen sind erlaubt (OR 960e).

d) Das Eigenkapital wird nicht bewertet; es ergibt sich als Saldo (Aktiven abzüglich Fremdkapital).

41.04

a)

Schlussbilanz (Überbewertung)

Aktiven			Passiven
Flüssige Mittel	40	Fremdkapital	200
Warenvorrat	150	Eigenkapital	250
Übrige Aktiven	370	**Gewinn**	**110**
	560		560

b)

Schlussbilanz (Unterbewertung)

Aktiven			Passiven
Flüssige Mittel	40	Fremdkapital	200
Warenvorrat	60	Eigenkapital	250
Übrige Aktiven	370	**Gewinn**	**20**
	470		470

c) **Sicht der Unternehmung:** Der mit einer Überbewertung verbundene hohe Gewinnausweis birgt die Gefahr hoher Gewinnausschüttungen, die zu Liquiditätsproblemen und damit einer Schwächung der Unternehmung führen. Eine Unterbewertung bewirkt das Gegenteil und führt tendenziell zu einer Stärkung der Unternehmung.

Sicht der Gläubiger: Bei der Überbewertung wird die Vermögens- und Ertragslage der Unternehmung besser dargestellt, als es der Wirklichkeit entspricht. Dadurch werden die Gläubiger getäuscht: Z. B. könnten ein Lieferant oder eine Bank im Vertrauen auf die vorgespiegelte gute finanzielle Lage einen Kredit gewähren, der sich im Nachhinein als gefährdet erweist. Im Falle der Unterbewertung kann sich der Gläubiger sicher fühlen, indem er sich darauf verlassen kann, dass die Vermögens- und Ertragslage in Wirklichkeit eher noch besser als dargestellt ist.

Sicht der Aktionäre: Durch die mit der Überbewertung tendenziell verbundenen hohen Gewinnausschüttungen entsteht dem Aktionär nur ein kurzfristiger Vorteil. Insgesamt wird seine Gesellschaft geschwächt, und für den Aktionär steigt das Risiko, den Wert seiner Aktien im Falle eines Konkurses zu verlieren. Die mit einer Unterbewertung verbundene geringere Dividendenausschüttung wird im Allgemeinen durch die Wertsteigerung der Aktie wettgemacht. Insgesamt problematisch ist bei Über- und Unterbewertung die Tatsache, dass der Aktionär, d. h. der Eigentümer der Aktiengesellschaft, die wirkliche Vermögens- und Ertragslage seiner Unternehmung nicht kennt.

Sicht der Steuerbehörden: Der Staat ist nicht darauf aus, kurzfristig möglichst viele Steuereinnahmen zu erzielen. Er hat vielmehr Interesse an finanziell gesunden, für sichere Arbeitsplätze sorgenden, regelmässig Steuern zahlenden Unternehmungen. Er lehnt deshalb eine Überbewertung ebenso ab wie eine zu starke Unterbewertung.

d) Da eine Überbewertung für alle Beteiligten Nachteile hat, ist sie gesetzlich verboten.

41.05

Aktiven dürfen nach OR 960a grundsätzlich höchstens zu Anschaffungs- oder Herstellungskosten bewertet werden. Hier bildet der Anschaffungswert von Fr. 3 250 315 die Bewertungsobergrenze.

41.06

	Bruttoankaufspreis	325 000
./.	Rabatt 8 %	−26 000
=	Nettoankaufspreis	299 000
+	Bezugskosten	1 500
+	Montagekosten	4 500
=	**Anschaffungswert**	**305 000**
./.	Abschreibung Jahr 20_1	−50 000
=	**Buchwert Ende 20_1**	**255 000**
./.	Abschreibung Jahr 20_2	−50 000
=	**Buchwert Ende 20_2**	**205 000**

a) Die Anlage darf höchstens zum Buchwert von Fr. 205 000 bilanziert werden.

b)

Bilanz per 31. 12. 20_2 (in Fr. 1000)

Aktiven			Passiven
Maschine	305		
./. WB Maschine	−100	205	

c) Abschreibungen/Wertberichtigung Maschine 50

41.07

a) Nach OR 960c bildet bei Warenvorräten der Anschaffungswert (Einstandswert) auf jeden Fall die Bewertungsobergrenze, das ist hier Fr. 400. Bei 10 Schmuckstücken ergibt sich ein Bilanzwert von Fr. 4 000.

b) Liegt der Nettoveräusserungswert von Warenvorräten unter dem Anschaffungswert, darf höchstens jener in die Bilanz eingesetzt werden, das ist hier Fr. 375. Bei 10 Schmuckstücken ergibt sich ein Bilanzwert von Fr. 3 750.

c) Warenaufwand / Warenvorrat 250.

41.08

Nach OR 960b dürfen Aktiven mit Börsenkurs höchstens zum Kurs am Bilanzstichtag bilanziert werden, und Wertverluste müssen durch Abschreibungen berücksichtigt werden.

a) Fr. 102 000

b) Fr. 95 000

41.09

Eine Beteiligung von 20% der Stimmrechte oder mehr gehört laut OR 960d zum Anlagevermögen. Der Gesetzgeber schreibt zwar nicht ausdrücklich, wie eine solche zu bewerten ist. Da indes die Beteiligung gesondert erwähnt wird, ist davon auszugehen, dass der Gesetzgeber wollte, dass börsenkotierte Beteiligungen nicht zum aktuellen Börsenkurs, sondern höchstens zum Anschaffungswert zu bilanzieren sind.

Unbestritten ist, dass Wertverluste durch Wertberichtigungen berücksichtigt werden müssen.

a) Fr. 500 (Anschaffungswert)

b) Fr. 420

41.10

a) Es muss eine Rückstellung von mindestens Fr. 300 000 gebildet werden.

b) Die Rückstellung dürfte höher, aber nicht tiefer festgesetzt werden (OR 960e).

41.11

Bei planmässiger Abschreibung beträgt der Buchwert des Mobiliars Ende 20_5 (nach fünf Jahren Nutzungsdauer) Fr. 120 000, was dem nach OR 960a höchstens bilanzierbaren Wert entspricht.

Es ist davon auszugehen, dass die erfolgreiche Schule fortgeführt wird, weshalb bei der Bilanzierung der Fortführungswert von Fr. 120 000 massgeblich ist und nicht der Veräusserungswert von Fr. 30 000 (OR 958a).

41.12

a) Höchstens zu Herstellungskosten von 550 (OR 960a)

b) Fertige Erzeugnisse / Bestandesänderungen fertige Erzeugnisse 30

41.13

a) EUR 10 000 zum Kurs CHF 1.20/EUR = **CHF 12 000**

b) USD 2 000 zum Kurs CHF 0.96/USD = **CHF 1 920**

c) USD 1 000 zum Kurs CHF 0.92/USD = **CHF 920**

Stille Reserven

42.01

a)

Externe Schlussbilanz

Aktiven		Passiven	
Umlaufvermögen	40	Fremdkapital	30
Anlagevermögen	50	Aktienkapital	50
		Offene Reserven	10
	90		90

Interne Schlussbilanz

Aktiven		Passiven	
Umlaufvermögen	40	Fremdkapital	20
Anlagevermögen	70	Aktienkapital	50
		Offene Reserven	10
		Stille Reserven	**30**
	110		110

b)

Externe Schlussbilanz

Warenvorrat		Passiven	
Umlaufvermögen	40	Fremdkapital	30
Anlagevermögen	50	Eigenkapital	60

Interne Schlussbilanz

Warenvorrat		Passiven	
Umlaufvermögen	40	Fremdkapital	20
Anlagevermögen	70	Eigenkapital	90

c) Das Eigenkapital ist der Saldo der Bilanz: Bewertet man die Aktiven höher bzw. die Schulden tiefer, so steigt das Eigenkapital.

d) Reserven sind es, weil es sich um Eigenkapitalbestandteile handelt, die nicht zum Aktienkapital gehören. Still sind die Reserven, weil sie in der externen Bilanz, d. h. für Aussenstehende nicht erkennbar sind.

e) Beide Reserven stellen Eigenkapitalbestandteile dar.

Die offenen Reserven werden in der externen Bilanz offen ausgewiesen und sind damit für die Aktionäre sichtbar; die stillen Reserven sind nur in der internen Bilanz ersichtlich und nur der Geschäftsleitung bekannt.

Die Bildung der offenen Reserven erfolgt durch Beschluss der Aktionäre an der Generalversammlung. Die gesetzlichen Reserven dürfen grundsätzlich nicht ausgeschüttet werden, und zur Ausschüttung freier Reserven braucht es einen Generalversammlungsbeschluss. Die stillen Reserven werden durch die Geschäftsleitung ohne Wissen der Aktionäre gebildet und können später durch die Geschäftsleitung wieder aufgelöst werden.

42.02

Schlussbilanzen nach Gewinnverbuchung

Aktiven	Externe Werte	Bereinigung	Interne Werte
Flüssige Mittel	20	0	20
Debitoren (netto)	60	2	62
Warenvorrat	40	20	60
Sachanlagen	110	30	140
	230	52	282

Passiven	Externe Werte	Bereinigung	Interne Werte
Kreditoren	50	0	50
Rückstellungen	15	–5	10
Aktienkapital	100	0	100
Offene Reserven	65	0	65
Stille Reserven		57	57
	230	52	282

42.03

a)

Sollbuchung	Habenbuchung	Betrag
Abschreibungen	WB Sachanlagen	10
Warenaufwand	Warenvorrat	15
Warenertrag	Rückstellungen	3

b)

Externe Schlussbilanz per 31. 12. 20_1

Aktiven		Passiven	
Umlaufvermögen		**Fremdkapital**	
Flüssige Mittel	25	Kreditoren	50
Forderungen	80	Hypotheken	120
Vorräte	30	Rückstellungen	3
		Eigenkapital	
Anlagevermögen		Aktienkapital	100
Sachanlagen	220	Reserven	0
./. WB Sachanlagen	–50	Gewinn	32
	305		305

Interne Schlussbilanz per 31. 12. 20_1

Aktiven		Passiven	
Umlaufvermögen		**Fremdkapital**	
Flüssige Mittel	25	Kreditoren	50
Forderungen	80	Hypotheken	120
Vorräte	45	Rückstellungen	0
		Eigenkapital	
Anlagevermögen		Aktienkapital	100
Sachanlagen	220	Reserven	0
./. WB Sachanlagen	–40	Gewinn	60
	330		330

c) Die Steuerersparnisse betragen für das laufende Jahr Fr. 7000 (25 % des um 28000 geringeren Gewinns).

Nachteilig ist bei diesen Korrekturen, dass sie im Prinzip nur einmal durchgeführt werden können und sich in der Zukunft nicht wiederholen lassen:

- Die in diesem Jahr vorgenommenen höheren Abschreibungen führen zu geringeren Abschreibungen in der Zukunft, weil die Sachanlagen insgesamt höchstens auf einen Buchwert von 0 abgeschrieben werden können.
- Die vorgenommene Unterbewertung der Vorräte ist nur im Jahr 20_1 erfolgswirksam. Sofern die Vorräte künftig steigen, können in der Zukunft zwar weitere Unterbewertungen vorgenommen werden, aber wenn die Vorräte abnehmen, löst sich die Unterbewertung automatisch auf und führt zu einem höheren Gewinn.
- Nur die *Bildung* von Rückstellungen führt zu einem kleineren Gewinn. In späteren Perioden lassen sich die Rückstellungen indes nicht beliebig erhöhen.

Die Kapitalsteuern wurden in dieser Aufgabe vernachlässigt, da sie nur etwa 0,5 % des Eigenkapitals betragen.

42.04

a)

Aktiven (Vermögen)

Konto	Allgemeine Umschreibung	Buchungssatz
Flüssige Mittel	Sofern das Bargeld oder die Sichtguthaben auf fremde Währung lauten, kann für die Umrechnung ein zu tiefer Umrechnungskurs angewandt werden.	Übriger Betriebsaufwand/Kasse, Post, Bank
Debitoren (Kunden)	Bei den Debitoren kann entweder ein zu hohes Delkredere gebildet werden oder die Umrechnung von Fremdwährungsguthaben mit einem zu tiefen Kurs erfolgen.	Debitorenverluste/Delkredere Warenertrag/Debitoren
Warenvorrat	Der Warenvorrat wird unter dem Einstandswert bilanziert, obwohl der Marktwert über dem Einstandswert liegt.	Warenaufwand/Warenvorrat
Maschinen, Mobiliar Fahrzeuge, Gebäude	Es werden höhere Abschreibungen vorgenommen, als betriebswirtschaftlich richtig wären.	Abschreibungen/Maschinen etc.
Grundstücke	Grundstücke nehmen im Verlaufe der Zeit oft an Wert zu; sie dürfen aber nach OR 960a nicht über den Anschaffungswert hinaus aufgewertet werden, so dass zwangsweise stille Reserven entstehen, weil der effektive Wert höher ist als der Buchwert.	Stille Reserven entstehen bei steigenden Grundstückpreisen automatisch ohne Buchung.

Fremdkapital (Schulden)

Konto	Allgemeine Umschreibung	Buchungssatz
Kreditoren (Warenlieferanten)	Bei Kreditoren in Fremdwährung wird ein zu hoher Umrechnungskurs gewählt.	Warenaufwand/Kreditoren
Rückstellungen	Es werden höhere Rückstellungen gebildet, als betriebswirtschaftlich gerechtfertigt wäre.	Warenertrag/Rückstellungen (als Beispiel für Garantierückstellungen)

b)

Nr.	Aussage	Richtig	Begründung bei falscher Aussage
1	Stille Reserven entstehen durch Unterbewertung von Aktiven oder Überbewertung von Fremdkapital in der internen Bilanz.		In der *externen* Bilanz werden die Aktiven unterbewertet bzw. die Schulden überbewertet.
2	Bei der Bildung stiller Reserven entsteht in der externen Erfolgsrechnung ein niedriger Aufwand bzw. ein höherer Ertrag, als es betriebswirtschaftlich richtig ist.		Der Aufwand ist *höher* bzw. der Ertrag *niedriger,* als es betriebwirtschaftlich richtig ist.
3	In der internen Bilanz wird der Gewinn durch die Bildung stiller Reserven höher ausgewiesen, als er tatsächlich ist.		In der *internen* Bilanz wird der Gewinn durch Bildung stiller Reserven *kleiner,* als es der Wirklichkeit entspricht.
4	Das Gegenteil zur Bildung stiller Reserven ist die Auflösung. Für die Verbuchung von Auflösungen müssen bei den obigen Buchungen Soll und Haben getauscht werden.	X	

42.05

Eröffnungsbilanz per 1.1.20_4

Aktiven	Extern	Bereinigung	Intern	Passiven	Extern	Bereinigung	Intern
Flüssige Mittel	20	0	20	Fremdkapital	80	–10	70
Debitoren	110	0	110	Aktienkapital	200	0	200
Warenvorrat	60	30	90	Offene Reserven	50	0	50
Sachanlagen	140	50	190	Stille Reserven	–	90	90
	330	80	410		330	80	410

Erfolgsrechnung 20_4

Aufwand	Extern	Bereinigung	Intern	Ertrag	Extern	Bereinigung	Intern
Warenaufwand	600	–10	590	Warenertrag	900	4	904
Personalaufwand	150	0	150				
Abschreibungen	50	–20	30				
übriger Aufwand	80	0	80				
Gewinn	20	34	54				
	900	4	904		900	4	904

Schlussbilanz per 31.12.20_4

Aktiven	Extern	Bereinigung	Intern	Passiven	Extern	Bereinigung	Intern
Flüssige Mittel	16	0	16	Fremdkapital	140	–14	126
Debitoren	130	0	130	Aktienkapital	200	0	200
Warenvorrat	80	40	120	Offene Reserven	36	0	36
Sachanlagen	150	70	220	Stille Reserven	–	124	124
	376	110	486		376	110	486

42.06

a)

Jahr	Externe Rechnung		Interne Rechnung		Stille Reserven		Gewinn	
	Abschreibung	Restwert Ende Jahr	Abschreibung	Restwert Ende Jahr	Veränderung	Bestand Ende Jahr	Extern	Intern
1	20	40	12	48	+8	8	12	20
2	20	20	12	36	+8	16	12	20
3	20	0	12	24	+8	24	12	20
4	0	0	12	12	–12	12	32	20
5	0	0	12	0	–12	0	32	20

b) Stille Reserven sind in der Schweizer Wirtschaftspraxis vor allem beim KMUs weit verbreitet.

Die **Befürworter** stiller Reserven argumentieren wie folgt:

- Das Verheimlichen eines Teils des Gewinns führt zu weniger Dividendenauszahlungen an die Aktionäre, was zur Stärkung der Unternehmung beiträgt, weil diese Mittel als Liquiditätsreserven oder für Investitionen zur Verfügung stehen.
- Vorhandene stille Reserven ermöglichen es dem Verwaltungsrat, vorübergehende Schwächephasen gegen aussen zu verdecken, indem stille Reserven aufgelöst werden. So kann die Gefahr, dass die Banken Kredite kündigen oder Kunden Aufträge zurückziehen, eingedämmt werden, was den Fortbestand der Unternehmung unterstützt.

Die **Gegner** stiller Reserven argumentieren wie folgt:

- Die Buchhaltung soll dem Management Informationen zur Vermögens- und Ertragslage bereitstellen. Die wichtigste Führungsgrösse ist meist der Gewinn. Und ausgerechnet diese Grösse wird durch eine Vielzahl von Bildungen und Auflösungen stiller Reserven verfälscht.[1]
- Das Beispiel der obigen Maschine zeigt, dass die Steuervorteile durch stille Reserven sehr begrenzt sind, weil sich Bildung und Auflösung stiller Reserven am Ende der Nutzungsdauer ausgleichen. Die Steuerersparnisse bestehen hauptsächlich aus einem Zinsvorteil: Die Steuern müssen durchschnittlich später bezahlt werden. Ferner sind die – betragsmässig allerdings unbedeutenden – Kapitalsteuern wegen geringerer Restwerte tiefer.
- Den Minderheitsaktionären wird die wahre Vermögens- und Ertragslage ihrer Gesellschaft verheimlicht.[2] Immer häufiger werden heute deshalb Abschlüsse nach dem Grundsatz von «True-and-Fair-View» gefordert.

1 Durch eine (aufwändige) Bereinigung der externen Rechnungen kann dieser Nachteil aufgehoben werden. Die betriebliche Praxis zeigt indes, dass vor allem kleinere Unternehmungen aus Kostengründen oder mangels Informationen auf eine Bereinigung verzichten.

2 Einen minimalen Schutz bietet die Vorschrift von OR 959c Abs. 1 Ziff. 3, wonach wesentliche Auflösungen stiller Reserven im Anhang offen zu legen sind.

42.07

	Eigenkapital gemäss Eröffnungsbilanz			Erfolg gemäss Erfolgsrechnung[1]			Eigenkapital gemäss Schlussbilanz		
	Externer Wert	Anfangsbestand an stillen Reserven	Interner Wert	Externer Gewinn	Veränderung an stillen Reserven	Interner Gewinn	Externer Wert	Schlussbestand an stillen Reserven	Interner Wert
a)	200	0	200	40	+10	50	240	10	250
b)	240	10	250	40	0	40	280	10	290
c)	280	10	290	50	+20	70	330	30	360
d)	330	30	360	50	+30	80	380	60	440
e)	380	60	440	30	+10	40	410	70	480
f)	410	70	480	15	+5	20	425	75	500
g)	425	75	500	25	+15	40	450	90	540
h)	450	90	540	20	−10	10	470	80	550
i)	470	80	550	10	−20	Verlust 10	480	60	540

42.08

Jahr	Externe Rechnung		Interne Rechnung		Stille Reserven		Gewinn	
	Degressive Abschreibung	Restwert Ende Jahr	Lineare Abschreibung	Restwert Ende Jahr	Veränderung	Bestand Ende Jahr	Extern	Intern
1	120	180	60	240	+60	60	10	70
2	72	108	60	180	+12	72	38	50
3	43	65	60	120	−17	55	77	60
4	26	39	60	60	−34	21	64	30
5	39	0	60	0	−21	0	61	40

42.09

a)

Stille Reserven 20_6

	Anfangsbestand	Schlussbestand	Veränderung
Warenvorrat	15	10	−5
Sachanlagen	35	25	−10
Rückstellungen	8	9	1
Total	58	44	−14

b)

Eröffnungsbilanz per 1.1.20_6

Aktiven / Passiven

Aktiven	Extern	Bereinigung	Intern	Passiven	Extern	Bereinigung	Intern
Flüssige Mittel	10	0	10	Fremdkapital	105	−8	97
Debitoren	90	0	90	Aktienkapital	100	0	100
Warenvorrat	30	15	45	Offene Reserven	45	0	45
Sachanlagen	120	35	155	Stille Reserven	–	58	58
	250	50	300		250	50	300

Erfolgsrechnung 20_6

Aufwand / Ertrag

Aufwand	Extern	Bereinigung	Intern	Ertrag	Extern	Bereinigung	Intern
Warenaufwand	420	5	425	Warenertrag	700	1	701
Personalaufwand	160	0	160				
Abschreibungen	15	10	25				
übriger Aufwand	90	0	90				
Gewinn	15	−14	1				
	700	1	701		700	1	701

Schlussbilanz per 31.12.20_6

Aktiven / Passiven

Aktiven	Extern	Bereinigung	Intern	Passiven	Extern	Bereinigung	Intern
Flüssige Mittel	8	0	8	Fremdkapital	81	−9	72
Debitoren	80	0	80	Aktienkapital	100	0	100
Warenvorrat	20	10	30	Offene Reserven	42	0	42
Sachanlagen	115	25	140	Stille Reserven	–	44	44
	223	35	258		223	35	258

c) Die Auflösung stiller Reserven von 14 muss gemäss OR 959c Abs. 1 Ziff. 3 im Anhang offengelegt werden, weil dadurch das erwirtschaftete Ergebnis wesentlich günstiger dargestellt wird.

d) Die Käufe lassen sich am einfachsten anhand des Kontos Sachanlagen ermitteln:

Sachanlagen

Soll		Haben	
Anfangsbestand	120	Verkauf	8
Käufe	18	Abschreibungen	15
		Schlussbestand	115
	138		138

e) Die Gewinnausschüttung lässt sich mithilfe der offenen Reserve nach vollziehen:

Offene Reserven (inkl. Gewinnvortrag)

Soll		Haben	
Gewinnausschüttung	18	Anfangsbestand	45
Schlussbestand	42	Gewinn	15
	60		60

42.10

Eröffnungsbilanz per 1. 1. 20_3

Aktiven	Extern	Bereinig.	Intern
Wertschriften	93	0	93
Debitoren	200	0	200
./. Delkredere	−10	3	−7
Warenvorrat	80	40	120
Fahrzeuge	30	12	42

Passiven	Extern	Bereinig.	Intern
Rückstellungen	6	−2	4

Schlussbilanz per 31. 12. 20_3

Aktiven	Extern	Bereinig.	Intern
Wertschriften	85	5	90
Debitoren	200	11	211
./. Delkredere	−15	7	−8
Warenvorrat	60	30	90
Fahrzeuge	18	16	34

Passiven	Extern	Bereinig.	Intern
Rückstellungen	12	−4	8

b) Die stillen Reserven betragen insgesamt 73, was der Summe aller Bereinigungen in der Schlussbilanz entspricht.

c) Der Anfangsbestand stiller Reserven beträgt 57. Als Differenz gegenüber dem Schlussbestand stiller Reserven von 73 ergibt sich die Bildung stiller Reserven von 16.

Der effektive (interne) Gewinn beträgt demnach 56.

42.11

Nr.	Aussage	Richtig	Begründung, warum falsch
1	Von stillen Reserven spricht man deshalb, weil sie in der internen Bilanz nicht sichtbar sind.		Die stillen Reserven sind in der *externen* Bilanz nicht sichtbar.
2	In früheren Jahren gebildete und im Anfangsbestand enthaltene stille Reserven wirken sich nicht auf den Erfolg der laufenden Periode aus.	X	
3	Durch die Bildung von stillen Reserven wird der externe Gewinn der laufenden und der folgenden Perioden zu tief ausgewiesen.		Nur der Gewinn der laufenden Periode wird zu tief ausgewiesen.
4	Durch die Auflösung von stillen Reserven wird der externe Gewinn der laufenden Periode zu hoch ausgewiesen.	X	
5	Die Bildung von stillen Reserven auf den Debitorenbeständen erfolgt mit der Buchung: Delkredere/Debitorenverluste.		Die Buchung lautet umgekehrt: Debitorenverluste/Delkredere.
6	Durch die Bildung und Auflösung von stillen Reserven können die internen Gewinne manipuliert werden.		Die *externen* Gewinne werden manipuliert.
7	Durch die Bewertungsvorschriften des OR wird die Bildung von stillen Reserven praktisch unterbunden.		Im Gegenteil: Die OR-Vorschriften fördern die Bildung stiller Reserven.
8	Die Bildung von stillen Reserven ist nur auf Aktivkonten möglich.		Durch Überbewertung des Fremdkapitals könnten auch stille Reserven gebildet werden.
9	Viele Unternehmen bewerten die Warenvorräte in ihren externen Bilanzen immer nur zu zwei Dritteln des Einstandswertes. Dadurch werden bei Vorratszunahmen automatisch stille Reserven gebildet und bei Vorratsabnahmen stille Reserven aufgelöst.	X	
10	Da Aktiengesellschaften ihre Liegenschaften nur zum Anschaffungswert bilanzieren dürfen, entstehen bei steigenden Bodenpreisen automatisch stille Reserven.	X	
11	Stille Reserven sind verstecktes Eigenkapital und erhöhen den Spielraum für Gewinnmanipulationen durch das Management.	X	
12	Im Anhang zur Jahresrechnung muss der Gesamtbetrag der aufgelösten stillen Reserven aufgeführt werden, sofern dadurch das wirtschaftliche Ergebnis wesentlich günstiger dargestellt wird.	X	

42.12

Nr.	Aussage	Richtig	Falsch
1	Wenn sich die Bestände an stillen Reserven in einer Rechnungsperiode nicht verändern, sind der externe und der interne Gewinn gleich hoch.	X	
2	Wesentliche stille Reserven dürfen gemäss Obligationenrecht nur gebildet werden, wenn die Aktionäre im Anhang darüber informiert werden.		X
3	Stille Reserven entstehen unter anderem durch Unterbewertung von Fremdkapital (zum Beispiel Rückstellungen).		X
4	Stille Reserven können auch ohne Buchung entstehen.	X	
5	Wenn der extern ausgewiesene Gewinn Fr. 40 000 beträgt und in der Rechnungsperiode stille Reserven von Fr. 60 000 aufgelöst wurden, beträgt der interne Verlust Fr. 20 000.	X	
6	Die extern ausgewiesenen Abschreibungen betragen Fr. 30 000. Dabei wurden stille Reserven von 10 000 gebildet. Die wirklichen Abschreibungen sind folglich Fr. 40 000.		X
7	Wie Nr. 6. Zusätzlich ist bekannt, dass die Wertberichtigungen in der externen Eröffnungsbilanz Fr. 90 000 betrugen und in der Berichtsperiode keine Anlagen verkauft wurden. Folglich betragen die externen Wertberichtigungen am Jahresende Fr. 120 000.	X	
8	Der extern ausgewiesene Warenaufwand beträgt Fr. 800 000. Die stillen Reserven auf den Warenvorräten betragen jeweils einen Drittel des internen Werts. Die Warenvorräte gemäss interner Bilanz sind Fr. 60 000 zu Beginn der Periode und Fr. 48 000 am Ende der Periode. Der effektive Warenaufwand beträgt folglich 804 000.	X	
9	Wie Nr. 8. Die stillen Reserven auf den Warenvorräten betragen folglich Ende Jahr Fr. 12 000.		X

42.13

Eröffnungsbilanz per 1. 1. 20_7

Aktiven | Passiven

Aktiven	Extern	Bereinigung	Intern	Passiven	Extern	Bereinigung	Intern
Flüssige Mittel	30	0	30	Kreditoren	300	0	300
Debitoren	400	0	400	Rückstellungen	20	−5	15
./. Delkredere	−20	13	−7	Übriges Fremdkapital	494	0	494
Materialvorrat	240	120	360	Aktienkapital	800	0	800
Fabrikatevorrat	90	45	135	Gesetzliche Gewinnreserve	40	0	40
Sachanlagen	1 500	0	1 500	Freiwillige Gewinnreserven	190	0	190
./. WB Sachanlagen	−396	46	−350	Stille Reserven	–	229	229
	1 844	224	2 068		1 844	224	2 068

Erfolgsrechnung 20_7

Aufwand | Ertrag

Aufwand	Extern	Bereinigung	Intern	Ertrag	Extern	Bereinigung	Intern
Materialwand	1 000	20	1 020	Fabrikateertrag (netto)	2 600	2	2 602
Personalaufwand	900	0	900	Bestandesänderungen	10	5	15
Abschreibungen	100	6	106				
Übriger Aufwand	470	0	470				
Gewinn	140	−19	121				
	2 610	7	2 617		2 610	7	2 617

Schlussbilanz per 31. 12. 20_7

Aktiven | Passiven

Aktiven	Extern	Bereinigung	Intern	Passiven	Extern	Bereinigung	Intern
Flüssige Mittel	40	0	40	Kreditoren	280	0	280
Debitoren	360	0	360	Rückstellungen	24	−8	16
./. Delkredere	−18	12	−6	Übriges Fremdkapital	432	0	432
Materialvorrat	200	100	300	Aktienkapital	800	0	800
Fabrikatevorrat	100	50	150	Gesetzliche Gewinnreserve	50	0	50
Sachanlagen	1 600	0	1 600	Freiwillige Gewinnreserven	200	0	200
./. WB Sachanlagen	−496	40	−456	Stille Reserven	–	210	210
	1 786	202	1 988		1 786	202	1 988

Aufbau des Rechnungswesens

43.01

Nr.	Tätigkeiten/Aufgaben	Debitoren-buchhaltung	Kreditoren-buchhaltung	Lager-buchhaltung	Lohn-buchhaltung	Anlagen-buchhaltung
1	Die Löhne und Sozialabgaben von Arbeitnehmern und Arbeitgebern werden pro Mitarbeiter einzeln aufbereitet.				X	
2	Die Lieferantenrechnungen werden kontiert und einzeln je Lieferant erfasst.		X			
3	Die Ein- und Ausgänge werden pro Artikel mengen- und wertmässig verwaltet. Periodisch erfolgt eine Kontrolle der Bestände durch Inventur.			X		
4	Beim Kauf wird der Anschaffungswert für jede Sachanlage erfasst und festgelegt, wie die Abschreibung erfolgen soll.					X
5	Die durch den Verkauf bzw. die Auftragsabwicklung ausgestellten Rechnungen werden pro Kunde einzeln erfasst.	X				
6	Die im Hilfsbuch einzeln erfassten Beträge werden als Summen auf verschiedene Bilanzkonten (wie Kreditor AHV, Kreditor SUVA oder Bank) und Aufwandskonten (wie Lohnaufwand oder Sozialaufwand) verbucht.				X	
7	Auf diesem Hilfsbuch basiert das Mahnwesen.	X				
8	Aufgrund der Fälligkeiten von Lieferantenrechnungen werden die Zahlungsaufträge an die Lieferanten aufbereitet.		X			
9	Die im Hilfsbuch ermittelten Abschreibungsbeträge werden summarisch ins Hauptbuch als Wertberichtigung auf Sachanlagen und als Abschreibungsaufwand übertragen.					X
10	Die Gegenbuchungen erfolgen je nach Fall auf einem Aktivkonto (wie Vorräte oder Sachanlagen) oder einem Aufwandskonto.		X			

43.02

Nr.	Aufgaben	FIBU	BEBU
1	Darstellung der Vermögens-, Ertrags- und Finanzlage	X	
2	Erfassung der Zahlungsvorgänge	X	
3	Ermittlung der Arbeitnehmer- und Arbeitgeberbeiträge für die Sozialversicherungen	X	
4	Zuordnung der Kosten und Erlöse auf die einzelnen Produkte, um den Erfolg je Produkt zu ermitteln		X
5	Grundlage für die Steuerveranlagung	X	
6	Überwachung des Zahlungsverhaltens der Kunden und Mahnwesen	X	
7	Kalkulation von Herstellkosten, Selbstkosten und Verkaufs-preisen		X
8	Analyse der Leistungserstellungsprozesse		X
9	Stille Reserven	X	
10	Mehrwertsteuer-Abrechnung	X	